动力机器基础设计指南

Design Guide for Dynamic Machine Foundation

徐 建 主编

中国建筑工业出版社

图书在版编目（CIP）数据

动力机器基础设计指南＝Design Guide for Dynamic Machine Foundation/徐建主编．—北京：中国建筑工业出版社，2022.1

ISBN 978-7-112-26853-5

Ⅰ.①动…　Ⅱ.①徐…　Ⅲ.①动力机械-机械设计-中国-指南　Ⅳ.①TK05-62

中国版本图书馆CIP数据核字（2021）第247558号

本书是根据现行国家标准《动力机器基础设计标准》GB 50040—2020的修订原则和设计规定，组织标准主要起草人员编写而成。本书在编写过程中，系统总结了国内外近年来在动力机器基础设计领域的最新研究成果和工程实践，主要内容包括动力机器基础设计基本概念、旋转式机器基础、往复式机器基础、冲击式机器基础、压力机基础、破碎机和磨机基础、振动试验台基础、金属切削机床基础等。本书注重对动力机器基础设计标准应用中主要问题的阐述，紧密结合工程实际。本书不仅是国家标准《动力机器基础设计标准》应用的指导教材，也是从事动力机器基础技术人员的重要参考书。

本书可供从事动力机器基础的科研、设计、施工、产品开发人员使用。

责任编辑：刘瑞霞　咸大庆

责任校对：刘梦然

动力机器基础设计指南

Design Guide for Dynamic Machine Foundation

徐　建　主编

*

中国建筑工业出版社出版、发行（北京海淀三里河路9号）

各地新华书店、建筑书店经销

唐山龙达图文制作有限公司制版

河北鹏润印刷有限公司印刷

*

开本：787毫米×1092毫米　1/16　印张：12¾　字数：315千字

2022年1月第一版　2022年1月第一次印刷

定价：**60.00**元

ISBN 978-7-112-26853-5

(38635)

本书编委会

主　编： 徐　建

副主编： 张同亿　胡明祎　黄　伟

编　委： 万叶青　黎益仁　尹学军　周建军　余东航　郑建国

张　炜　杨文君　杨　俭　高星亮　邵晓岩　王伟强

王建刚　宫海军　王建宁　许　岩　柴　浩

本书编写分工

第一章： 概述

徐　建　万叶青　张同亿　黄　伟　许　岩

第二章： 基本规定

徐　建　万叶青　郑建国　张　炜　张同亿　胡明祎

黄　伟　杨　俭　王建宁

第三章： 旋转式机器基础

周建军　邵晓岩　余东航

第四章： 往复式机器基础

余东航　杨文君

第五章： 冲击式机器基础

尹学军　高星亮

第六章： 压力机基础

尹学军　王伟强

第七章： 破碎机和磨机基础

黎益仁　宫海军

第八章： 振动试验台基础

万叶青　杨　俭

第九章： 金属切削机床基础

王建刚　柴　浩

前　言

随着我国工业现代化的高速发展，机械、电子、冶金、化工、电力、能源等诸多领域中的振动问题越来越引起人们的重视，振动控制已经成为工业与民用、传统与新兴等产业快速发展的关键技术。近年来，高端装备逐渐向精密化和大型化方向发展，机器基础设计的振动控制要求越来越高，工程振动控制的目的是通过采用有效的振动控制手段，将振动的影响限定在容许范围以内；具有安全、适用、经济等功能的动力机器基础是工程技术人员设计阶段所面临的巨大挑战之一。

为了解决动力机器基础设计中振动控制技术难题，为装备正常运行、人员舒适健康、结构安全可靠提供振动环境保障，我国从事振动控制研究的科技工作者进行了大量的联合攻关，在基础性技术理论、工程成套技术、振动控制装备、技术标准体系等方面取得了国际先进或领先的科研成果，其中《工业工程振动控制关键技术研究与应用》获得国家科技进步二等奖。这些成果的产生，为工程振动控制中的重要技术标准《动力机器基础设计标准》的修订奠定了重要的基础。

本书主要内容包括：国内外动力机器基础发展现状，我国动力机器基础设计标准编写的原则和过程，动力机器基础设计基本概念、旋转式机器基础、往复式机器基础、冲击式机器基础、压力机基础、破碎机和磨机基础、振动试验台基础、金属切削机床基础等。

在本书编写过程中，得到了中国建筑工业出版社的大力支持，并参考了一些作者的著作和论文；尤其是在编写过程中正值新冠肺炎疫情暴发，各位专家在抗击疫情的同时坚持工作，在此一并致谢。

本书不妥之处，请批评指正。

中国工程院院士
中国机械工业集团有限公司首席科学家　徐　建
2021年8月

目　　录

第一章　概　　述

第一节　动力机器基础理论研究及设计技术发展

一、概述

随着我国高端装备制造业和工程建设的快速发展，工程中的振动控制问题越来越突出。动力机器基础振动控制不当，产生的振动将导致机器故障频发，影响动力机器的正常工作和工作人员的身体健康，甚至引起厂房结构的疲劳破坏，造成巨大的经济损失。

1. 动力机器基础的分类和特征

动力设备工作时，会产生瞬态、稳态、强迫和简谐等不同形式的振动，产生振动的主要原因包括：机械制造及安装过程的误差、机器自身零部件及加工材料的不均匀性和设备内部传动机构运转方式的差异等内部因素，以及环境振动传递和机器与基础共振等外部因素。

动力机器的类型可划分为：旋转式机器、往复式机器、冲击式机器、压力机、破碎机和磨机、金属切削机床、振动试验台等。动力机器基础通常采用钢筋混凝土结构，基础的类型可分为大块式基础［图 1-1-1(a)］、墙式基础［图 1-1-1(b)］和框架式基础［图 1-1-1(c)］，各类动力机器基础的特点如下：

(1) 大块式基础：基础自身的刚度与地基刚度差异较大，可简化为刚体且不考虑自身变形，地基土的弹性变形是基础振动的主要影响因素。

(2) 墙式基础：一般应用于动力机器安装在离地面具有一定高度处，当墙高与墙厚之比为 4～6 时，可按大块式基础设计；当墙高与墙厚之比大于 6 时，可按框架式基础设计。

(3) 框架式基础：一般应用于中、高频动力机器（如汽轮发电机、离心机等），基础自身整体刚度较低，设计时应同时考虑基础与地基变形。

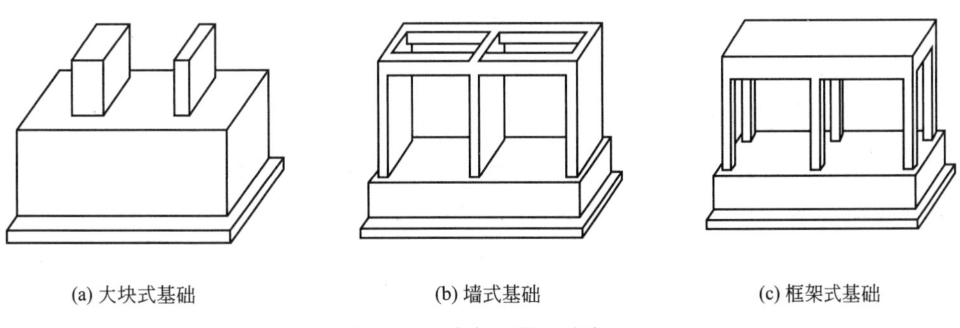

(a) 大块式基础　　(b) 墙式基础　　(c) 框架式基础

图 1-1-1　动力机器基础类型

2. 动力机器基础设计计算内容

动力机器基础设计不同于一般建筑结构的基础设计，其显著特征是需要满足机器及基础系统的动力特性及动力响应要求。

在动力荷载作用下，影响基础振动的主要因素包括：机器的扰力及频率、地基的刚度和基组的质量等。当基组固有频率与机器扰力频率相近时会产生明显的共振效应，防止共振发生的有效手段是使基组的固有频率与机器的扰力频率有效错开。一般情况下，动力机器的扰力和振动控制标准由设备制造厂家提供；对于新型设备基础，则需要设备制造厂家配合设计人员共同完成。

动力机器基础设计时，基础形式、构件尺寸及连接要求等需根据动力机器的特性、类型、工艺、管道布置等具体参数确定，并按结构的动力和静力进行计算，满足振动响应和结构强度要求。

（1）静力计算：基础的静力计算包括基础底面平均静压力、基础底面边缘最大静压力等；当对地基变形有控制要求时，还应包括静力作用下地基的变形验算。

（2）动力计算：基础的动力计算包括机器扰力、当量荷载、基础固有频率、基础振动响应（振动线位移、振动速度、振动加速度）以及振动效应的合成等。动力计算中，振动合成方法需综合考虑各台机器的转速特点、振源情况和相位差等因素。

（3）效应组合：动力机器基础结构强迫振动验算时，采用各扰力值单独进行，再依据机器类型和扰力频率、相位、作用方向等，采用随机振动组合或其他数值方法计算基础控制点的总振动效应值。

3. 动力机器基础振动控制标准

动力机器基础振动控制标准，应按设备的使用要求确定；当设备没有具体要求时，振动控制应满足现行国家标准《建筑工程容许振动标准》GB 50868、《工程隔振设计标准》GB 50463、《动力机器基础设计标准》GB 50040 的相关规定。除上述国家标准外，还有现行行业标准《活塞式压缩机基础设计规定》HG/T 20554、《石油化工压缩机基础设计规范》SH/T 3091、《化工设备基础设计规定》HG/T 20643、《火力发电厂土建结构设计技术规程》DL 5022 等，这些标准根据不同机器类型及环境要求，采用不同的容许振动线位移或容许振动速度作为振动控制标准。

动力机器基础的设计必须结合具体的工程要求，正确选择适合的容许振动值。现行国家标准《动力机器基础设计标准》GB 50040 针对不同类型的机器、转速，采用容许振动速度作为控制指标，统一了动力机器基础振动控制的评价标准。此外，为了与现行国家标准《建筑工程容许振动标准》GB 50868 相协调，当需要采用其他控制指标时，可按标准给出的换算公式进行计算，以供设计时参考。

二、国内外理论研究发展

20 世纪以前，围绕动力机器基础开展的理论研究较少，一般按照静力或拟静力问题进行动力机器基础设计，只要求满足设备的外形尺寸及承载能力即可，不考虑动力影响，对基础动力特性、地基刚度与阻尼特性、机器与基础的频率错开及共振问题等未能给予足够的重视。直到 20 世纪初，才出现关于动力机器基础设计的相关理论。

1. 动力机器基础设计理论体系

20 世纪 30 年代，学者们在动力机器基础动力特性领域开展理论和试验研究，代表性研究机构有苏联地基基础研究所和德国土力学学会，并提出两种理论体系：一是“质量—弹簧—阻尼”计算理论，以下简称“质—弹—阻”理论；二是弹性半空间计算理论。

（1）“质—弹—阻”理论

“质—弹—阻”理论的前提是假定基础是只有质量的无弹性刚体，并将地基简化成阻尼、刚度的组合体系，从而将整个体系变成质量、阻尼和刚度的集总参数模型。该理论的优点是：以振动理论为基础，简单实用、方便快捷、模型简单，计算所需的地基动力参数来自现场实测，可靠性强。该理论的缺点是：从工程实际来看，计算所需的地基动力参数需要通过试验来确定，工作量大；试验所用的基础与实际基础相比要小得多，且影响深度有限，会带来一定的误差。

理论上看，“质—弹—阻”理论没有考虑振动波在地基土中的传播，仅根据设计经验和试验数据进行修正，并不能准确地反映真实情况。此外，该理论将地基和基础简化成无质量的弹簧与阻尼器体系，具有很大的近似性和不确定性，忽略地基土的质量会带来较大误差。随着理论与试验研究的深入发展，采用试验结果对“质—弹—阻”理论计算方法进行修正，提出了土的参振质量并开展了大量研究。结果表明：地基土参振质量随基础上部荷载、基础尺寸、振动频率、埋置深度的变化而变化，且与地基土类别有关；同时，对实体基础尺寸差异、不同地基特征值下的地基刚度、按“质—弹—阻”理论计算的振动响应等进行系列修正，使经过不断修正的“质—弹—阻”理论计算方法与试验结果符合较好。

（2）弹性半空间理论

弹性半空间理论假定地基土为匀质、各向同性的弹性半空间体；并假定基础为刚性，将基础放置于地基土的表面，采取弹性波动理论进行分析。经过多年的科学研究，弹性半空间理论开始考虑土体的各向异性、非匀质以及基础埋置状况等，以更好地反映实际工程情况。该理论的优点是：理论上比较严密，适用于各种不同种类的地基（如较厚的匀质土层、波速随深度变化的土层），也适用于不同形状的基础；在计算方法上具有多样性，可采用动力有限元的离散法、数学力学解析法、半解析法以及离散联合法等；可在一定程度上避开土体参振质量，可以不做或少做试验。该理论的缺点是：假定地基土为匀质、各向同性，实际工程中地基土很难满足该假定。该理论在工程中应用时还存在诸多限制，不仅要对计算理论进行适当修正，还需要有足够的实测资料进行辅助分析和验证。

（3）两种理论比较

采用弹性半空间理论，各振型的振幅计算值与实测值之比，一般都在 2 以内，峰点频率计算值与实测值几乎一致；采用“质—弹—阻”理论，计算振幅与实测值之比误差相对较大。将两种理论体系的计算值与实测值进行对比，弹性半空间理论在精度上高于“质—弹—阻”理论。但是，目前弹性半空间理论应用条件还不够成熟，我国尚无足够的试验资料进行统计分析和验证。因此，采用弹性半空间理论取代“质—弹—阻”理论目前还不现实。两种理论具有各自的优点以及各自的适用条件，均需不断地加以完善和改正。

2. 国外理论研究概况

在 1904 年之前，多是采用经验系数法将上部结构与地基基础分开计算，分析上部结构时，假定地基是刚性、不可变形的；而在进行基础设计时，则将上部结构作为荷载来考虑，忽略了上部结构刚度对基础变形及内力的影响。1904 年，Lamb 提出竖向荷载作用下刚性圆盘在弹性半空间体表上的反应计算方法，历经 100 多年的发展，学者们已完成了大量弹性半空间理论和试验研究。

19 世纪 50 年代：N. A. Haskell 利用相邻土层接触面的连续协调条件，在均匀层状地基上建立波动方程，得到了层状地基各接触面位移与力的矩阵递推关系，来研究无限域地基的波动特性。R. N. Arnold 和 GN. Bycroft 对弹性半空间上圆形基础的水平、竖向、耦合摇摆、扭转振动特性进行了具体研究。

19 世纪 60 年代：Awojobi 等研究了刚体在弹性半空间上的振动；Drnevich 等进行了圆形基础在冲击荷载下的试验研究；Lysmerand Richart 分析了基础在竖向荷载下的动力响应；Elorduy 等研究了任意形状基础在竖向脉冲荷载下的动力响应。

19 世纪 70 年代：Novak 等研究了埋置基础的扭转振动，在该研究中提出了部分埋置于分层土中基础扭转振动近似解析解，可以用于修正由于埋置情况对已知明置基础的影响，分析所有振型的基础振动，甚至包括耦合振动；Stoke 等研究了埋置机器基础分别发生摆动和滑移振动下的暂态和稳态动力响应；Kausel 等提出了采用有限元方法推出的埋置于分层土中基础振动响应计算公式，该公式考虑了基础边缘反射波的影响，该研究是 Waas 和 Lysmer 的二维问题扩展；Beredugol 提出了埋置基础水平激振力作用下的耦合振动计算公式，将运用该公式所得的计算结果与采用数值法的计算结果进行比较，结果表明在第一级共振频率附近两方法所得结果较吻合；Elsabee 等采用分析法和有限元法推出了各种形状埋置基础在各种激振力作用下刚度近似计算式和数值解；Kitamura 等采用数值法研究了置于均匀、各向同性、线弹性层上矩形基础在谐和力作用下的竖向和摇摆振动响应，克服了采用解析法在处理边界条件上的困难。

19 世纪 80 年代：Selvadurai 研究了各向同性弹性层上固结边界明置和埋置刚盘的摇摆振动；Lguchi 等在弹性半空间体上弯曲矩形基础动力响应研究中提出分析弯曲变形矩形基础与非平面位移地基间相互作用的近似方法；Hryniewiczl 采用基于应力—边界值理论采用叠加法处理混合边值问题，提出了弹性半空间体上条形基础竖向、滑移和摇摆振动的数值解；Rucker 研究了半空间上任意形状刚性基础的动力响应，在研究中提出计算弹性或黏弹性半空间上刚性板位移函数的近似方法；Tassoulas 等在刚性壁对环形埋置基础刚度的影响研究中，提出了计算埋置在分层土中环行基础静刚度和动刚度的数值方法；Constantinou 等采用将几何和材料参数进行变换的方法研究了正交各向异性弹性半空间上圆形明置、埋置基础扭转振动问题；Harada 等提出一个新的计算圆形基础滑移和摇摆耦合振动的近似计算方法，利用该方法可以处理三种埋置状况；Jido 等采用边界元方法研究了均质弹性半空间体上明置和埋置基础动力刚度以及结构间的相互作用。

19 世纪 90 年代：Savidis 等利用边界微分处理混合边界条件的方法研究了线弹性非均质半空间上的矩形基础在谐和力作用下的竖向动力响应；Tohma 等通过基础振动试验研究埋深对基础动力特性的影响以及理论计算结果与试验测试结果之间的关系；Meek 等采用近似 Green 函数替代精确解析解研究明置基础的动刚度；Liou 等考虑基础振动所产生牵引力的解析解及三维波动方程，提出了生成弹性半空间上双独立圆形基础动刚度矩阵的系统程序；Deeks 提出了模拟理想弹性半空间上矩形基础瞬态荷载作用下动力响应的力学模型；Gucunskil 将基础离散成一系列同心圆环，并根据沿圆周分布的荷载展成傅立叶级数的“环形方法”，提出了分层土上非刚性圆形基础在任意分布竖向荷载作用下的动力响应计算方法；Vrettos 提出了非均质土上矩形基础振动弹性线位移或角位移的高精度简单代数计算公式。

2000 年后，Prasad 等提出了采用平截头锥模拟基础土系统来计算埋置在分层土中基础的阻抗函数，该模型根据波传播理论及力平衡原理近似所得；Anam 等假设基底应力分布并应用加权残数法提出了分层土上明置基础动刚度的近似计算方法；D. K. Baidya 等通过试验研究了置于刚性层上砂层基础的动力响应；Celebi 等采用边界元法通过频率域子单元近似提出数值结果，并将数值结果与其他数据进行比较，研究了波阻对弹性半空间及基岩上明置分层土的复动刚度系数的影响；Kumar 等通过试验研究了在混凝土基础与机器间设置垫层的动力响应。

3. 国内理论研究发展

1959 年，我国著名振动专家张有龄带领科技人员进行动力机器基础设计理论和方法研究，开辟了国内学者研究结构—基础—地基动力相互作用的先河。

1980 年，王贻荪提出了 H. Lamb 问题的精确解，此解与 Boussinesq 解相对应，推动了半无限空间理论的发展；1981 年，楼梦麟和林皋等根据波动方程解出黏弹性层状地基的动刚度矩阵，分析了层状地基对均质土坝模态特性的影响；1982 年和 1984 年，廖振鹏结合波动理论，以结构抗震相互作用体系模拟分析为目的，提出了把无限域有限化的人工透射边界法；1986 年，赵崇斌和张楚汉等用无限元与有限元混合方法模拟半无限拱坝弹性地基，研究了重力坝的动力反应；1987 年，王复明等提出利用样条半解析法求解层状地基的动力响应；1989 年，陈厚群和侯顺载等对库水—拱坝地震时的相互作用进行试验研究；1993 年，张楚汉和金峰等利用有限元、边界元和无穷边界元相结合的混合方法，得出了地震下高拱坝的动力时程特性；1996 年，林皋和栾茂田等提出了双自由度 8 常参数集总参数模型，可用于动力相互作用时域非线性分析；1997 年，吴世明和干钢等利用子结构法建立高层建筑—基础—地基三维动力相互作用模型，并编制了结构计算程序；1998 年，刘晶波和吕彦东等建立黏弹性人工边界有限元模型，利用有限元法分析了地震作用下结构—地基的动力相互作用。

2000 年后，吕西林等对结构—地基动力相互作用体系开展振动台模型试验研究，并利用有限元软件对试验结果进行相互对比分析；陈龙珠等用解析法研究了饱和地基上刚性圆板的扭转振动特性；燕彬等基于地基平面应变的假定，求得动力相互作用因子的表达式，并推导了利用动力相互作用因子法求解刚性基础的动阻抗公式；李宁等分析了扭转荷载作用在半空间饱和土表面的稳态问题；王春玲等采用双重傅立叶变换，分析得到弹性半空间地基受竖向稳态荷载作用下的积分变换解与四边自由矩形板的稳态振动解析解。

三、动力机器基础设计标准及尚待研究的问题

1. 动力机器基础设计标准

实际工程中，我国之前一直沿用苏联的设计方法，随着我国科技的不断进步及大批动力机器设计成果的应用，我国开始编制符合国情发展的动力机器基础设计规范。为了尽可能地解决实际工程问题，我国工程技术及科研人员开展了大量理论和试验研究，于 1979 年编制了国家标准《动力机器基础设计规范》GBJ 40—79，规范的实施为动力机器基础设计领域的科技进步积累了大量工程经验，该规范曾获得国家科技进步二等奖。为进一步适应我国经济的快速发展，随后对《动力机器基础设计规范》GBJ 40—79 进行了修订和完善，制定了《动力机器基础设计规范》GB 50040—96。

近 20 年来，我国的动力机器基础设计水平有了长足进步，在旋转式机器基础、往复

式机器基础、冲击式机器基础、压力机基础以及液压和电动振动台基础等领域积累了许多先进技术和实践经验；在此基础上，修订完善形成了《动力机器基础设计标准》GB 50040—2020。

2. 标准中还需进一步研究的问题

(1) 天然地基抗压刚度系数

天然地基抗压刚度系数是动力机器基础设计中最基本的动力参数；近年来，国内外学者对其进行了大量的理论和试验研究，现行国家标准《动力机器基础设计标准》GB 50040 对地基抗压刚度系数 C_z 进行了规定；然而，地基抗压刚度系数的基本值不仅与天然地基承载力标准值 f_k 有关，还与地基土体的变形模量、压缩模量、剪切波速、基底压力等密切相关；如何有效考虑这些因素的影响，从而准确确定地基抗压刚度系数，仍需进行深入研究。

(2) 天然地基刚度

天然地基的抗压刚度、抗弯刚度、抗剪刚度、抗扭刚度均与地基土泊松比、基础底面形状及机器振动频率等有关；如何考虑这些因素的影响，从而准确确定天然地基刚度，仍需开展进一步研究。

(3) 地基阻尼

地基的阻尼比不仅与地基土密度、机器重量、基础埋深有关，还与土体剪切模量、基底形状、泊松比等因素有关；如何考虑这些因素的影响，从而准确确定地基阻尼，仍需进行深入研究。

(4) 地基土的参振质量

确定地基土参振质量的方法十分复杂；研究表明，对于同一试验基础，对其分别采用激振法与自由振动法，求得地基土的参振质量相差较大，基础各方向上的参振质量不同，基础各振型的参振质量也不相同；当对其施加不同大小、不同激振频率的扰力作用时，地基土的参振质量也不相同。

(5) 基础扭转振动计算

动力机器基础设计时，一般采用水平偏心敲击法获得基础的扭转振动指标，该方法仅适用于试验基础较小的情况，试验数据的离散性较大；此外，不同振型之间的耦合、水平偏心敲击试验时水平滑移振动掩盖了扭转振动等问题，尚需采取有效的方法解决。

第二节　动力机器基础设计标准简述

一、标准编制的原则

动力机器在工作运转时将产生不同类型的振动，振动控制不当不但会导致机器故障频发，还将影响动力机器的正常运转和工作人员的身体健康，从而降低工作效率；严重时会引起厂房及设备的疲劳破坏，危及结构安全，造成巨大的经济和财产损失。

自 1996 年《动力机器基础设计规范》GB 50040—96 颁布以来，历经二十余年工程实践，规范广泛应用于活塞式压缩机、汽轮机组和电机、透平压缩机、破碎机和磨机、冲击机器、热模锻压力机、金属切削机床等动力机器基础领域，解决了系列工程设计难题，为我国工业基础设施的建设和生产能力的提升发挥了重要保障作用。然而，现有规范中的部分条文已不再适应新型工业的发展需求，振动试验台基础和一些逐渐发展的新技术也亟待纳入标准，需要对其进行完善和修订。

本标准编制的原则是，根据我国工程建设的需要，总结国内外近年来在动力机器基础设计方面的最新研究成果和工程实践经验，为解决我国动力机器基础设计中振动控制技术难题提供指导，为装备正常运行、人员舒适健康、结构安全可靠等提供振动环境保障。

二、标准编制的简要过程

本次国家标准修订，是在原国家标准《动力机器基础设计规范》GB 50040—96 基础上，结合近年来的科研成果和工程实践积累，对标准进行的补充和完善。标准的修订过程分为六个阶段：

第一阶段（准备阶段）：

在此阶段，根据中华人民共和国住房和城乡建设部《2005 年工程建设标准规范制订、修订计划（第二批）的通知》（建标〔2005〕124 号）及《关于调整国家标准〈动力机器基础设计规范〉主编单位的函》（建标标便〔2013〕66 号）的要求，主编单位中国机械工业集团有限公司、中国中元国际工程有限公司组织相关单位对我国现有动力机器基础应用情况和有关国内外先进技术进行了广泛研究，系统地总结了 96 版规范中已经滞后或亟待改进的内容，在广泛征集修订意见基础上，提出了标准编制的指导思想、适用范围和重点内容，成立了标准编制组并召开了编制组第一次工作会议，会议一致通过了标准编写工作大纲，确定标准分为 10 章：

第 1 章：总则；第 2 章：术语和符号；第 3 章：基本规定；第 4 章：旋转式机器基础；第 5 章：往复式机器基础；第 6 章：冲击式机器基础；第 7 章：压力机基础；第 8 章：破碎机与磨机基础；第 9 章：振动试验台基础；第 10 章：金属切削机床基础；附录 A：锚桩（杆）基础设计；附录 B：框架式基础的动力计算；附录 C：地面振动衰减的计算；附录 D：冲击式机器基础有阻尼动力系数 η_{max} 值的计算。

第二阶段（初稿编写阶段）：

在此阶段，各参编单位根据分工要求，对标准中的重点问题进行专题研究，对所需资料进一步整理和分析，系统地总结了编制工作的进展情况和取得的阶段性成果，经过多次修改讨论，形成了标准初稿。

第三阶段（征求意见稿编写阶段）：

在此阶段，由于疫情的原因，编制组通过视频会议、电话、邮件等方式反复沟通初稿细节，对标准初稿逐章、逐节、逐条进行讨论，多次在编制组内部征求意见，历经五次修改，最终形成了标准征求意见稿，并将征求意见稿发往各编制单位及各行业专家进行函审，同时将征求意见稿以网络形式发布公开在全国征求意见。

第四阶段（送审稿编写阶段）：

在此阶段，编制组对征求意见稿返回的专家意见进行归类整理，编制组向有关科研院所、高校、勘察设计、工程建设等单位和个人共发出征求意见函（附征求意见稿）105 份，返回意见 311 条，经汇总后归并为 274 条。首先，编制组各单位对征求意见稿的意见逐条认真分析，并对每一条意见提出初步处理建议；然后，编制组内部集体研究处理收到的意见和建议，讨论征求意见回复及问题；最后，编制组反复讨论，形成征求意见最终处理结果并确定标准修改部分内容，并同步汇总整理形成送审稿初稿；经编制组对个别问题反复研究确认，并对送审稿初稿进一步修改审核，形成了标准送审稿。

第五阶段（标准审查阶段）：

在此阶段，住房和城乡建设部标准定额司在北京主持召开了标准审查会；会议审查专家组认真听取了编制组对标准编制过程和内容的汇报，对标准送审稿内容进行了认真细致的审查并进行逐条讨论，对标准送审稿给予了充分肯定，并提出了审查意见。

第六阶段（标准报批阶段）：

在此阶段，编制组对审查会专家提出的意见进行讨论，在认真研究修改意见基础上按照意见逐条整改，完成了标准报批稿。

2020 年 6 月 9 日，中华人民共和国住房和城乡建设部正式批准《动力机器基础设计标准》为国家标准，编号为 GB 50040—2020，自 2021 年 3 月 1 日起实施。

三、标准编制的主要内容

《动力机器基础设计标准》GB 50040—2020 共分为 10 章、4 个附录。

1. 主要修订内容

（1）扩展了标准的适用范围，增加了相关动力机器基础设计的强制性规定。

（2）补充和明确了动力机器基础设计时的基础资料和地基动力特性参数，对不利场地条件动力机器基础的设计提出了更严格的要求。

（3）完善了旋转式和往复式机器基础设计的条文，增补了相关振动计算方法与构造规定。

（4）扩大了冲击式机器和压力机基础的适用范围，增补了相关设计方法。

（5）增加了液压和电动振动台基础的设计内容。

（6）修订了部分动力机器的公称压力等表征振动荷载特性的适用范围，以及相关振动计算方法与构造规定。

（7）修订了各类动力机器基础相关振动计算、构造要求等规定，删除了部分不适宜的设计规定。

2. 章节修订要点

（1）总则

本章中明确了标准的编制目的、编制原则、编制依据和其他需要说明的事项。根据本次修订内容，扩展了标准的适用范围。

（2）术语和符号

本章中包含了术语和符号。在术语一节中，结合实际应用和标准的专用名词对标准中的部分术语定义进行了修订；在符号一节中，分为作用和作用响应、计算指标、几何参数、计算系数及其他。与此同时，结合标准的特点，按照现行国家标准《工程振动术语和符号标准》GB/T 51306、《工程结构设计通用符号标准》GB/T 50132 的有关规定，对标准使用的术语和符号进行了系统修订。

（3）基本规定

本章中规定了动力机器基础设计时的通用要求，提出了在静力、动力和地震作用下动力机器基础应满足的性能要求，规定了动力机器基础设计时应取得的相关资料、基础不均匀沉降观测、应进行地基处理或采用桩基础的情形以及地基动力特性参数等，并对动力机器基础底面的平均静压力、应采用隔振措施的情形及基础的振动响应等部分条文进行了强制性规定。

（4）旋转式机器基础

本章中的旋转式机器主要包括：汽轮发电机组、旋转式压缩机和电机等，标准对汽轮发电机组基础设计时应取得的资料及振动计算、内力计算、构造要求等进行了规定，对旋转式压缩机基础设计时应取得的资料、计算内容、振动计算、内力计算、构造要求等进行了规定，对电机基础设计时的横向、竖向振动位移计算等进行了规定；同时，补充和完善了汽轮发电机组和旋转式压缩机基础的条文内容，以及相关振动计算方法与构造规定。

（5）往复式机器基础

本章中的往复式机器是指由曲柄—连杆—活塞组成的机器，主要包括：往复式压缩机、往复泵和往复式发动机等；标准对往复式机器基础设计时应取得的资料、计算内容、振动计算及构造要求等进行了规定；同时，补充和完善了活塞式压缩机基础的条文内容，以及相关振动计算方法与构造规定。

（6）冲击式机器基础

本章中的冲击式机器是指以运动质量作用于工件上，产生冲击作用并用于进行工件加工的机器，主要包括：锻锤、落锤等；标准对锻锤基础的设计资料、振动计算、构造要求等进行了规定，对落锤基础的破碎坑设计、振动计算和构造要求等进行了规定；同时，将锻锤公称质量适用范围由16t扩充至25t，修订了锻锤基础的最低混凝土强度等级、垫层最小总厚度及相关构造等。

（7）压力机基础

本章中修订了部分动力机器的公称压力等表征振动荷载特性的适用范围，扩充至热模锻压力机、通用机械压力机、螺旋压力机等，并对压力机的设计资料、振动计算、构造要求等进行了规定。

（8）破碎机和磨机基础

本章中对破碎机基础的形式、振动计算、构造要求等进行了规定，对磨机基础的设计资料、基础形式、振动计算、内力计算、构造要求等进行了规定；同时，修订了已不适应当前技术现状的相关技术条文，并规定了振动计算方法及构造要求。

（9）振动试验台基础

本章属于新增内容，对液压振动试验台、电动振动试验台的设计资料、动力计算、构造要求等进行了规定，规定了液压振动台单个作动器出力限值及激振频率限值范围，并规定了振动台应用范围中的相关技术资料、振动台荷载、振动计算及构造要求。

（10）金属切削机床基础

本章中对机床基础形式、混凝土厚度以及精密机床设计等进行了规定，修订了已不适应当前技术现状的相关技术条文。

（11）附录A锚桩（杆）基础设计

本附录中对锚桩（杆）基础的使用条件、相关设计及构造要求等进行了规定，修订了锚桩（杆）基础设计时的钢筋种类，并对部分已不宜采用的钢筋种类进行了强制性“不应”的表述。

（12）附录 B 框架式基础的动力计算

本附录中对简化的空间多自由度体系、两自由度体系相关计算系数、方法等进行了规定。

（13）附录 C 地面振动衰减的计算

本附录中对动力机器基础沿其中心线进行衰减的计算公式进行了规定。

（14）附录 D 冲击式机器基础有阻尼动力系数 $\eta_{\max}$ 值的计算

本附录中规定了在动力分析时可采用脉冲函数的情形，除原规范中已有的矩形脉冲和对称三角形脉冲两种动力系数以外，增加了后峰齿形、正弦半波、正矢脉冲等脉冲函数动力系数的规定。

第二章　基本规定

第一节　一般规定

一、设计要求

动力机器基础设计应包括静力设计和动力设计两部分内容，即除了应进行常规动力机器基础静力设计外，还需对基础的动力特性进行分析，包括基础的频率特性和响应特性等。

动力机器基础的设计，应满足下列性能要求：

（1）在静力荷载作用下，应满足地基和基础承载能力及变形要求；建造在斜坡上或边坡附近的动力基础，尚应满足稳定性要求。

动力机器基础的静力设计主要包括：地基的承载力验算、变形验算、稳定验算及抗浮验算等，应按现行国家标准《建筑地基基础设计规范》GB 50007、《混凝土结构设计规范》GB 50010、《建筑抗震设计规范》GB 50011 以及现行行业标准《建筑桩基技术规范》JGJ 94 等的有关规定进行设计；对于湿陷性黄土和膨胀土的地基处理，尚应按现行有关标准、规范执行。

（2）在地震作用下，应满足地基和基础抗震承载能力要求和基础抗震稳定性要求。

动力机器基础的抗震验算应按照现行国家标准《建筑抗震设计规范》GB 50011 的有关规定执行，并根据抗震设防类别采取相应的抗震构造措施。动力机器基础应避开抗震不利地段，当地基为软弱黏性土、液化土、新近填土或严重不均匀土时，应采取相应的措施。

（3）在振动荷载作用下，应满足地基和基础承载能力要求和基础容许振动要求；周边环境对振动控制有要求时，尚应满足环境振动、人员舒适度和设备正常工作的要求。

基础振动及基底压力的性能验算要求具体包括两部分内容：一是考虑不同动力荷载作用下，采用不同的地基承载力折减，控制沉降要求比现行国家标准《建筑地基基础设计规范》GB 50007 更加严格；二是针对不同动力设备采取专门容许振动指标控制振动响应，包括位移、速度、加速度等单项或多项控制指标，控制指标可分别采取峰值、均方根值等，充分体现动力机器基础的性能化设计。此外，机器动力荷载作用下，附近办公与居住环境的舒适度、精密设备的正常使用、建筑物的结构安全等应能满足相应的环境振动控制要求。

二、基础设计资料

动力机器基础的形式包括天然地基的块状基础、复合地基的块状基础及桩基础等，基础形式应根据动力机器类型和型号、工程地质条件、振动响应控制要求等综合确定。

动力机器基础的设计依据应包括设计条件、设计要求和相应的设计资料等；具体设计时，要取得以下基本设计资料：

（1）机器型号、转速、功率等。

（2）机器质量及质心位置，包括附属设备及管道质量和质心位置。

（3）机器轮廓尺寸图及设备底座外廓图等。

（4）机器振动荷载及作用点位置。

（5）岩土工程勘察报告及地基动力特性试验报告。

（6）工艺、建筑、结构、机电资料和布置图。

（7）基础的位置及其邻近机器和建筑物基础图。

（8）灌浆层厚度、地脚螺栓和预埋件位置以及其他辅助设备、管道位置和坑、沟、孔洞尺寸等。

三、沉降要求

地基土在动力荷载作用下会出现沉降，地基沉降会影响结构安全、设备正常使用及产品加工质量，不均匀沉降会导致机器加工精度降低、机器轴向颤动、主轴轴瓦磨损、影响机器寿命等，不均匀沉降及过大沉降还将引起管道变形过大而产生附加应力，甚至出现拉裂等情况。因此，动力机器基础设计时，要避免基础产生不均匀沉降以及过大沉降；对于重要或对沉降有严格要求的机器，应在基础上设置永久沉降观测点，并在基础施工、机器安装及运行过程中定期开展观测和记录。

为了避免振动与不均匀沉降相互影响，动力机器基础与建筑物基础、上部结构及混凝土地面宜分开设置；当管道与机器连接产生较大振动时，连接处应采取减振或隔振措施；当机器设置在建筑物柱子附近时，机器基础一般会与建筑物基础相连并组成联合基础，此时基础的质量和地基的刚度都会有所增加，机器基础的振动幅值可能减小，但机器基础振动可能沿建筑物的结构构件传播到更远的地方，影响建筑使用功能。因此，对于无法设缝脱开的设备基础，需采取有效的减隔振措施以避免振动危害。

四、特殊地基条件

对于一些特殊地基（如液化土和软土地基），在动力荷载作用下容易发生偏沉或失稳，甚至丧失承载能力，严重威胁结构的整体安全。因此，动力机器基础不宜采用液化土、软土地基作为天然地基持力层，当局部存在液化土、软土地基时，宜进行地基处理；对于大型和重要的动力机器基础，应进行地基处理或采用桩基础；当动力机器基础设置在整体性较好的岩石上且采用锚桩（杆）基础时，应按现行国家标准《动力机器基础设计标准》GB 50040 附录 A 的规定进行设计；对于建造在液化土、软土地基上的大型和重要的机器，包括 1t 及以上的锻锤基础，容易发生偏沉或沉降过大问题，应采用地基处理（如人工地基）或桩基础。

五、相邻基础要求

为确保地基的承载力和稳定性，动力机器基础设计时，基底标高应与毗邻建筑物基底标高相同；由于场地条件限制，当无法满足基底标高一致时，可按地基放坡要求设置基底高差；当置于天然地基上的动力机器基础与毗邻建筑物基础的埋深不在同一标高时，基底标高相差部分应回填夯实。动力机器基础及毗邻建筑物基础，如能满足施工要求（开挖较深的基础槽时，放坡不影响浅基础的地基，对基底标高相差部分的回填土分层夯实等一般要求压实系数不小于 0.94，对于大型和重要的机器，压实系数不小于 0.97），两者的埋深可不置于同一标高上。这主要考虑到基底标高以下的地基土是影响基础正常使用的主要部分，不能产生扰动。

六、振动影响控制

当动力机器基础的振动不满足人员健康、生产过程、仪器设备正常工作的容许振动标准及影响建筑物的长期使用寿命时，应采取必要的隔振措施以降低机器振动的不利影响，保证工业生产的正常运转，周边设备的正常使用，以及工作人员的身体健康和工作效率。

第二节 材料及构造规定

一、混凝土

混凝土材料应符合现行国家标准《混凝土结构设计规范》GB 50010 的规定。动力机器基础的混凝土强度等级不宜低于 C30；当大块式或墙式基础不直接承受冲击荷载或按构造要求设计时，混凝土的强度等级可采用 C25。考虑到动力机器基础需承受往复振动荷载作用，基础宜采用整体式混凝土结构，对于装配整体式混凝土结构，当有成熟经验时也可以推广使用。

二、钢筋

钢筋材料应符合现行国家标准《混凝土结构设计规范》GB 50010 的规定。动力机器基础的受力钢筋应采用 HRB400、HRB500 钢筋，其他部位可采用 HRBF400、HRBF500 钢筋。钢筋的连接不宜采用焊接接头；受力钢筋的连接接头宜设置在受力较小的位置，且在同一根受力钢筋上宜少设接头；对于结构重要构件和关键传力部位，纵向受力钢筋不宜设置连接接头。位于同一连接区段内的受力钢筋搭接接头面积百分率不宜大于 50%，当工程中确有必要增大受拉钢筋搭接接头面积百分率时，可根据实际情况适当放宽。

三、基础偏心要求

当动力机组重心偏离机器基础底面几何中心时，设备运行会产生振动力矩作用，较大的振动力矩容易引起基础的不均匀沉降。因此，需要考虑偏心力矩对地基的作用。以往工程经验表明：当振动荷载作用的偏心距小于基础底边边长的 5%时，偏心力矩作用的影响较小，可忽略不计。因此，现行国家标准《动力机器基础设计标准》GB 50040 规定：基组重心与基础底面形心宜位于同一竖直线上；当不在同一竖直线上时，两者之间的偏心距与平行于偏心方向基底边长的比值，不应大于 5%；当偏心大于 5%时，应计入附加力矩作用的影响。

四、地脚螺栓

动力机器的安装通常需要布置地脚螺栓，地脚螺栓的设置应符合下列规定：

（1） Ⅰ型和Ⅱ型地脚螺栓的锚固长度不应小于 25 倍螺栓直径，Ⅲ型地脚螺栓的锚固长度不应小于 20 倍螺栓直径。

（2） 地脚螺栓轴线距基础边缘的距离不应小于 5 倍螺栓直径，且不应小于 150mm，预留孔边缘距基础边缘的距离不应小于 100mm。

（3） 预埋地脚螺栓底面下混凝土的厚度不应小于 50mm，当设置预留孔时，孔底面下混凝土的厚度不应小于 100mm。

五、其他构造要求

动力机器底座边缘至基础边缘的距离不宜小于100mm，底座下应预留二次灌浆层，灌浆层厚度范围宜为50～150mm；二次灌浆层应在设备安装初调后用灌浆材料填充密实，灌浆材料可采用比基础混凝土强度等级提高一级的微膨胀细石混凝土或专用灌浆料。

第三节　地基和基础计算规定

根据现行国家标准《动力机器基础设计标准》GB 50040的规定，动力机器基础设计验算内容应包括：基础结构设计、地基承载力验算、地基与基础振动控制验算，即地基与基础应满足强度、刚度、稳定性、振动响应的要求。

基础结构设计详见后续章节，本节主要介绍地基承载力验算内容和地基、基础振动控制验算要求。

1. 地基承载力验算

动力机器基础底面的平均静压力不应大于地基承载力，否则会造成基础不均匀沉降，会造成上部动力机器及其附属构件破坏，甚至会造成严重的工程事故。动力机器基础底面的平均静压力，应符合下式要求：

$$p \leqslant \alpha_v f_a \tag{2-3-1}$$

式中　p——对应于作用的标准组合时，基础底面的平均静压力值（kPa）；

α_v——地基承载力的动力折减系数；

f_a——修正后的地基承载力特征值（kPa）。

地基承载力特征值的修正计算应按现行国家标准《建筑地基基础设计规范》GB 50007第5.2.4条的规定执行，地基承载力特征值的确定可按第5.2.3条、第5.2.5条、5.2.6条的规定执行。

动力机器基础底面的平均静压力应包含下列荷载：基础自重和基础上回填土重、机器自重和传至基础上的其他荷载。验算方法中考虑了地基承载力的动力折减系数，因而动力机器的振动荷载不再计入基础底面的平均静压力。

地基承载力的动力折减系数应根据不同动力机器的特点，按下列规定确定：

（1）旋转式机器基础，可取0.8。

（2）锻锤基础，宜按下式计算：

$$\alpha_v = \frac{1}{1+\beta_v \dfrac{a}{g}} \tag{2-3-2}$$

式中　a——基础的振动加速度（m/s^2）；

β_v——地基土的动沉陷影响系数。

（3）其他机器基础，可取1.0。

式(2-3-2)中，地基土的动沉陷影响系数β_v值，应按下列规定确定：

1）当为天然地基时，宜按表2-3-1的规定确定。

2）对桩基础，宜按桩端持力层地基土类别选用，动力机器基础的地基土类别可按表2-3-2确定。

除上述基础底面平均静压力计算外，部分机器尚应进行基础底面边缘最大静压力验算，计算时应考虑动力机器当量荷载产生的弯矩作用。

地基土动沉陷影响系数 β_v 值 **表 2-3-1**

地基土类别	β_v	地基土类别	β_v
一类土	1.0	三类土	2.0
二类土	1.3	四类土	3.0

地基土类别 **表 2-3-2**

土的名称	地基承载力特征值 f_{ak}(kPa)	地基土类别
碎石土	$f_{ak}>500$	一类土
黏性土	$f_{ak}>250$	
碎石土	$300<f_{ak}\leqslant 500$	二类土
粉土、砂土	$250<f_{ak}\leqslant 400$	
黏性土	$180<f_{ak}\leqslant 250$	
碎石土	$180<f_{ak}\leqslant 300$	三类土
粉土、砂土	$160<f_{ak}\leqslant 250$	
黏性土	$130<f_{ak}\leqslant 180$	
粉土、砂土	$120<f_{ak}\leqslant 160$	四类土
黏性土	$80<f_{ak}\leqslant 130$	

当对地基变形有控制要求时，还应进行静力作用下的地基变形验算，具体可按现行国家标准《建筑地基基础设计规范》GB 50007 的相关规定执行。

2. 基础振动响应控制要求

动力机器基础的振动响应不应超过容许振动标准，否则会造成动力机器振动过大、减小使用寿命、降低工作效率、被迫停止工作，造成设备附属管道和零部件损坏，会对操作人员的舒适性造成不良影响，会对附属建筑结构造成损伤、破坏，甚至引发工程事故。动力机器基础的振动响应，应符合下列要求：

$$u\leqslant[u] \tag{2-3-3}$$

$$v\leqslant[v] \tag{2-3-4}$$

$$a\leqslant[a] \tag{2-3-5}$$

式中 u——基础控制点的振动位移；

v——基础控制点的振动速度；

a——基础控制点的振动加速度；

$[u]$——基础的容许振动位移；

$[v]$——基础的容许振动速度；

$[a]$——基础的容许振动加速度。

动力机器的容许振动标准，应符合现行国家标准《建筑工程容许振动标准》GB 50868 的有关规定。

第四节　地基动力特性参数

一、地基动力参数

地基动力参数是计算动力机器基础振动时的关键数据，数据的选用是否符合实际，直接影响基础设计的最终效果。采用“质—弹—阻”理论进行机器基础动力分析时，地基土刚度、阻尼比等参数需要在现场开展模型基础的激振试验；当现场不具备试验条件时，也可以选取类似地质条件下的测试经验值。

1. 地基土的刚度系数

地基土刚度系数是分析动力机器基础动力反应的最关键参数，其取值合理与否，是设计基础能否满足振动要求的关键。基础的振动大小不仅与机器的扰力有关，还与扰力的频率与基础的固有频率是否产生共振有关，因而在进行设计时，不是将地基刚度系数取得越小就越安全。对于低频机器，机器的扰频小于基础的固有频率，二者不会发生共振，地基刚度系数取值偏小，计算的振幅偏大，设计偏安全；然而，对于中频机器，机器的扰力频率大于基础的固有频率，若地基刚度系数取值偏小，计算得到的固有频率将远离机器扰力频率，从而使计算振幅偏小，设计偏于不安全。

地基土的刚度系数是指地基单位弹性位移（转角）所需的力（力矩），即单位面积上的地基刚度。该系数是基础底面以下影响范围内所有土层的综合性物理量，是计算动力机器基础动力反应重要的参数，其中以抗压刚度系数为主，而抗弯、抗剪、抗扭刚度系数一般根据与抗压刚度系数之间的关系确定。实践证明，抗压刚度系数不仅与地基土的弹性性能有关，还与基础形状、基底面积、基底静压力、埋置深度、振动加速度等多种因素有关。

2. 地基土的阻尼

地基土的阻尼是影响动力机器基础动力反应的重要参数，阻尼比为振动体系的实际阻力系数与临界阻力系数之比。现行国家标准《动力机器基础设计标准》GB 50040 给出的黏滞阻尼是通过现场强迫振动和自由振动实测资料按规定的方法计算值，并以黏滞阻尼系数 C 与临界阻尼系数 $C_c=2\sqrt{KM}$ 之比的阻尼比 ζ 表示。

根据大量实测资料分析，地基土的阻尼比主要与下列因素有关：

（1）地基土性质：一般情况下，黏性土的阻尼比要大于粉土和砂土，岩石和砾石类土的阻尼比最小。

（2）基础几何尺寸：阻尼比随基础底面积的增大而提高，随基础高度的增加而减小。

（3）基础埋深：增大基础埋深有提高阻尼比的作用，基础埋置深度与基础底面积平方根的比值越大，阻尼比增加越明显。

3. 地基土的参振质量

为拟合现场模型基础振动试验中实测幅频响应曲线上共振峰点的频率值，计算时需在原有基础质量上设置一定数量的附加质量，才能够获得与实际符合更优的结果，这部分附加质量称为地基土的参振质量。到目前为止，还没有能够准确定量附加质量的方法。大量的现场模型基础振动试验表明，参振质量与基础本身质量之比常在 0.43～2.90 范围内。

为了获得与实际情况更为接近的基础固有频率，对于天然地基，我国现行规范中的地基刚度和质量均不考虑参振质量影响。因此，表 2-4-1 所提供的抗压刚度系数 C_z 值要比实际值偏低 43%～290%，对计算基础的固有频率虽没有影响，但基础的计算振动线位移至少偏大了 43%。因此，现行国家标准《动力机器基础设计标准》GB 50040 将计算所得竖向振动线位移乘以折减系数 0.7，对于水平向振动线位移乘以折减系数 0.85。

4. 地基土的惯性作用

“质—弹—阻”理论模型的基础竖向振动方程为：

$$m\ddot{z}+C\dot{z}+Kz=F\sin\omega t \tag{2-4-1}$$

其基本假定为：

（1）基础振动时，作用在基础上的地基反力和基础位移呈线性关系。

（2）地基土只有弹性性能，而无惯性性能。

（3）基础只有惯性性能，而无弹性性能。

（4）土的阻尼视为黏滞阻尼，阻尼力与运动速度成正比。

按照上述假定，基础的振动可简化为刚体在无重量土弹簧上的振动，即 m、C、K 均为常值，进而式(2-4-1) 可简化为常系数线性微分方程。我国和苏联国家标准中地基刚度和地基刚度系数均未考虑土的惯性影响，基础的固有频率计算不受影响，而振幅的计算则偏于安全。

二、地基动力参数的经验值

地基动力特性参数由现场测试确定，测试方法应符合现行国家标准《地基动力特性测试规范》GB/T 50269 的有关规定；当现场无测试条件时，也可以按工程经验或经验公式取值。

1. 地基土刚度系数及刚度

（1）抗压刚度系数 C_z

天然地基的抗压刚度系数，应按表 2-4-1 确定。

天然地基的抗压刚度系数 C_z（kN/m^3）　　表 2-4-1

地基承载力特征值 f_{ak}(kPa)	土的名称		
	黏性土	粉土	砂土
300	66000	59000	52000
250	55000	49000	44000
200	45000	40000	36000
150	35000	31000	28000
100	25000	22000	18000
80	18000	16000	

注：表中所列 C_z 值适用于底面积大于或等于 $20m^2$ 的基础，当底面积小于 $20m^2$ 时，则表中数值应乘以 $\sqrt[3]{\frac{20}{A}}$，A 为基础底面积（m^2）。

（2）沿 x 轴、y 轴的抗剪刚度系数 C_x、C_y

$$C_x=C_y=0.7C_z \tag{2-4-2}$$

（3）绕 x 轴、y 轴的抗弯刚度系数 C_θ、C_φ

$$C_\theta = C_\varphi = 2.15C_z \tag{2-4-3}$$

（4）绕 z 轴的抗扭刚度系数 C_ψ

$$C_\psi = 1.05C_z \tag{2-4-4}$$

（5）如图 2-4-1 所示，当基础底影响深度（h_d）范围内由不同土层组成时，其抗压刚度系数 C_z 值可按下式计算：

$$C_z = \frac{2/3}{\sum_{i=1}^{n} \frac{1}{C_{zi}} \left(\frac{1}{1+\frac{2h_{i-1}}{h_d}} - \frac{1}{1+\frac{2h_i}{h_d}} \right)} \tag{2-4-5}$$

式中 C_{zi}——第 i 层土的抗压刚度系数（kN/m^3）；

h_d——基底影响深度，$h_d = 2\sqrt{A}$（m）；

h_i——从基础底至 i 层土底面的深度（m）；

h_{i-1}——从基础底至 $i-1$ 层土底面的深度（m）。

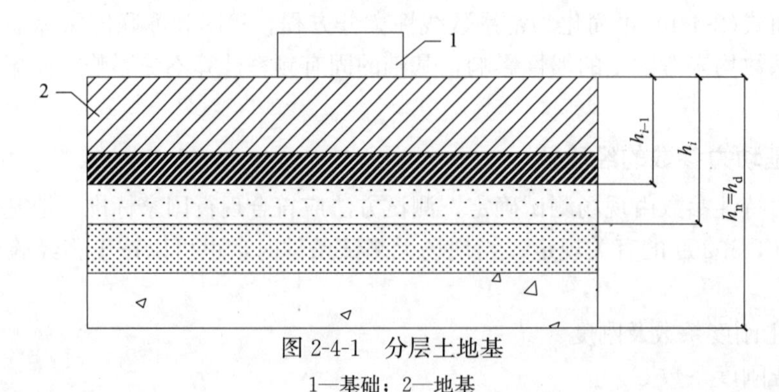

图 2-4-1 分层土地基

1—基础；2—地基

（6）天然地基刚度计算

1）地面上无埋深基础的抗压、抗剪、抗弯及抗扭刚度，分别按下列公式计算：

抗压刚度
$$K_z = C_z A \tag{2-4-6}$$

抗剪刚度
$$K_x = C_x A \tag{2-4-7}$$

$$K_y = C_y A \tag{2-4-8}$$

抗弯刚度
$$K_\theta = C_\theta I_x \tag{2-4-9}$$

$$K_\varphi = C_\varphi I_y \tag{2-4-10}$$

抗扭刚度
$$K_\psi = C_\psi I_z \tag{2-4-11}$$

$$I_x = \frac{1}{12}bd^3 \tag{2-4-12}$$

$$I_y = \frac{1}{12}db^3 \tag{2-4-13}$$

$$I_z = I_x + I_y \tag{2-4-14}$$

式中 I_x、I_y、I_z——分别为基础底面通过其形心轴的惯性矩和极惯性矩（m^4），如图 2-4-2 所示的大块基础。

2）当埋置基础的地基承载力特征值小于 350kPa，且基础四周回填土与地基土的密度

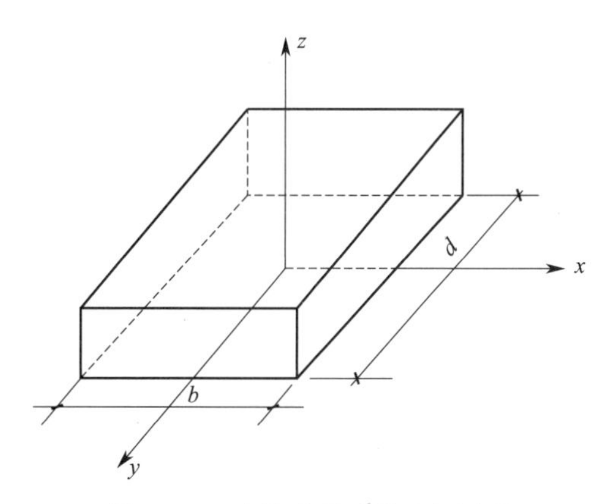

图 2-4-2　大块式基础的几何图形

比不小于 0.85 时，其抗压、抗弯、抗剪、抗扭刚度宜乘以提高系数，提高系数可按下列公式计算：

$$\alpha_z=(1+0.4\delta_d)^2 \tag{2-4-15}$$

$$\alpha=(1+1.2\delta_d)^2 \tag{2-4-16}$$

$$\delta_d=\frac{h_t}{\sqrt{A}} \tag{2-4-17}$$

式中　α_z——基础埋深作用对地基抗压刚度的提高系数；

α——基础埋深作用对地基抗剪、抗弯、抗扭刚度的提高系数；

δ_d——基础埋深比，当 $\delta_d>0.6$ 时，取 0.6；

h_t——基础埋置深度（m）。

3）当埋置基础与混凝土地面刚性连接时，地基的抗剪、抗弯及抗扭刚度分别乘以提高系数，对于软弱地基提高系数采用 1.4，对于其他地基可取 1.0～1.4 之间的系数值。

2. 天然地基土的阻尼比

（1）竖向阻尼比

1）黏性土的竖向阻尼比，可按下式计算：

$$\zeta_z=\frac{0.16}{\sqrt{\bar{m}}} \tag{2-4-18}$$

$$\bar{m}=\frac{m}{\rho A\sqrt{A}} \tag{2-4-19}$$

2）砂土、粉土的竖向阻尼比，可按下式计算：

$$\zeta_z=\frac{0.11}{\sqrt{\bar{m}}} \tag{2-4-20}$$

式中　ζ_z——天然地基竖向阻尼比；

$\bar{m}$——基础质量比；

m——基础的质量（t）；

ρ——地基土的密度（t/m^3）。

（2）水平回转向、扭转向阻尼比，可按下式计算：

$$\zeta_{h1}=\zeta_{h2}=\zeta_{\psi}=0.5\zeta_z \tag{2-4-21}$$

式中 ζ_{h1}——天然地基水平回转耦合振动第一振型阻尼比；

ζ_{h2}——天然地基水平回转耦合振动第二振型阻尼比；

ζ_{ψ}——天然地基扭转向阻尼比。

（3）埋置基础的天然地基阻尼比

明置基础的阻尼比宜乘以基础埋深作用对竖向、水平回转向或扭转向阻尼比的提高系数，提高系数可按下列公式计算：

$$\beta_z=1+\delta_d \tag{2-4-22}$$

$$\beta=1+2\delta_d \tag{2-4-23}$$

式中 β_z——基础埋深作用对竖向阻尼比的提高系数；

β——基础埋深作用对水平回转向或扭转向阻尼比的提高系数。

3. 桩基的刚度

（1）桩周土当量抗剪刚度系数

当桩的间距为桩的直径或截面边长的 4～5 倍时，桩周各层土的当量抗剪刚度系数 $C_{p\tau}$，宜按表 2-4-2 采用。

桩周土的当量抗剪刚度系数 $C_{p\tau}$（kN/m^3）　　表 2-4-2

土的名称	土的状态	当量抗剪刚度系数 $C_{p\tau}$
淤　泥	饱　和	6000～7000
淤泥质土	天然含水量 45%～50%	8000
黏性土	软塑	7000～10000
	可塑	10000～15000
	硬塑	15000～25000
粉土、粉砂、细砂	稍密～中密	10000～15000
中砂、粗砂、砾砂	稍密～中密	20000～25000
圆砾、卵石	稍密	15000～20000
	中密	20000～30000

（2）桩端土当量抗压刚度系数

当桩的间距为桩的直径或截面边长的 4～5 倍时，桩端土层的当量抗压刚度系数 C_{pz}，宜按表 2-4-3 采用。

桩端土的当量抗压刚度系数 C_{pz}（kN/m^3）　　表 2-4-3

土的名称	土的状态	桩端埋置深度(m)	当量抗剪刚度系数 C_{pz}
黏性土	软塑、可塑	10～20	50000～800000
	软塑、可塑	20～30	800000～1300000
	硬　塑	20～30	1300000～1600000
粉土、粉砂、细砂	中密、密实	20～30	1000000～1300000

续表

土的名称	土的状态	桩端埋置深度(m)	当量抗剪刚度系数 C_{pz}
中砂、粗砂、砾砂、圆砾、卵石	中密、密实	7～15	1000000～1300000 1300000～2000000
页　岩	中等风化	—	1500000～2000000

（3）桩基抗压刚度，可按下列公式计算：

$$K_{pz}=n_p k_{pz} \tag{2-4-24}$$

$$k_{pz}=\sum_{i=1}^{n}C_{p\tau i}A_{p\tau i}+C_{pz}A_p \tag{2-4-25}$$

式中　K_{pz}——桩基抗压刚度（kN/m）；

k_{pz}——单桩抗压刚度（kN/m）；

n_p——桩数；

$A_{p\tau i}$——第 i 层土的桩周表面积（m^2）；

A_p——桩的截面面积（m^2）。

（4）桩基抗弯刚度，可按下列公式计算：

$$K_{p\theta}=k_{pz}\sum_{i=1}^{n}r_{yi}^2 \tag{2-4-26}$$

$$K_{p\varphi}=k_{pz}\sum_{i=1}^{n}r_{xi}^2 \tag{2-4-27}$$

式中　$K_{p\theta}$、$K_{p\varphi}$——桩基绕 x 轴、y 轴的抗弯刚度（kN·m）；

r_{xi}、r_{yi}——第 i 根桩的轴线至通过基础底面形心的回转轴 x 轴、y 轴的距离（m）。

（5）桩基抗剪和抗扭刚度

桩基的抗剪和抗扭刚度 K_{px}、K_{py}、$K_{p\psi}$ 可采用天然地基抗剪和抗扭刚度的 1.4 倍。当计入基础埋深和刚性地面作用时，桩基抗剪刚度、抗扭刚度可按下列公式计算：

$$K_{px}=K_x(0.4+\alpha\alpha_1) \tag{2-4-28}$$

$$K_{py}=K_y(0.4+\alpha\alpha_1) \tag{2-4-29}$$

$$K_{p\psi}=K_\psi(0.4+\alpha\alpha_1) \tag{2-4-30}$$

式中　α——基础埋深作用对地基抗剪、抗弯、抗扭刚度的提高系数；

α_1——刚性地面提高系数，对于软弱地基提高系数采用 1.4，对于其他地基应适当减小。

当采用端承桩或桩上部土层的地基承载力特征值不小于 200kPa 时，桩基抗剪和抗扭刚度不应大于相应的天然地基的抗剪和抗扭刚度。实践表明，对于地质条件较好，特别是半端承或端承桩，在打桩过程中的贯入度较小，每锤击一次，桩本身产生水平摇摆运动，致使桩顶部四周与土脱空，进而大大降低桩基的抗剪和抗扭刚度，此时桩基的抗剪和抗扭刚度要低于天然地基的抗剪和抗扭刚度。

（6）斜桩的抗剪刚度，应按下列规定确定：

1）当斜桩的斜度大于 1∶6，其间距为 4～5 倍桩截面的直径或边长时，斜桩的当量抗剪刚度可采用相应的天然地基抗剪刚度的 1.6 倍；

2）当计入基础埋深和刚性地面作用时，斜桩桩基的抗剪刚度可按下列公式计算：

$$K_{px}=K_x(0.6+\alpha\alpha_1) \tag{2-4-31}$$

$$K_{py}=K_y(0.6+\alpha\alpha_1) \tag{2-4-32}$$

4. 桩基的阻尼

(1) 桩基竖向阻尼比

1) 桩基承台底下为黏性土时，桩基的阻尼比可按下式计算：

$$\zeta_{pz}=\frac{0.2}{\sqrt{\bar{m}}} \tag{2-4-33}$$

2) 桩基承台底下为砂土、粉土时，桩基的阻尼比可按下式计算：

$$\zeta_{pz}=\frac{0.14}{\sqrt{\bar{m}}} \tag{2-4-34}$$

3) 端承桩的阻尼比，可按下式计算：

$$\zeta_{pz}=\frac{0.1}{\sqrt{\bar{m}}} \tag{2-4-35}$$

4) 当桩基承台底与地基土脱空时，其竖向阻尼比可取端承桩的竖向阻尼比。

(2) 桩基水平回转向、扭转向阻尼比，可按下式计算：

$$\zeta_{ph1}=\zeta_{ph2}=\zeta_{p\psi}=0.5\zeta_{pz} \tag{2-4-36}$$

式中 ζ_{pz}——桩基竖向阻尼比；

ζ_{ph1}、ζ_{ph2}——桩基水平回转耦合振动第一、二振型阻尼比；

$\zeta_{p\psi}$——桩基扭转向阻尼比。

(3) 计算桩基阻尼比时，可计入桩基承台埋深对阻尼比的提高作用，提高后桩基竖向、水平回转向以及扭转向阻尼比，可按下列规定计算：

1) 摩擦桩的阻尼比，可按下列公式计算：

$$\zeta'_{pz}=\zeta_{pz}(1+0.8\delta_d) \tag{2-4-37}$$

$$\zeta'_{ph1}=\zeta'_{ph2}=\zeta'_{p\psi}=\zeta_{ph1}(1+1.6\delta_d) \tag{2-4-38}$$

2) 端承桩的阻尼比，可按下列公式计算：

$$\zeta'_{pz}=\zeta_{pz}(1+\delta_d) \tag{2-4-39}$$

$$\zeta'_{ph1}=\zeta'_{ph2}=\zeta'_{p\psi}=\zeta_{ph1}(1+1.4\delta_d) \tag{2-4-40}$$

5. 桩基的参振质量

计算桩基的固有频率和振动位移时，需提供竖向和水平回转向的总质量及基组的总转动惯量，可按下列规定计算：

(1) 竖向振动时，桩和桩间土参振质量为：

$$m_0=l_t\rho_p bd \tag{2-4-41}$$

式中 l_t——桩的折算长度，当桩的入土深度≤10m 时取 1.8m，当桩的入土深度≥15m 时取 2.4m，中间值采用插入法计算；

b——基础底面的宽度（m）；

d——基础底面的长度（m）；

ρ_p——桩和桩间土的混合密度（t/m^3）。

此时，桩基竖向振动总质量为：

$$m_{pz}=m+m_0 \tag{2-4-42}$$

式中　m_{pz}——桩基竖向总质量（t）；

m——天然地基基组的质量（t）。

（2）水平回转振动时，桩基附加的参振质量为 $0.4m_0$，此时水平回转向振动总质量为：

$$m_{px}=m_{py}=m+0.4m_0 \tag{2-4-43}$$

式中　m_{px}、m_{py}——桩基水平回转振动质量。

（3）相应的桩基总抗弯转动惯量为：

$$J_{p\theta}=J_{\theta}\left(1+\frac{0.4m_0}{m}\right) \tag{2-4-44a}$$

$$J_{p\varphi}=J_{\varphi}\left(1+\frac{0.4m_0}{m}\right) \tag{2-4-44b}$$

$$J_{p\psi}=J_{\psi}\left(1+\frac{0.4m_0}{m}\right) \tag{2-4-44c}$$

式中　$J_{p\theta}$、$J_{p\varphi}$、$J_{p\psi}$——桩基上基组对 x 轴、y 轴、z 轴的转动惯量（$t\cdot m^2$）；

J_{θ}、J_{φ}、J_{ψ}——天然地基上基组对 x 轴、y 轴、z 轴的转动惯量（$t\cdot m^2$）。

三、模型基础动力参数测试

1. 概述

影响地基动力特性参数的因素很多，每一地区地基土的动力特性又不相同。地基动力特性参数的取值是否合理，是动力机器基础设计能否满足生产要求的主要因素。因此，天然地基和桩基的基本动力特性参数由现场试验确定，通过模拟机器基础的振动，测试振动线位移随频率变化的幅频响应曲线，以计算模型基础的地基各项动力特性参数。

（1）天然地基或其他人工地基应提供下列动力特性参数：

1）地基抗压、抗剪、抗弯和抗扭刚度系数；

2）地基竖向和水平回转向第一振型、扭转向的阻尼比；

3）地基竖向和水平回转向及扭转向的参振质量。

（2）桩基应提供下列动力特性参数：

1）单桩的抗压刚度；

2）桩基抗剪和抗扭刚度系数；

3）桩基竖向和水平回转向第一振型、扭转向的阻尼比；

4）桩基竖向和水平回转向以及扭转向的参振质量。

由于采用不同测试方法所得到的动力特性参数不同，因而应根据动力机器的性能采用不同的测试方法。例如，属于周期性振动的机器基础，应采用强迫振动测试；属于冲击性振动的机器基础，可采用自由振动测试。此外，考虑所有机器基础都具有一定的埋置深度，因此基础应分别做明置和埋置两种情况下的振动测试，其中，明置基础的测试目的是获得基础下部地基的动力特性参数，埋置基础的测试目的是获得基础埋置后的动力特性参数。因此，在进行机器基础设计时，可对比分析基础四周回填土是否需要夯实，以及直接影响埋置作用对动力特性参数的提高效果。需要注意的是，在进行埋置基础的振动测试时，四周的回填土要分层夯实。

2. 测试场地和模型基础

根据机器基础设计的需要，测试场地和模型基础应符合下列要求：

(1) 测试场地应避开外界干扰振源，测点应避开水泥、沥青路面、地下管道和电缆等。

(2) 测试基础应置于设计基础工程的邻近处，其土层结构宜与设计基础的土层结构相类似。

(3) 块体基础的尺寸应采用 2.0m×1.5m×1.0m，其数量不宜少于 2 个；根据工程需要，当块体数量多于 2 个时，可改变超出部分基础的平面面积而保持高度不变，获得底面积变化对动力特性参数的影响；或改变超过部分基础高度而保持底面积不变，获得基底应力变化对动力特性参数的影响。基础尺寸应保证扰力中心与基础重心在一条竖直线上，高度应保证地脚螺栓的锚固深度，以便于测试基础埋深对地基动力特性参数的影响。

(4) 当为桩基础时，应采用 2 根桩，桩间距应取设计桩基础的间距。桩台边缘至桩轴的距离可取桩间距的 1/2；桩台的长宽比应为 2∶1，其高度不宜小于 1.6m；当需做不同桩数的对比测试时，应增加桩数及相应桩台的面积。由于桩基的固有频率比较高，桩台的高度应高于天然地基基础的高度，以便于共振峰的测试。根据 2 根桩基础测试资料计算的动力特性参数，在折算为单桩时，可将桩台划分为 1 根桩的单元体进行分析。

(5) 基坑坑壁至测试基础侧面的距离应大于 500mm，以免在进行基础的明置试验时，基础侧面四周的土压力影响基础底面土的动力特性参数。坑底应保持测试土层的原状结构，挖坑时不要破坏试验基础底面的原状土，基底土是否遭到破坏，直接影响测试结果。坑底面应为水平面，基础浇灌后保持基础的重心、底面形心和竖向激振力位于同一竖直线上。

(6) 测试基础的制作尺寸应准确，在试验基础图纸上，应注明基础顶面的混凝土应随捣随抹平；应避免基础顶面粗糙或高低不平，影响测试效果。

(7) 当采用机械式激振器时，预埋螺栓的位置必须准确。现场工作时，基础上预埋螺栓或预留螺栓孔的位置应严格按照试验图纸要求施工，保证安装准确且不得偏离，以免激振器底板无法安装。

3. 测试仪器和激振设备

(1) 测试仪器的选用

根据测试要求，选用所需的传感器、采集分析仪，传感器宜采用竖直和水平方向的速度型传感器，其通频带应为 2～80Hz，阻尼系数应为 0.65～0.70，电压灵敏度不应小于 30V・s/m，最大可测位移不应小于 0.5mm。采集分析仪宜采用多通道数字采集和存储系统，其模/数转换器（A/D）位数不宜小于 16 位，幅度畸变宜小于 1.0dB，电压增益不宜小于 60dB。数据分析应具有频谱分析及专用分析软件功能，并应具有抗混淆滤波、加窗及分段平滑等功能。

将所选用的仪器配套组成测振系统，并在标准振动台上进行系统灵敏度系数的标定，以确保测试结果的精度。

(2) 激振设备的选用

1) 强迫振动

强迫振动测试常用激振设备包括机械式偏心块（变扰力）和电磁式（常扰力）激振

器，其中，电磁式激振器扰力较小、频率较高，而偏心块激振器扰力较大、频率较低。因此，应根据测试基础的类型（块体基础、桩基础）以及基础的大小选用合适的激振设备。

2）自由振动

自由振动测试时，竖向激振可采用铁球，其质量约为基础质量的1/100。

4. 测试方法

（1）强迫振动

1）竖向振动测试

竖向振动测试的激振设备及传感器布置如图2-4-3所示。应在基础顶面沿长度方向轴线的两端各安置一台传感器，并固定在基础上，当扰力与基础重心和底面形心在同一竖直线上时，基础上各点的竖向振动线位移与相位均应一致，如果振动线位移稍有差异，则取两台传感器的平均值。

2）水平回转振动测试

水平回转振动测试的激振设备及传感器的布置如图2-4-4和图2-4-5所示。激振设备扰力的方向应调整为水平向；在基础顶面沿长度方向轴线的两端各布置一台竖向传感器，在中间布置一台水平向传感器。布置竖向传感器的目的是测试基础回转振动时产生的竖向振动线位移，以便计算基础的回转角，因此，两台传感器之间的距离 l_1 必须测量准确。

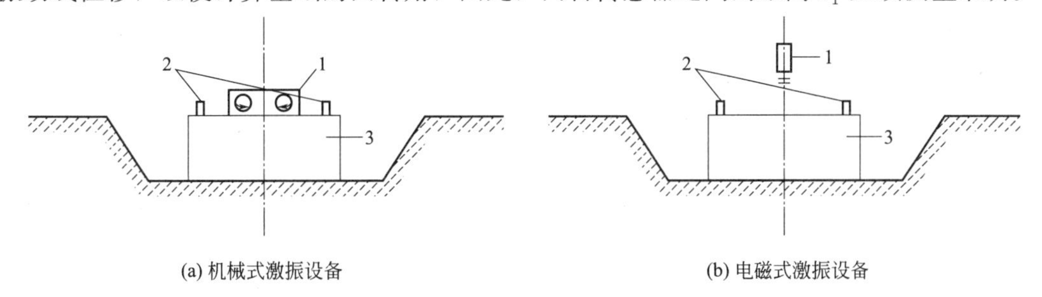

图2-4-3　激振设备及传感器布置图

1—激振设备；2—传感器；3—测试基础

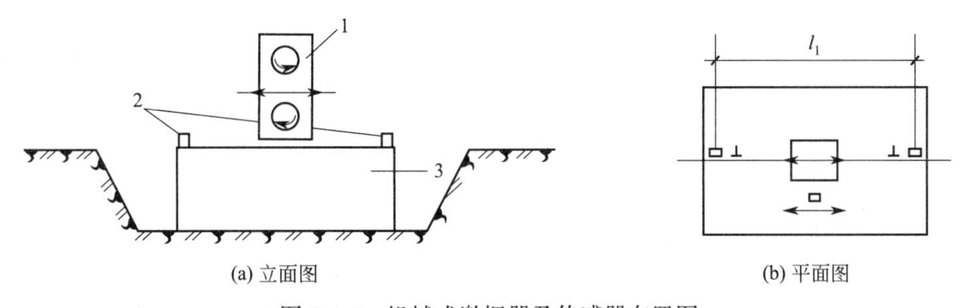

图2-4-4　机械式激振器及传感器布置图

1—机械式激振器；2—传感器；3—测试基础

3）扭转振动测试

扭转振动测试激振设备及传感器的布置如图2-4-6所示。测试时在基础上施加扭转力矩以使基础产生绕竖轴的扭转振动，传感器应同相位对称布置在基础顶面沿水平轴线的两端，其水平振动方向应与轴线垂直。

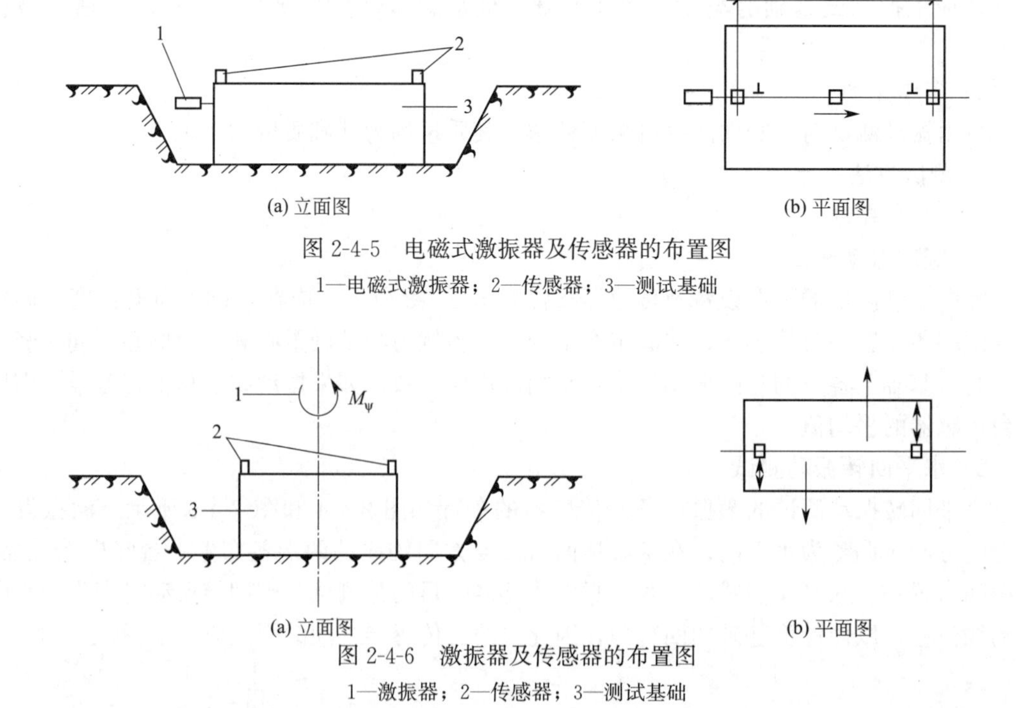

图 2-4-5 电磁式激振器及传感器的布置图

1—电磁式激振器；2—传感器；3—测试基础

图 2-4-6 激振器及传感器的布置图

1—激振器；2—传感器；3—测试基础

4）幅频响应测试

幅频响应测试激振设备的频率应由低到高逐渐增大。共振峰点的测量较为困难，激振频率在共振峰点容易丢失，加密扫描频率有利于减少人为误差。因此，在共振区以内（即 $0.75f_m \leqslant f \leqslant 1.25f_m$，$f_m$ 为共振频率），频率间隔扫描速度应适当放缓，扫描频率尽量加密，以 0.5Hz 左右为宜；在共振区外，频率间隔扫描速度可适当加快，但不宜大于 2Hz。当振动线位移较大时，峰点难以测得，扰力值的控制宜使共振时的振动线位移不大于 150μm；对于周期性振动机器基础，当 $f \geqslant 7$Hz 时，其振动线位移均不大于 150μm，此时测试值与机器基础设计值一致。

（2）自由振动

利用冲击力对基础进行自由振动测试是最简便的一种激振方法，所需的激振设备也最为简单，且冲击激振的时间较短，可进行多次重复试验，适用于锻锤、造型机、冲床、压力机等设备基础的动力性能测试。

测试可按下列方法进行：基础的自由振动测试可采用重锤自由下落的方式，在基础顶面的中心处，实测基础的固有频率和最大振动线位移。测试次数不应少于 3 次，测试时应注意检查波形是否正常，传感器的布置应与强迫振动测试时的布置相同。

针对上述模型基础动力参数现场测试数据进行的处理，应按照现行国家标准《地基动力特性测试规范》GB/T 50269 的有关规定执行。

四、地基动力参数的换算

根据现场模型基础测试计算所得的地基动力参数（如刚度系数、阻尼比和参振质量）只能代表试验基础的测试值且该参数受许多方面因素影响，机器基础的测试值与设计值仍存在一定差异。因此，需将模型基础的测试参数换算至设计参数后，才能应用至动力机器基础的设计。

1. 模型基础底面积和压力的换算

由明置块式基础测试得到的地基抗压、抗剪、抗弯、抗扭刚度系数以及由明置桩基础测试得到的抗剪、抗扭刚度系数，用于机器基础的振动和隔振设计时，其底面积和压力的换算系数应按下式计算：

$$\eta=\sqrt[3]{\frac{A_0}{A_d}}\cdot\sqrt[3]{\frac{P_d}{P_0}} \tag{2-4-45}$$

式中　η——与基础底面积及底面静压力有关的换算系数；

A_0——测试基础的底面积（m^2）；

A_d——设计基础的底面积（m^2），当 $A_d>20m^2$ 时，应取 $A_d=20m^2$；

P_0——测试基础底面的静压力（kPa）；

P_d——设计基础底面的静压力（kPa），当 $P_d>50$kPa 时，应取 50kPa。

2. 模型基础埋深比对地基刚度系数影响的换算

模型基础埋深作用对设计埋置基础地基抗压、抗弯、抗剪、抗扭刚度的提高系数，应按下列公式计算：

$$\alpha_z=\left[1+\left(\sqrt{\frac{K'_{z0}}{K_{z0}}}-1\right)\frac{\delta_d}{\delta_0}\right]^2 \tag{2-4-46}$$

$$\alpha_x=\left[1+\left(\sqrt{\frac{K'_{x0}}{K_{x0}}}-1\right)\frac{\delta_d}{\delta_0}\right]^2 \tag{2-4-47}$$

$$\alpha_\varphi=\left[1+\left(\sqrt{\frac{K'_{\varphi0}}{K_{\varphi0}}}-1\right)\frac{\delta_d}{\delta_0}\right]^2 \tag{2-4-48}$$

$$\alpha_\psi=\left[1+\left(\sqrt{\frac{K'_{\psi0}}{K_{\psi0}}}-1\right)\frac{\delta_d}{\delta_0}\right]^2 \tag{2-4-49}$$

$$\delta_0=\frac{h_t}{\sqrt{A_0}} \tag{2-4-50}$$

$$\delta_d=\frac{h_d}{\sqrt{A_d}} \tag{2-4-51}$$

式中　α_z——基础埋深对地基抗压刚度的提高系数；

α_x——基础埋深对地基抗剪刚度的提高系数；

α_φ——基础埋深对地基抗弯刚度的提高系数；

α_ψ——基础埋深对地基抗扭刚度的提高系数；

K_{z0}——明置模型基础的地基抗压刚度（kN/m）；

K_{x0}——明置模型基础的地基抗剪刚度（kN/m）；

$K_{\varphi0}$——明置模型基础的地基抗弯刚度（kN·m）；

$K_{\psi0}$——明置模型基础的地基抗扭刚度（kN·m）；

K'_{z0}——埋置明置模型基础的地基抗压刚度（kN/m）；

K'_{x0}——埋置明置模型基础的地基抗剪刚度（kN/m）；

$K'_{\varphi0}$——埋置明置模型基础的地基抗弯刚度（kN·m）；

$K'_{\psi 0}$————埋置明置模型基础的地基抗扭刚度（kN·m）；

δ_0——模型基础的埋深比；

δ_d——设计基础的埋深比；

h_t——模型基础的埋置深度（m）；

h_d——设计基础的埋置深度（m）。

3. 模型基础质量比对地基阻尼比影响的换算

基础下地基的阻尼比随基底面积的增大而增加，随基底静压力的增大而减小。因此，由明置块体基础或桩基础测试得到的地基竖向、水平回转向第一振型和扭转向阻尼比，应将模型基础的质量比换算为设计基础的质量比，按下列公式计算：

$$\zeta_z^c = \zeta_{z0}\xi \tag{2-4-52}$$

$$\zeta_{x\varphi_1}^c = \zeta_{x\varphi_1 0}\xi \tag{2-4-53}$$

$$\zeta_\psi^c = \zeta_{\psi 0}\xi \tag{2-4-54}$$

$$\xi = \frac{\sqrt{m_r}}{m_d} \tag{2-4-55}$$

$$m_r = \frac{m_0}{\rho A_0\sqrt{A_0}} \tag{2-4-56}$$

式中　ζ_{z0}——明置模型基础的地基竖向阻尼比；

$\zeta_{x\varphi_1 0}$——明置模型基础的地基水平回转向第一振型阻尼比；

$\zeta_{\psi 0}$——明置模型基础的地基扭转向阻尼比；

ζ_z^c——明置设计基础的地基竖向阻尼比；

$\zeta_{x\varphi_1}^c$——明置设计基础的地基水平回转向第一振型阻尼比；

ζ_ψ^c——明置设计基础的地基扭转向阻尼比；

ξ——与基础的质量比有关的换算系数；

m_0——模型基础的质量（t）；

m_r——模型基础的质量比；

m_d——设计基础的质量比。

4. 模型基础埋深比对地基阻尼比影响的换算

模型基础埋深作用对设计埋置基础地基的竖向、水平回转向第一振型和扭转向阻尼比的提高系数，应按下列公式计算：

$$\beta_z = 1 + \left(\frac{\zeta'_{z0}}{\zeta_{z0}} - 1\right)\frac{\delta_d}{\delta_0} \tag{2-4-57}$$

$$\beta_{x\varphi_1} = 1 + \left(\frac{\zeta'_{x\varphi_1 0}}{\zeta_{x\varphi_1 0}} - 1\right)\frac{\delta_d}{\delta_0} \tag{2-4-58}$$

$$\beta_\psi = 1 + \left(\frac{\zeta'_{\psi 0}}{\zeta_{\psi 0}} - 1\right)\frac{\delta_d}{\delta_0} \tag{2-4-59}$$

式中　β_z——基础埋深对竖向阻尼比的提高系数；

$\beta_{x\varphi_1}$——基础埋深对水平回转向第一振型阻尼比的提高系数；

β_ψ——基础埋深对扭转向阻尼比的提高系数；

ζ'_{z0}——埋置模型基础的地基竖向阻尼比；

$\zeta'_{x\varphi_1 0}$——埋置模型基础的地基水平回转向第一振型阻尼比；

$\zeta'_{\psi 0}$——埋置模型基础的地基扭转向阻尼比。

5. 模型基础底面积对地基土参振质量影响的换算

基础振动时，地基土参振质量值与基础底面积的大小有关。因此，由明置模型基础测试得到的竖向、水平回转向及扭转向地基参与振动的当量质量，用于计算机器基础的固有频率时，应分别乘以设计基础底面积与测试基础底面积的比值。

6. 模型基础桩数对桩基抗压刚度影响的换算

桩基的刚度 K_{zh} 与试验时的桩数有关。由于群桩反力的影响，通常单根桩的抗压刚度小于 2 根桩的单桩抗压刚度，即小于测试时的单桩抗压刚度。因此，根据 2 根或 4 根桩组成的桩基础测试得到的单桩抗压刚度，当用于桩数超过 10 根桩的桩基础设计时，应分别乘以群桩效应系数 0.75 或 0.9。

第五节　地面振动衰减

大型动力机器工作时将产生较大振动，诱发地基基础振动，并通过地基土向周边传播，进而影响周边环境。此时，机器基础可视为设在弹性半空间上的振源，基础的振动经地基逐渐向四周衰减扩散。一般情况下，振动的衰减与距离的倒数方次成正比，随着距离的增加，振动逐渐减小，影响振动衰减的因素包括：基础几何尺寸、地基土能量耗散、动力特性和当量半径等。

一、无量纲几何系数

根据地基土的性质和基础底面积，无量纲系数 ζ_0 可按表 2-5-1 采用。

无量纲系数 ζ_0　　**表 2-5-1**

土的名称	基础的半径或当量半径 r_0(m)							
	≤0.5	1.9	2.0	3.0	4.0	5.0	6.0	≥7.0
一般黏性土、粉土、砂土	0.70～0.95	0.55	0.45	0.4	0.35	0.25～0.30	0.23～0.30	0.15～0.20
饱和软土	0.70～0.95	0.50～0.55	0.40	0.35～0.40	0.23～0.30	0.22～0.30	0.20～0.25	0.10～0.20
岩石	0.80～0.95	0.70～0.80	0.55～0.70	0.60～0.65	0.55～0.60	0.50～0.55	0.45～0.50	0.25～0.35

注：1. 对于饱和软土，当地下水深 1m 及以下时，ζ_0 取较小值，1～2.5m 时取较大值，大于 2.5m 时取一般黏性土的 ζ_0 值；
2. 当岩石覆盖层在 2.5m 以内时，ζ_0 取较大值，2.5～6m 时取较小值，超过 6m 时，取一般黏性土的 ζ_0 值。

二、地基土能量吸收系数

根据地基土的性质，地基土能量吸收系数 α_0 值可按表 2-5-2 采用。

地基土能量吸收系数 α_0 值　　**表 2-5-2**

地基土名称及状态		α_0(s/m)
岩石(覆盖层 1.5～2m)	页岩、石灰岩	$(0.385～0.485)\times10^{-3}$
	砂岩	$(0.580～0.775)\times10^{-3}$

续表

地基土名称及状态	α_0(s/m)
硬塑的黏土	$(0.385\sim0.525)\times10^{-3}$
中密的块石、卵石	$(0.850\sim1.100)\times10^{-3}$
可塑的黏土和中密的粗砂	$(0.965\sim1.200)\times10^{-3}$
软塑的黏土、粉土和稍密的中砂、粗砂	$(1.255\sim1.450)\times10^{-3}$
淤泥质黏土、粉土和饱和细砂	$(1.200\sim1.300)\times10^{-3}$
新近沉积的黏土和非饱和松散砂	$(1.800\sim2.050)\times10^{-3}$

注：1. 同一类地基土，设备振动大者，α_0 取较小值，设备振动小者取较大值；

2. 同等情况下，土壤孔隙比大者，α_0 取偏大值，孔隙比小者，α_0 取偏小值。

三、动力影响系数

方形及矩形基础动力影响系数 μ_1 可按表 2-5-3 采用。

动力影响系数 μ_1　　**表 2-5-3**

基础底面面积 A(m^2)	μ_1	基础底面面积 A(m^2)	μ_1
$A\leqslant10$	1.00	14	0.92
12	0.96	16	0.88

四、当量半径

当量半径可按下列规定计算：

（1）方形及矩形基础的当量半径，可按下式计算：

$$r_0=\mu_1\sqrt{\frac{A}{\pi}} \tag{2-5-1}$$

（2）圆形基础的当量半径，可按下式计算：

$$r_0=\sqrt{\frac{A}{\pi}} \tag{2-5-2}$$

五、计算公式

当动力机器基础为竖向或水平向振动时，距该基础中心点 r 处地面土的竖向或水平向振动位移，由现场测试确定；当无测试条件时，可按下列公式计算：

$$u_r=u_0\left[\frac{r_0}{r}\zeta_0+\sqrt{\frac{r_0}{r}}(1-\zeta_0)\right]e^{-f_0\alpha_0(r-r_0)} \tag{2-5-3}$$

$$r_0=\mu_1\sqrt{\frac{A}{\pi}} \tag{2-5-4}$$

式中　u_r——距基础中心 r 处地面上的振动位移（m）；

u_0——基础的振动位移（m）；

f_0——基础上机器的扰力频率（Hz），对于冲击机器基础，可采用基础的固有频率；

r_0——圆形基础的半径或矩形及方形基础的当量半径（m）；
ζ_0——无量纲几何系数，可按本节表 2-5-1 规定采用；
α_0——地基土能量吸收系数（s/m），可按本节表 2-5-2 规定采用；
μ_1——方形及矩形动力影响系数，可按本节表 2-5-3 规定采用；
A——基础底面积（m^2）。

第三章　旋转式机器基础

第一节　汽轮发电机组基础

一、一般规定

1. 设计原则

（1）基础的形式与特点

汽轮发电机是火力发电厂、核电站的关键设备，汽轮发电机的基础设计不仅要满足强度、变形、裂缝宽度等要求，其动力性能的优劣直接影响机组的设备安全、稳定运行、使用寿命和检修维护。因此，基础的设计极为重要。汽轮机组的工作转速与基础的动力性能关系密切，火力发电厂汽轮发电机的工作转速通常为3000r/min（50Hz），核电站汽轮发电机的工作转速通常为1500r/min（25Hz）或3000r/min，上述机组均属于中等转速范畴。汽轮发电机与基础相互影响、相互制约，无论是确定框架式基础的梁柱布置和截面大小，还是进行基础的动力特性分析，设计时均应将机器和基础作为整体考虑。目前，我国的汽轮发电机基础主要为现浇钢筋混凝土框架式结构，基础一般由底板、柱、中间平台和运转层顶板等组成（图3-1-1）。

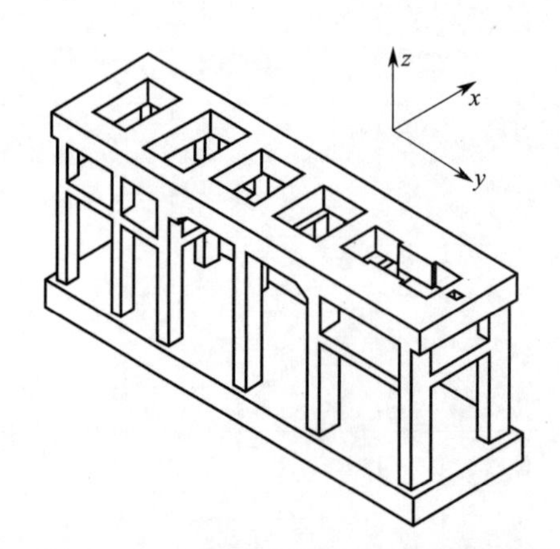

图3-1-1　汽轮发电机基础外形示意图

近年来，不少燃煤火电机组和核电厂汽轮发电机基础采用了弹簧隔振基础这一新型结构形式。汽轮发电机弹簧隔振基础由汽机基础顶板、“弹簧＋隔振单元”、支承（框架）结构、基础底板组成，如图3-1-2所示。

（2）基础的设计与选型

汽轮发电机基础的设计应同时满足以下三方面的基本要求：

1）基础必须具有良好的动力特性。与普通大块式机器基础不同，判别汽轮发电机基础是否具有良好的动力特性是一个十分复杂的问题，国际上存在不同的鉴定标准，我国对此也开展了长期的研究。基于大量汽轮发电机基础动力特性研究、结构设计经验及振动实

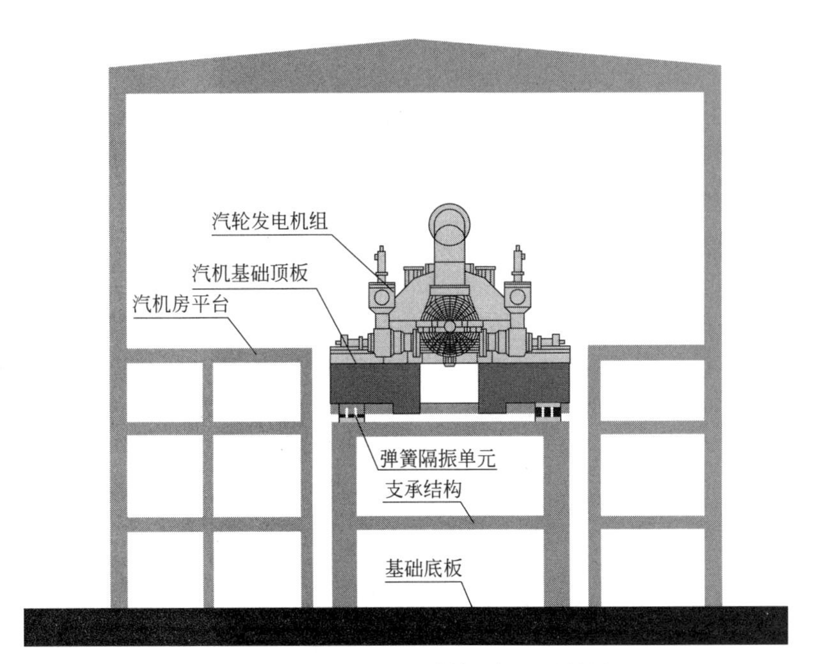

图 3-1-2　汽轮发电机弹簧隔振基础简图

测数据，现行国家标准《动力机器基础设计标准》GB 50040 对汽轮发电机基础的振动值进行了明确规定，将基础的振幅即振动线位移作为衡量基础动力性能的指标。从近二十年的工程实践来看，该标准的规定可有效保证汽轮发电机基础的动力性能，满足设备的运行要求。

2）基础必须具有足够的强度。基础应能承受各种工况的荷载，特别是要考虑事故条件下的转子极限不平衡荷载所产生的动力荷载、发电机短路产生的短路力矩以及汽轮机叶片损失引起的不平衡力荷载等极端荷载。在进行汽轮发电机基础强度设计时，需要考虑的荷载包括恒载（基础自重、机器设备重量、设备膨胀力、管道力、凝汽器或空冷排汽管道的真空吸力）、动力荷载、基础超过一定长度时的温度作用、安装荷载等，同时还要考虑部分特殊荷载（发电机短路产生的短路力矩、汽轮机叶片损失引起的不平衡力荷载、地震作用），并按要求进行荷载组合，以满足现行国家标准关于强度设计的有关要求。

3）基础必须具有足够的刚度。汽轮发电机组的轴系由汽轮机高压转子、中压转子、低压转子、发电机转子等多段转子组成，基础自重和设备缸体自重将引起基础发生一定程度的变形，该变形可在设备安装时通过轴系调平来消除影响；此外，机组运行时将产生如转动力矩、汽缸膨胀力、真空吸力等运行荷载，这些荷载也将会导致基础发生一定变形。然而，当基础变形过大时，将影响到机组整个轴系的平直度，不利于机组的稳定运行。因此，基础应具有足够的刚度。不同汽轮机制造厂家、不同机型等对基础的刚度要求不同，实际工程中一般按照汽轮机制造厂家的要求进行基础静变位计算，现行国家标准《动力机器基础设计标准》GB 50040 对此作出了原则性规定。

汽轮发电机基础的设计宜与机器设计同步进行，以创造条件选择合理的基础结构方案。基础选型宜遵循以下原则：

1）汽轮发电机框架式基础顶板应有足够的质量和刚度。顶板的外形和受力应简洁明确，并宜避免偏心荷载。在动力荷载作用下，顶板各横梁的静变形宜接近，汽轮发电机基础静变形的要求可根据汽轮机制造厂家提供的标准确定。

2）在满足强度和稳定性要求的前提下宜适当减小柱的刚度，但长细比不宜大于14。对于汽轮发电机基础，适当减小柱的截面尺寸，有利于减少基础混凝土用量、增加基础内部使用空间、降低基础的自振频率以及改善基础的动力性能。

3）基础中间平台可与基础主体结构整体浇筑或脱开布置，也可采用钢梁—钢筋混凝土楼板隔振平台的结构形式。采用中间平台与主体结构整体浇筑方案时，为避免中间平台振动较大，楼板厚度通常需要600～800mm，导致基础的自振频率增加、混凝土用量较大；采用中间平台与主体结构脱开布置方案时，需要在基础底板上设置混凝土柱支承中间平台，会占用更多的空间，这种布置方案在大型机组中应用较少；中间平台采用隔振平台结构形式时，楼面采用钢梁—钢筋混凝土楼板，钢梁与基础柱上的牛腿之间设置橡胶或隔振弹簧，避免振动向中间平台传递。目前，工程应用较多的是隔振平台结构方案。

4）基础底板应有一定的刚度并应结合地基刚度综合分析确定底板的厚度。底板的作用主要包括：

① 通过限制基础底板厚度与相邻柱间的净距离比值以及底板抗弯刚度与柱抗弯刚度的比值，以满足底板对柱的嵌固作用。

② 底板应有足够的重量，使汽轮发电机基础保持稳定，并使地基受力均匀。

③ 控制底板的整体沉降值及变形差异。筏板的厚度由其抗剪承载力及筏板刚性两个主要因素决定，半刚性和刚性基础具有均匀扩散荷载的能力，一般按照柔性指数来划分。当厚跨比 h/l 为1/10时，基础反力均为碟形，属柔性板范围；当厚跨比 h/l 为1/6.25时，基础反力呈直线分布，荷载超过地基承载力特征值后出现挠曲，从反力线形分布的特点分析，属于有限刚度的范围；当厚跨比 h/l 为1/5时，在荷载作用下边缘反力逐渐增大，中部反力逐渐减小，显示筏板具有较大的抗弯能力，属于刚性板的范围。因而，《建筑地基基础设计规范》GB 50007—2011认为厚跨比大于或等于1/6时，可认为基础反力为线性分布。《动力器基础设计规范》GB 50040—96规定：底板厚度根据地基条件取基础底板长度的1/15～1/20，此规定没有反映出基础的变形特点，而且基础相邻柱之间的差异沉降对机器影响更为直接。因此，规范修订后《动力机器基础设计标准》GB 50040—2020规定：底板厚度取基础相邻柱净距的1/3.5～1/5，地基条件较好时取小值，地基条件较差时取大值。

5）基础的动力特性优化设计。基础选型中还宜通过调整基础的结构布置，包括基础柱断面大小、位置和上部运转层各杆件刚度、质量的合理匹配，进行基础的动力特性优化设计。动力优化设计是基于提高机组运行安全性及降低基础造价的要求，以减少结构自重和降低结构动响应幅值为目标。基础的动力优化设计，应建立汽轮发电机基础优化设计的多目标设计数学模型，同时，考虑基础构件尺寸和节点位置两类设计变量，在结构拓扑、形状和尺寸优化混合上实现基础结构形式的优选和构件尺寸的优化；优化方法可以采用灵敏度法和序列线性规划解法，也可以采用基于确定性抽样的替代函数黑箱优化方法，基础的动力特性优化设计宜通过优化设计软件进行，也可采用人工多方案比选的方法。

6）汽轮发电机弹簧隔振基础的要求。基础顶板与普通基础一样需要具有良好的动力特性、足够的强度和刚度，顶板重量与设备重量比不宜小于2.5，顶板第一阶平动模态的频率不宜超过5Hz。支承（框架）结构采用现浇钢筋混凝土框架结构或钢框架结构，可以按常规结构进行设计，而不考虑振动的影响。合理控制支承（框架）结构柱的轴压比，且不宜大于0.5。合理确定弹簧隔振元件类型、数量及其布置。弹簧隔振元件宜布置在同一水平面内，每个支承柱顶弹簧隔振器的合力点应与柱截面形心重合，且每个柱顶弹簧组的静变形需相同。阻尼器宜布置在角柱上，阻尼系数根据计算确定。底板的结构选型可按静力结构考虑，但要有足够的结构静刚度。

2. 设计要求

（1）基本设计资料

设计前应具备的资料包括：机器制造厂家提供的资料、专业间的配合资料、结构专业资料等。

1）机器制造厂家提供的资料

机器制造厂家提供的资料主要包括：汽轮发电机组的轮廓尺寸及其对基础外形的要求、机组荷载分布图、机组轴系的各阶临界转速、机组的运行荷载、机组的临时安装荷载和与设备有关的预留坑、沟、洞的尺寸和地脚螺栓、预埋件的尺寸及位置。

2）专业间的配合资料

专业间的配合资料主要包括：辅助设备及管道的荷载及其作用点（凝汽器、阀门、油箱、管道等）、主厂房建筑平面图和剖面图、汽轮发电机基础底板周边凝汽器、循环水泵坑、凝结水泵坑布置，以及底板范围内设备支墩、沟道等布置及详图。

3）结构专业资料

结构专业资料主要包括：工程厂址的自然条件及地质资料、采用人工地基时应取得相关的试桩报告或复合地基的试验及检测报告、与基础底板有关的地下设施坑壁布置及插筋；当平台柱位于基础底板范围内时，应收集相应平台柱布置、荷载及插筋等资料。

（2）基础外形的确定

确定基础外形时，宜优先采用拥有优良运行业绩并与机组配套的成熟基础形式，以保证基础振动性能的可靠性。当汽轮发电机组为新型机组时，应综合机器的特性、工艺要求、布置形式确定基础外形。基础的顶板、柱、中间平台和底板可参考以下原则进行选型。

1）顶板

顶板构件应受力简单、合理，外形尽量规则，宜采用外形规则的矩形或T形截面。在汽轮发电机组对中以后的运行荷载作用下，基础运转层各纵、横梁的静变形宜尽量接近，且应满足设备制造厂家的要求，以避免机组转子轴线偏移或转子受到损伤。应保证振动荷载作用点下的梁有足够的质量和刚度。顶板纵、横梁宜避免偏心荷载，以减小对梁的扭力；当柱中心线与横梁中心线不一致时，应适当增加纵梁的水平刚度。顶板悬臂部分应减小并应做成实腹式；顶板上的润滑油、冷却水（风）等管道和电缆等宜采用埋管方式，避免在顶板上开沟导致削弱顶板的刚度和强度。

2）柱

柱子一般采用矩形截面，在满足强度和稳定要求的前提下，宜适当减小柱子的刚度。中间柱子与横梁可不在同一平面内，适当移动柱子的位置有时可明显改善基础的动力特性。各排柱子的轴压比宜接近，截面不宜小于600mm×600mm，柱截面可参照表3-1-1选用。

柱子截面尺寸 **表3-1-1**

机组功率(MW)	截面尺寸(mm^2)
12～25	600～800
50～125	800～1000
200～300	1000～1500
600～1000	1200～2000

3）中间平台

基础中间平台可与基础主体结构整体浇筑或脱开布置，也可采用钢梁—钢筋混凝土楼板隔振平台的结构形式。

4）底板

根据地基土的性质，底板可采用井式、梁板式或平板式结构；当地基为基岩时，基础底板可采用井式、梁板式结构，其中，以板式结构使用最为普遍。底板的厚度一般取基础相邻柱间净距的1/3.5～1/5，底板的厚度不应小于柱截面的长边尺寸；当个别柱截面高度特别大时，可采用抗弯刚度比值进行控制，横向底板抗弯刚度与柱抗弯刚度的比值不小于2。当底板设置在碎石土及风化基石地基上时，应考虑施工时温度作用的影响，底板下宜设砂垫层或油毡等材料构成的隔离层。

(3）振动荷载的确定

随着我国电力和机械行业的发展，汽轮发电机组的设备制造、现场安装和调试水平越来越高，机组的振动得到大幅改善。但在运转过程中，转子仍不可避免地存在不平衡分量并产生离心力，对机器和基础产生强迫振动。汽轮发电机振动荷载、作用位置及基础的容许振动线位移值等应由设备制造厂家提供，其中，振动荷载值应取正常运行工况下的不平衡荷载，不应采用极限不平衡荷载。

(4）基础的动力分析

汽轮发电机基础动力分析采用振幅法，要求机组在正常运行状态下振动荷载作用点处的基础振动线位移或振动速度不超过现行国家标准《动力机器基础设计标准》GB 50040的限值。计算时，应采用空间多自由度杆系或有限元计算模型，模型应与实际结构保持一致，基础自重和设备重量作为参振质量可按协调质量或凝聚质量输入。对于工作转速为50Hz的汽轮发电机基础，不考虑地基的刚度是偏于安全的。通过自由振动响应分析计算出0～1.4倍工作转速范围内的自振频率和振型，然后，将每个振动荷载作用在基础上进行强迫振动分析，按照振型叠加法计算出每个自振频率下的基础动力响应，最后，按照矢量叠加原则将各振动荷载的动力响应进行叠加，得出基础在自振频率下的全部动力响应，包括各个振动荷载点的基础转速—振动线位移曲线或转速—振动速度曲线。

（5）基础的强度设计

基础强度设计的主要内容包括静变位分析和强度设计两部分。为控制基础顶板轴承座处的变形，并满足汽轮机制造厂家的要求，需要进行基础的静变位分析。静变位分析时基础按完全弹性结构考虑，荷载之所以取运行时设备所产生的荷载，是因为基础自重和设备重量所产生的变形可以通过安装和调试消除。有些制造厂家要求静变位分析，此外，还要计入基础混凝土徐变的影响。

基础的强度设计基本上与普通结构相同，不同之处主要包括：基础为动力结构，振动荷载产生的动内力需要作为一种单独的荷载工况参与荷载组合；同时，强度设计还需要考虑混凝土和钢筋的疲劳影响。

（6）地基承载力验算和底板强度验算

1）地基承载力验算

初步确定基础底板的厚度和平面尺寸后，需要进行底板的偏心计算，以避免基础的偏斜。按传到基础上的全部静荷载重量及基础本身重量之和（不考虑动力荷载、地震作用和短路力矩的影响）求得的总重心与基础底面形心，应力求位于同一竖直线上，如偏心不可避免，则偏心值与平行偏心方向的基础底板边长之比不应大于3%。基础底板沉降可按现行国家标准《建筑地基基础设计规范》GB 50007计算，为保证基础的安全，控制基础沉降，需要根据地质条件对地基的承载力特征值进行一定的折减。

2）底板强度验算

底板的配筋计算与普通筏板结构相同，可采用倒置连续梁法或基床系数法。由于基础底板的振动很小，可以不考虑振动荷载的影响。

汽轮发电机基础的设计流程简图如图3-1-3所示。

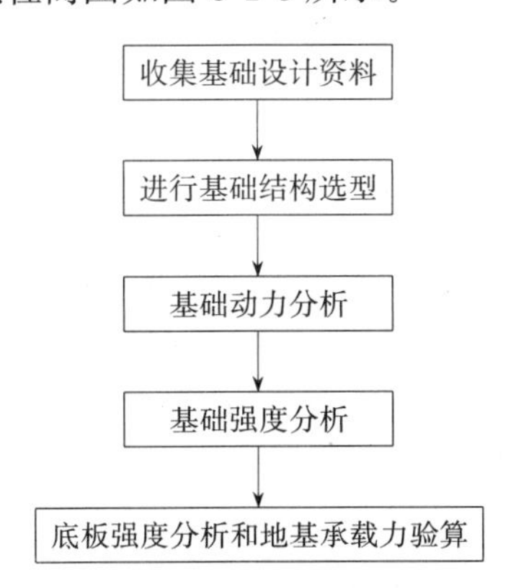

图3-1-3 汽轮发电机基础设计流程简图

二、振动计算

1. 振动荷载

汽轮发电机组设备运行时产生振动荷载的因素比较复杂，包括转子偏心引起的不平衡荷载、机组负荷变化和发电机电磁场变化引起的动荷载等多个振动荷载源，其中，转子偏心引起的不平衡荷载是目前国内外研究振动荷载的主要对象。汽机基础动力分析应当优先采用设备制造厂家提供的汽轮发电机组振动荷载值、作用位置及作用方向，当缺乏资料时可采用规范提供的建议值。

（1）规范规定的荷载

计算振动位移时，任意转速时的振动荷载，可按下式计算：

$$F_{oi}=F_{gi}\left(\frac{n_0}{n}\right)^2 \tag{3-1-1}$$

式中 F_{oi}——任意转速时 i 点的振动荷载值（N）；

F_{gi}——工作转速时 i 点的振动荷载值（N）；

n_0——任意转速（r/min）；

n——工作转速（r/min）。

现行国家标准《机械振动 恒态（刚性）转子平衡品质要求 第1部分：规范与平衡允差的检验》GB/T 9239.1 由 ISO 标准转化而来，采用转子平衡品质等级 G 来评价机器的振动性能。按 ISO 标准对汽轮发电机基础进行强迫振动响应分析时，荷载频率的分析范围宜从机器额定转速的 85%到 115%。振动荷载分别以水平横向和竖直向作用于基础顶部的轴承座上，也可近似作用在基础顶面上。

机器振动荷载可按下式计算：

$$F_{gi}=M_{gi}\frac{G\Omega^2}{\omega} \tag{3-1-2}$$

式中 G——衡量转子平衡品质等级的参数（mm/s），$G=e\omega$，G 由设备制造厂家提供，且不低于 $G2.5$（2.5mm/s）的平衡等级；

M_{gi}——作用在基础 i 点的机器转子质量（t）；

e——转动质量的偏心距，等于转动轴与转动质量质心间的距离（mm）；

ω——机器设计额定运转速度时的角速度（rad/s）；

Ω——计算不平衡力时对应转速的角速度（rad/s）。

对于 3000r/min 的汽轮发电机组，当平衡品质等级取 $G2.5$ 时，按照式（3-1-2），振动荷载值约为 0.08 倍转子重量；当平衡品质等级取 $G6.3$ 时，振动荷载值约为 0.2 倍转子重量。工程实践表明，国家标准《动力机器基础设计标准》GB 50040 的设计方法能够有效控制汽轮发电机基础的振动，保证汽轮发电机的安全运行。同时，目前采用转子平衡品质等级确定振动荷载值的方法有以下优点：一是平衡品质等级方法以圆频率和偏心距来定义振动荷载，物理概念明确，有着较为严格的理论基础；二是目前机械行业相关国家标准和 ISO 标准均采用了平衡品质等级方法来控制转子振动荷载，主要汽轮发电机制造厂家的企业标准也基本采用该方法，汽轮发电机基础动力设计采用平衡品质等级方法能够实现与国际接轨，并与设备制造厂家的技术要求相衔接。因此，现行国家标准《建筑振动荷载标准》GB/T 51228 规定，采用平衡品质等级方法来控制转子振动荷载。

现行国家标准《机械振动 在非旋转部件上测量评价机器的振动 第2部分：功率 50MW 以上，额定转速 1500r/min、1800r/min、3000r/min、3600r/min 陆地安装的汽轮机和发电机》GB/T 6075.2 规定：汽轮发电机转子的平衡等级为 $G2.5$。该规定主要是针对一段转子而言，而汽轮发电机组的轴系由数段转子连接，考虑装配误差后，轴系的平衡品质等级比单段转子降低一级是必要的。因此，用于汽轮发电机基础动力分析的转子平衡等级需要与汽轮机制造厂家共同确定，通常平衡等级取 $G6.3$ 是安全的。

德国标准《第一部分 机器基础支承带转动部件的机器的柔性结构》DIN 4024—1 中规定：当缺少制造商提供的资料时，可以按 VDI 2060（该标准已转化为 ISO 标准）根据平衡等级来计算振动荷载，运行状态平衡品质应假定为比 VDI 2060 中规定的相应机组的品质低一级；如果自振频率落在 $0.95f_{\mathrm{m}}\sim1.05f_{\mathrm{m}}$ 范围内，可将振动荷载频率移动到两个相邻自振频率上的任何一个，并假定它们处于指定的范围之内且振动荷载幅值保持不变。

美国《大型汽轮发电机基座设计导则》规定：对结构进行强迫振动响应分析，荷载频率的分析范围为机器额定转速的 20%～120%；第三章明确了振动荷载的取值和计算方法，将振动荷载分别以水平横向和竖直向作用于基础顶部的轴承座上，机器振动荷载由设备制造厂家提供，若无此数据时，推荐采用平衡等级 $G5.0$（5mm/s），约为 0.16 倍转子重量。

（2）厂家提供的荷载

下面分别对西门子、GE、三菱和 ALSTOM 等生产厂家的相关技术要求进行介绍。

1）STIM 标准《Foundation Design-Description of Loads and Design Criteria for Foundations of Siemens PG Generator-Sets》（STIM 02.001）的基础荷载图根据最大容许转子振幅（DIN ISO 7919-2，Zone boundary C/D）提供了轴承动荷载（LC7），其竖向和水平向的幅值不同。对于 3000r/min 机组，当基础横向振型的特征值在 2700～3450r/min 时应作强迫振动分析。振动荷载应分别作用在各个轴承上，振动荷载的幅值为 $0.3\sqrt{F_{i\mathrm{x}}^{2}+F_{i\mathrm{z}}^{2}}$，$F_{i\mathrm{x}}$、$F_{i\mathrm{z}}$ 为水平方向的振动荷载，由设备制造厂家提供。任意转速时，振动荷载根据现行国家标准《动力机器基础设计标准》GB 50040 随频率变化。STIM 以 ISO 标准作为衡量动力基础设计标准，将在衡量基础动力设计标准一节讨论。按西门子和德国工程经验，可认为衡量标准的工作范围为 2700～3450r/min。

2）GE 标准 GEK-63383 与美国《大型汽轮发电机基座设计导则》规定基本一致。

3）三菱通常自主提出相应的汽轮发电机转子动荷载。

4）ALSTOM 标准（ HTGD 655066 ）汽轮发电机转子动荷载参照德国标准 DIN 4024。

2. 振动控制标准

（1）规范规定的标准

1）现行国家标准《建筑工程容许振动标准》GB 50868 规定：框架式汽轮发电机基础的动力计算可采用振幅法，即以振幅值作为设计控制指标。振动荷载作用点处三个方向的基础振动线位移，应分别满足下式要求：

$$u\leqslant[u] \tag{3-1-3}$$

式中　$[u]$ ——三个方向的振动线位移容许值（mm）。

在计算振动线位移时，可取工作转速一定范围内（一般取±25%）的最大振幅作为工作转速时的计算位移；对于 0～0.75 倍工作转速范围内的计算位移应不大于 1.5 倍的容许振动线位移值。

2）现行国家标准《机械振动 在非旋转部件上测量评价机器的振动 第2部分：功率50MW以上，额定转速1500r/min、1800r/min、3000r/min、3600r/min陆地安装的汽轮机和发电机》GB/T 6075.2/ISO 10816由ISO标准转化而来，尽管ISO标准以轴承底座处测量到的最大振动速度的均方根值作为评价机器振动的评价准则，考虑其与轴承的容许动荷载和传至支承结构及基础的容许振动的协调一致性，可采用该标准来评价基础的振动。

按ISO标准采用四个评价区域对机器振动进行评价：

区域A：新投产的机器，振动通常宜在此区域内。

区域B：振动在此区域内的机器，通常认为可不受限制地长期运行。

区域C：振动在此区域内的机器，通常认为不适宜长期连续运行。一般来说，在有适当机会采取补救措施之前，机器在这种状态下可运行有限的一段时间。

区域D：振动在此区域内的机器，通常认为其强度足以引起机器损坏。

表3-1-2为汽轮发电机组轴承座振动速度评价区域边界的推荐值。

汽轮发电机组轴承座振动速度评价区域边界的推荐值　　表3-1-2

区域边界值	振动速度均方根值(mm/s)	
	轴转速1500 r/min或1800 r/min	轴转速3000 r/min或3600 r/min
A/B	2.8	3.8
B/C	5.3	7.5
C/D	8.5	11.8

注：表中数值相应于在额定转速、稳定工况下在推荐的测量位置上用于所有轴承的径向振动测量和推力轴承的轴向振动测量。

一般对横向和竖向两个方向控制，纵向仅对推力轴承处的轴承座进行控制。振动线位移可按下式计算：

$$u=225v/f_{\mathrm{m}} \tag{3-1-4}$$

式中 u——振动线位移（μm）；

v——振动速度（mm/s）；

f_{m}——机器的运行频率（Hz）。

对于3000r/min的汽轮发电机组，振动速度限值为3.8mm/s，折算振动线位移为17.1μm。

3）德国标准DIN 4024关注基座在运行状态下的振动情况，振动线位移容许值相应的方向和工作频率范围与上述的强迫振动和振动线位移设计值分析相匹配。关于振动线位移的容许值，当缺少制造商提供的资料时，强迫振动分析取$G=2.5$mm/s，容许值为11.25 μm；分析频率范围为1±5%的工作转速。

4）美国《大型汽轮发电机基座设计导则》规定：对于设计不平衡值，$0.2f_{\mathrm{m}}$～$1.2f_{\mathrm{m}}$内轴承座的振动应小于10mil（峰峰值），换算后为127 μm（单峰值），为实际运行较大的不平衡值。参考美国标准进行设计计算时，多采用ISO为基准的衡量标准，即振动速度限值为3.8mm/s。

（2）厂家提供的标准

1）西门子STIM标准以ISO为基准，当机组转速为3000r/min，A/B级振动速度

3.8mm/s，计算频率范围为 2700～3450r/min，折算位移容许值为 17.1 μm。

2）ALSTOM 标准（ HTGD 655066 ）以 ISO 为基准，振动速度限值为 3.8mm/s，计算频率范围为 2700～3300r/min。

3. 结构阻尼比

结构阻尼是影响结构动力响应的重要因素，阻尼可以用阻尼系数或阻尼比来表示。目前应用广泛的阻尼理论有：黏滞阻尼理论和复阻尼（索罗京）理论。

按黏滞阻尼假定，多自由度体系受简谐振动干扰力的强迫振动方程为：

$$[M]\{\ddot{y}\}+[C]\{\dot{y}\}+[K]\{y\}=\{P\}\sin\theta t \tag{3-1-5}$$

其中：n 阶方阵［C］代表阻尼矩阵，固有振型一般具有正交特性。

将向量$\{y\}$在所求得的前 q 阶振型上分解，假设：

$$\{y\}=x_1\{\ddot{x}\}^{(1)}+x_2\{\dot{x}\}^{(2)}+\cdots\cdots+x_q\{x\}^{(q)}=[X_0]\{X\} \tag{3-1-6}$$

其中：［X_0］为 q 列特征向量的排列，而列向量$\{X\}$的 q 个元素则是需要求的，它们是时间 t 的函数。

将式（3-1-6）代入式（3-1-5）并左乘$\{x_0\}^{\mathrm{T}}$，可得微分方程：

$$[M]^*\{\ddot{X}\}+[C]^*\{\dot{X}\}+[K]^*\{X\}=\{P\}^*\sin\theta t \tag{3-1-7}$$

其中：$[M]^*$、$[C]^*$、$[K]^*$都是 q 阶对角矩阵。

式（3-1-7）可分解为 q 个独立的单自由度强迫振动方程：

$$M_j^*\ddot{X}_j+C_j^*\dot{X}_j+K_j^*X_j=P_j^*\sin\theta t(j=1,2,\cdots,q) \tag{3-1-8}$$

式（3-1-8）的强迫振动特解解析表达式为：

$$X_j=a_j\sin\theta t+b_j\cos\theta t \tag{3-1-9}$$

$$a_j=\frac{P_j^*}{M_j^*\omega_j^2}\cdot\frac{1-\dfrac{\theta^2}{\omega_j^2}}{(1-\dfrac{\theta^2}{\omega_j^2})^2+4\dfrac{\varepsilon_j^2\theta^2}{\omega_j^4}} \tag{3-1-10}$$

$$b_j=\frac{-P_j^*}{M_j^*\omega_j^2}\cdot\frac{\dfrac{2\varepsilon_j\theta}{\omega_j^2}}{(1-\dfrac{\theta^2}{\omega_j^2})^2+4\dfrac{\varepsilon_j^2\theta^2}{\omega_j^4}} \tag{3-1-11}$$

$$\omega_j^2=\frac{K_j^*}{M_j^*} \tag{3-1-12}$$

$$C_j^*=2\varepsilon_j \tag{3-1-13}$$

其中：ω_j^2 为第 j 阶特征值，ε_j 代表黏滞阻尼系数。

以上是针对黏滞阻尼理论的推导，而对于索罗京阻尼理论，只需将式（3-1-10）、式（3-1-11）改写为下列公式即可：

$$a_j=\frac{P_j^*}{M_j^*\omega_j^2}\cdot\frac{1-\dfrac{\theta^2}{\omega_j^2}}{(1-\dfrac{\theta^2}{\omega_j^2})^2+\gamma^2} \tag{3-1-14}$$

$$b_j=\frac{-P_j^*}{M_j^*\omega_j^2}\cdot\frac{\gamma}{(1-\frac{\theta^2}{\omega_j^2})^2+\gamma^2} \tag{3-1-15}$$

其中：γ 为索罗京阻尼系数，对钢筋混凝土结构来说，可取 0.125。

按对数衰减率相等的条件，可推导出 ε_j 与 γ 之间的关系为：

$$\varepsilon_j=\frac{\gamma\omega_j}{2} \tag{3-1-16}$$

$$\frac{2\varepsilon_j\theta}{\omega_j^2}=\frac{\gamma\omega_j\cdot\theta}{\omega_j^2}=\left(\frac{\theta}{\omega_j}\gamma\right) \tag{3-1-17}$$

由此可知，将式（3-11-14）、式（3-11-15）中的 γ 替换成 $\left(\frac{\theta}{\omega_j}\right)\gamma$，便得到关于黏滞阻尼的解答。

在求解结构强迫振动响应的过程中，采用黏滞阻尼理论或索罗京阻尼理论两者存在一定的转化关系。电力行业专用空间杆系计算软件采用了索罗京阻尼理论，通用有限元分析软件大多采用黏滞阻尼理论。

4. 块体有限元模型分析方法

汽轮发电机基础动力计算主要包括基础自振特性分析和强迫振动分析两部分内容，其结果是评价汽轮发电机基础动力性能的重要依据。

汽轮发电机基础动力分析的传统方法有共振法和振幅法。共振法是指基础自振频率避开机器转动的共振区，振幅法是指控制基础的振动线位移或振动速度在一定的容许值范围以内。通过对大量已投入运行的实际基础进行测试，结果表明：在机组启动或降速过程中，当通过基础各阶自振频率时，各点振幅往往没有明显增加，反而是通过轴系临界转速时，机器和基础各点的振幅都出现明显峰值。因此，共振法倡导避开基础自振频率的方法并无明显实际意义，工作转速真正要避开的是轴系临界转速，因而振幅法已成为常用的动力特性鉴定手段。

块体有限元模型或空间杆系模型均可用于分析汽轮机组基础的动力特性，与空间杆系模型相比，有限元数值模型分析的结果与基础实测结果更为接近，对于新型基础和外形较复杂的基础，动力分析宜采用有限元数值模型。本节以 ANSYS 通用计算软件作为有限元数值分析的软件，其分析方法也可供其他有限元分析软件参考。

（1）模型建立原则

有限元数值模型的建立可参照以下方法进行：

1）材料参数：结构的材料刚度、材料密度等参数可参照现行国家标准《混凝土结构设计规范》GB 50010 和《建筑结构荷载规范》GB 50009 取值。

2）单元类型：与 8 节点六面体单元（如 Solid65）相比，20 节点六面体单元可以有效减小单元数量，大幅提高单元计算精度，提高运算效率。因此，在模态分析中优先采用 20 节点六面体单元（如 Solid95 或 Solid186）。设置材料参数时，采用正交异性材料模拟钢筋混凝土，考虑钢筋对 z 向刚度的贡献。8 节点六面体单元几何模型如图 3-1-4 所示，20 节点六面体单元几何模型如图 3-1-5 所示。

3）网格精度：当采用 8 节点六面体单元时，单元划分长度宜在 0.5～1m 范围内取

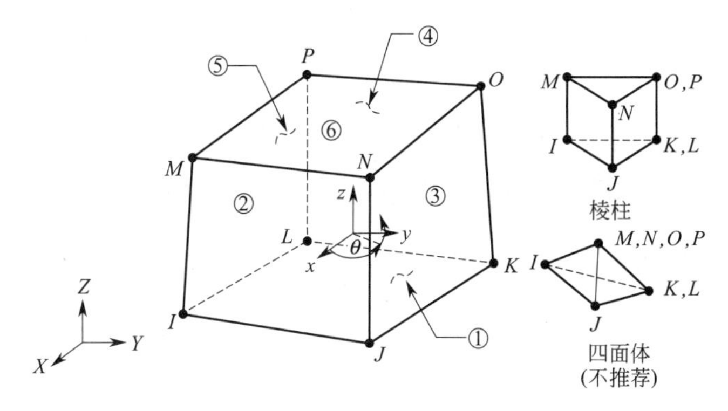

图 3-1-4　8 节点六面体单元几何模型

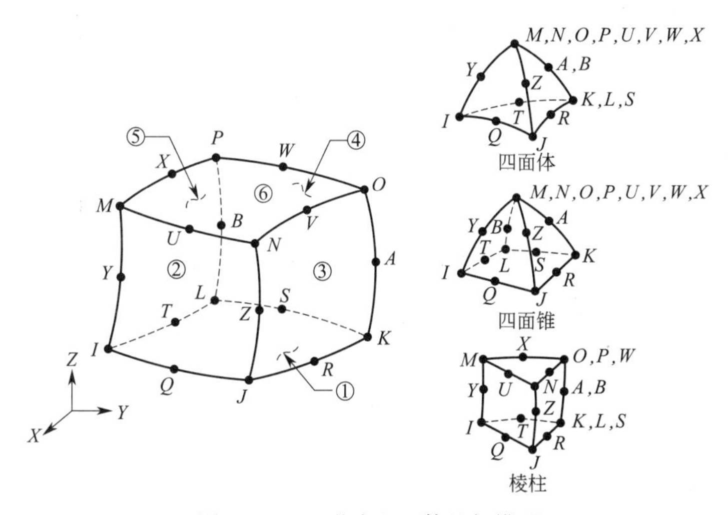

图 3-1-5　20 节点六面体几何模型

值；当采用 20 节点六面体单元时，单元划分长度宜在 1～1.5m 范围内取值。

4）网格划分方法：在进行动力分析时，手动划分网格单元的方法对于计算精度的提高十分有限，且使工作量大幅增加，而自动划分单元方法对于计算精度的影响不大。因此，除对形状复杂的结构部分考虑局部手动划分加密之外，其余结构部分均采取自由网格划分方法。

5）模型边界条件：当汽轮发电机组工作转速为 3000r/min、3600r/min 时，框架式基础动力分析一般不考虑地基作用，模型边界条件的处理一般可按柱脚采用固定支座连接或建立底板后底板与地基刚接；当汽轮发电机组工作转速为 1500r/min、1800r/min 时，宜考虑地基土的刚度影响，分析模型应建立底板，底板采用弹性支座。支座各个方向的动刚度根据地质实测数据或根据现行国家标准《动力机器基础设计标准》GB 50040 的有关规定取值。

模型包括框架柱、顶板、底板及混凝土中间平台等构件，当中间平台为隔振平台时，为提高分析效率，可以忽略，仅将其质量分配到各柱上。

6）设备质量模拟：汽轮发电机设备质量可简化为均布的集中质量单元作用在基础顶面，其余荷载如凝汽器荷载、纵横向推力、正常运行扭矩等对动力分析影响不大，均可忽略。

按上述建模方法建立的汽轮发电机基础模型如图 3-1-6 所示。

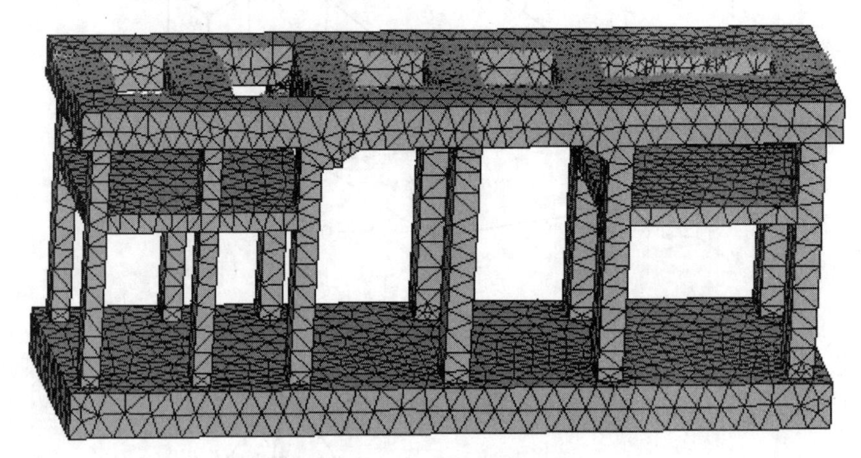

图 3-1-6　汽轮发电机基础模型

（2）动力分析方法

有限元模型建立后，需对模型进行自由振动响应分析，通过自由振动响应分析计算出 0～1.4 倍工作转速范围内的自振频率和振型，然后将每个振动荷载作用在基础上进行强迫振动分析，再按照振型叠加法计算出每个自振频率下基础的动力响应，最后按照矢量叠加原则将各个振动荷载的动力响应进行叠加，得出基础在自振频率下的全部动力响应。动力响应包括各个振动荷载点的基础转速－振动线位移曲线或转速－振动速度曲线。

1）分析类型的选用：分析类型宜采用模态分析，得到结构的自振频率、振型等固有振动特征。根据 ANSYS 软件要求，设备质量需在模态分析前施加，以避免影响模态分析结果并实现在谐响应分析时自动调用。

2）振型数量：为避免遗漏振型，自由振动分析时应取工作转速 1.4 倍范围内的自振频率；采用振型分解法计算振动线位移时，取该范围内的全部振型进行叠加。计算动内力时，取 1.25 倍工作转速范围内的最大动内力值作为控制值。

3）强迫振动分析方法：对有限元模型进行自由振动响应分析后，需施加外部动荷载、激振频率等参数，进行强迫振动响应分析，得到结构的振动线位移。强迫振动分析类型宜采用谐响应分析，得到结构在启动阶段和正常运行阶段的振动线位移或振动速度。

4）振动荷载的施加方法：在汽轮发电机基础的有限元分析中，可以将振动荷载以集中力形式作用在具有足够刚度的节点之上。实际工程中，振动荷载是作用在基础的某一局部区域上，若将振动荷载以集中力形式作用在某一个节点上则会产生明显的应力集中效应，节点刚度不足时将使计算结果与实际结果产生较大差异。对比分析表明，对于按照本节要求建立的有限元模型，将振动荷载作为集中力一次性作用在一个节点上和将振动荷载分散在小范围区域的几个节点上，用振型分解法叠加得到的振动线位移结果非常接近，误差可以忽略不计。

5）振动荷载的作用大小和位置分布：振动荷载一般可按设备制造厂家提供的资料或相关标准取值，振动荷载作用点高度在基础顶面上或机器轴承中心标高处。当振动荷载作用点设在机器轴承中心高度时，作用点的高度一般由设备制造厂家提供。

选取杆系模型时，振动荷载作用点一般设于梁形心处；设备制造厂家提供的标准和ISO标准等认为，振动荷载实际上是作用在机器轴承处，通过机器轴承和基础顶面的连接，将振动荷载传递给基础。提高振动荷载作用点高度的计算模型如图3-1-7和图3-1-8所示。用弹性模量远大于钢筋混凝土（可设为钢筋混凝土的1000倍）、质量为零的“刚性支撑”来模拟机器轴承，将振动荷载作用在“刚性支撑”的顶点处。由于不考虑质量且刚度接触点有限，因而并未影响所考虑的自振频率范围内的模态分析结果。

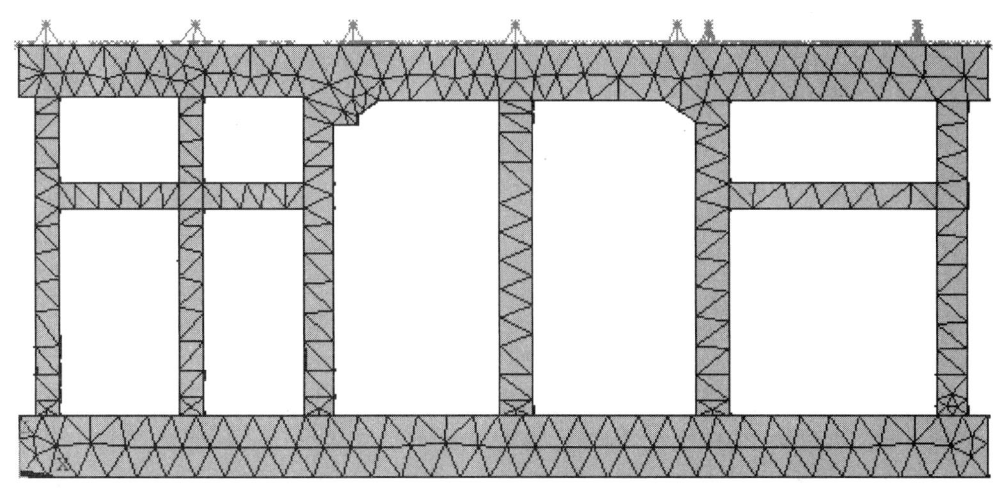

图3-1-7　振动荷载作用点抬高示意图

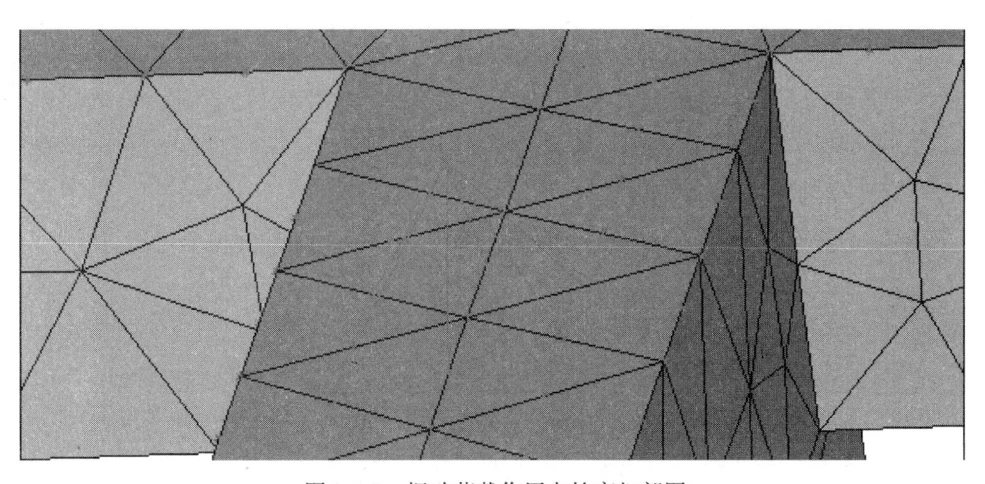

图3-1-8　振动荷载作用点抬高细部图

研究表明，振动荷载作用点高度不同时结构的动力响应不同，结果差异范围约为10%以内。因此，在实际分析中，振动荷载作用点选取梁表面或机器轴承中心标高处均可。

6）振动线位移各个方向空间耦合作用的影响：对于一个复杂的空间结构，通常需要考虑x、y、z三个方向的空间耦合作用，如y向、z向荷载在x方向上引起的振动线位移。研究表明，对于对称性较强的汽机基础结构，分析时可分别计算三个方向的振动线位移，一般仅考虑与线位移同向的振动荷载影响，而其他方向的振动荷载在该方向上引起的振动线位移可忽略不计。

7）构件剪切变形的影响：在分析中需要考虑各构件剪切变形的影响，以提高计算精度。有限元模型与杆系模型的对比分析表明，在梁端处有限元模型的计算结果偏大。这是由于在ANSYS中考虑了结构的剪切变形，而梁端处的剪力较大，剪切变形影响较大，而杆系模型忽略了结构剪切变形的影响。因此，在分析中需要考虑剪切变形的影响，以减小计算误差。

8）振动线位移的叠加：当有多个振动荷载同时作用时，质点的振动线位移可采用振型分解法（即模态叠加法）求得，即分别计算每个振动荷载作用下各点的线位移，再将各点线位移按下式叠加计算：

$$A_i=\sqrt{\sum_{k=1}^{m}(A_{ik})^2} \tag{3-1-18}$$

式中 i——质点编号；

m——振动荷载数量；

A_i——质点 i 的振动线位移（mm）；

A_{ik}——第 k 个振动荷载对质点 i 产生的振动线位移（mm）。

ANSYS软件在计算每一个振动荷载作用下结构的振动线位移时，每个质点 i 的振动线位移 u_{ik} 是根据结构动力学中常用的“振型叠加法”求得。“振型叠加法”是先在模态分析时解出结构的各阶振型 $\{\phi\}n$，而对于多自由度体系的动力反应问题，实际并不需要采用所有的振型进行计算。因此，可以取1.4倍工作频率范围以内的振型参与模态叠加计算。输入激振频率及荷载之后，有阻尼体系振型运动方程为：

$$\ddot{q}_n(t)+2\zeta_n\omega_n\dot{q}_n(t)+\omega_n^2q_n(t)=\frac{p_n(t)}{M_n},\ n=1,2,\cdots,N \tag{3-1-19}$$

式中 $\ddot{q}_n(t)$——第 n 阶加速度函数（m/s^2）；

ζ_n——第 n 阶阻尼因子；

ω_n——第 n 阶自振频率（rad/s）；

$\dot{q}_n(t)$——第 n 阶速度函数（m/s）；

$q_n(t)$——第 n 阶位移函数（m）；

$p_n(t)$——第 n 阶激励函数（N）；

M_n——第 n 阶质量（kg）。

由于在机械启动和正常运行过程中频率的变化较慢，因而结构可视为稳态反应，即每一步给定的激振频率 ω，均有给定的激励函数 $p_n(t)$，可求出 $q_n(t)$。根据振型叠加法，各激振频率下结构所有质点任意时刻的振动线位移 $\{u(t)\}$ 为：

$$\{u(t)\}=\sum_{n=1}^{N}\{\phi\}_n q_n(t) \tag{3-1-20}$$

$\{u(t)\}$ 中第 i 个质点的振动线位移幅值即为 u_{ik}。

考虑多振动荷载共同作用时，先计算出结构在单个振动荷载作用下的振动线位移响应，再采用式（3-1-18）对结构在不同振动荷载下的振动线位移进行叠加。

9）考虑振动荷载大小随频率变化的处理方法：ANSYS中计算分析的振动线位移仅

考虑了激振频率的变化，而振动荷载的幅值是按工作转速下的振动荷载幅值取值。实际上，振动荷载的幅值随激振频率的变化而变化。然而，若在分析中直接考虑频率对振动荷载的影响，则会增加很大的计算工作量。为提高计算效率，可以在分析中取工作转速下的振动荷载，并将其视为常数，由于此时结构为线弹性响应。在得到结构的振动线位移后，将位移值乘以系数 $(n_0/n)^2$，以得到随频率变化的振动荷载作用下结构的振动线位移。

5. 空间杆系模型分析方法

目前，工程中汽轮发电机基础动力分析多采用振幅法，动力计算采用空间杆系模型，计算精度可满足工程要求。

振幅法规定在机组正常运行状态下，汽轮发电机基础振动荷载作用点的竖直方向振动线位移不应超过现行国家标准《动力机器基础设计标准》GB 50040 的容许值。计算时需对汽轮发电机基础进行自振特性分析以求得足够数量的频率和振型，然后通过强迫振动分析得到汽轮发电机基础各个振动荷载作用点的转速—振幅曲线。一般情况下，需要计算振动荷载作用点在三个方向上的振幅。

对工作转速 3000r/min 的国产汽轮发电机基础，基础由横向框架与纵梁构成的空间框架满足表 3-1-3 的条件时，可不作动力计算。当不满足该表条件时，应按《动力机器基础设计规范》GB 50040—2020 的要求进行动力计算。

基础不作动力计算的条件　　　　**表 3-1-3**

机组功率(MW)	中间框架、纵梁	边框架
≤125	$G_i \geqslant 6G_{gi}$	$G_i \geqslant 10G_{gi}$
200	$G_i \geqslant 7G_{gi}$	$G_i \geqslant 12G_{gi}$

注：G_i 为集中到梁中或柱顶的重量（包括机器重），G_{gi} 为转子重量。

汽轮发电机基础进行空间杆系模型分析时，首先应建立计算模型，但建模随意性较大，容易受主观因素的影响。为使计算模型、原始输入数据和规范所规定的技术条件、计算假定一致，保证计算结果的正确性，按空间多自由度体系进行动力分析，建立杆系计算模型时宜符合下列要求：

（1）采用凝聚质量和忽略转动惯量假定，将基础梁柱的质量平均地向两端质点集中，设备质量也作为集中质量向质点凝聚。基础空间多自由度杆系计算模型简图如图 3-1-9 所示。

（2）每个质点有 6 个自由度，即 3 个线位移自由度和 3 个角位移自由度。

（3）所有杆件均考虑与杆端自由度相应的伸缩、剪切、扭转及弯曲变形。

（4）应在梁柱交点、纵横梁交点、质量较大的设备中点、变截面处及振动荷载作用点设置质点。质点的编号宜尽量连续，同时宜保证有足够的质点数量，以避免遗漏振型。

（5）柱的总长可取底板顶至运转层梁中心线的距离；纵横梁的跨度可取柱中心线之间的距离；当各榀框架的跨度之差小于 30%时，可统一取其平均值，否则应通过在跨度大的梁端设置刚性域来调整。

（6）当梁柱截面较大时或杆端有加腋（图 3-1-10）的情况，或个别框架横梁的跨度之差大于 30%时，宜在杆端设置刚性域。梁刚性域的长度可取$\frac{b+b_1}{4}$，且不应大于柱截面高

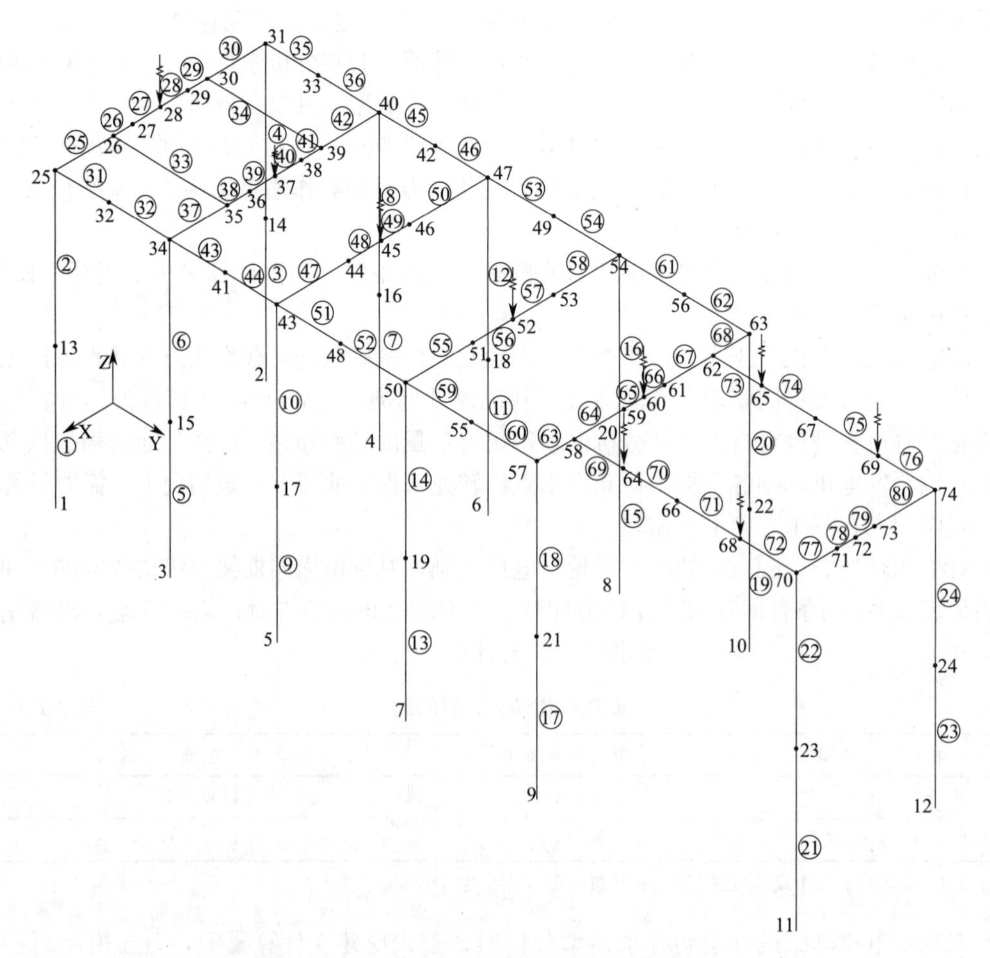

图 3-1-9　基础空间多自由度杆系计算模型

度 b 的一半；柱的刚性域长度可取$\frac{h+h_1}{4}$，且不应大于梁截面高度 h 的一半。

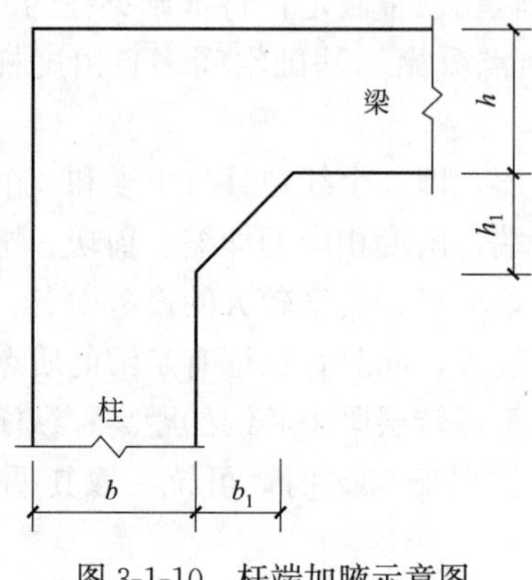

图 3-1-10　杆端加腋示意图

（7）工作转速小于等于 1500r/min 的基础，宜用弹性支承模拟地基刚度。

（8）应设置足够多的节点，使每个杆单元的基频不低于工作转速的 1.4 倍。纵横梁交点、梁柱交点、设备的质量作用点以及振动荷载作用点处应设置节点。

三、承载力计算

1. 基本荷载工况

作用于汽轮发电机基础上的荷载类型可分为永久荷载、可变荷载、偶然荷载和地震作用，具体如下：

（1）永久荷载：包括基础自重、机器重、设备重、机组正常运行时的反力矩、填土重、管道推力、汽缸膨胀力、凝汽器真空吸力和基础构件温差所产生的作用力等。

（2）可变荷载：包括动荷载和活荷载。

（3）偶然荷载：主要是事故工况下的短路力矩、叶片损失力等。

（4）内力组合中将荷载分为“单向”和“双向”两种。“单向荷载”指永不改变方向的荷载，如重力荷载；“双向荷载”指可能出现在两个相反方向上的荷载，如汽缸膨胀力、管道推力、温差产生的作用力等。

2. 凝汽器荷载及真空吸力

纯凝机组或间接空冷机组设有凝汽器与机组低压缸相连，直接空冷机组则无凝汽器，仅有排汽管道与低压缸相连。凝汽器与低压缸的连接方式不同，将产生不同的荷载分布。

（1）当凝汽器与低压缸连接处设置补偿器，采用柔性连接时，凝汽器的重量全部由下部的支墩承受，同时对低压缸产生真空吸力，该力通过低压缸传至基础运转层上部结构。真空吸力应由设备制造厂家提供，当无资料时也可按下式计算：

$$P=F(P_a-P_i) \tag{3-1-21}$$

式中　P——真空吸力（kN）；

F——凝汽器与低压缸连接处的截面面积（m^2）；

P_a-P_i——内外压力差，无资料时可取 $100kN/m^2$。

（2）当凝汽器与低压缸刚性连接时，凝汽器通过弹簧支承在下部支墩上，此时无真空吸力，凝汽器的自重由下部支墩承受，运行时的水重按一定比例分配给上部结构和下部支墩，该比例应由设备制造厂家提供。

（3）直接空冷机组无凝汽器，仅有排汽管道与低压缸相连。此时也对上部结构产生真空吸力，真空吸力应由设备制造厂家提供，当无资料时也可按式（3-1-21）进行估算。

3. 机组温度膨胀力

由机组热膨胀引起的摩擦力，以汽轮发电机组的不动点为出发点，向各个方向辐射。一般机组有多个膨胀体系，各个体系的死点不同，如图 3-1-11 所示。膨胀力的水平合力相互平衡，对基础整体结构没有影响，但基础上部运转层的纵横梁设计时需要考虑这部分荷载。

4. 温度变化产生的荷载

汽轮发电机基础运转层梁（不含发电机部分构件）的内外侧存在温度差，一般机器保温层外侧稳定为 50℃，基础混凝土按 20℃考虑，两者存在 30℃的温差。由于温差是长期作用，计算时应取基础混凝土的长期刚度，实际工程中一般对温差进行折减更为方便，所以温差可取 15～20℃。

当基础纵向长度大于 40m 时，宜进行纵向框架的温度作用计算。顶板与柱脚的计算温差可取 20℃。

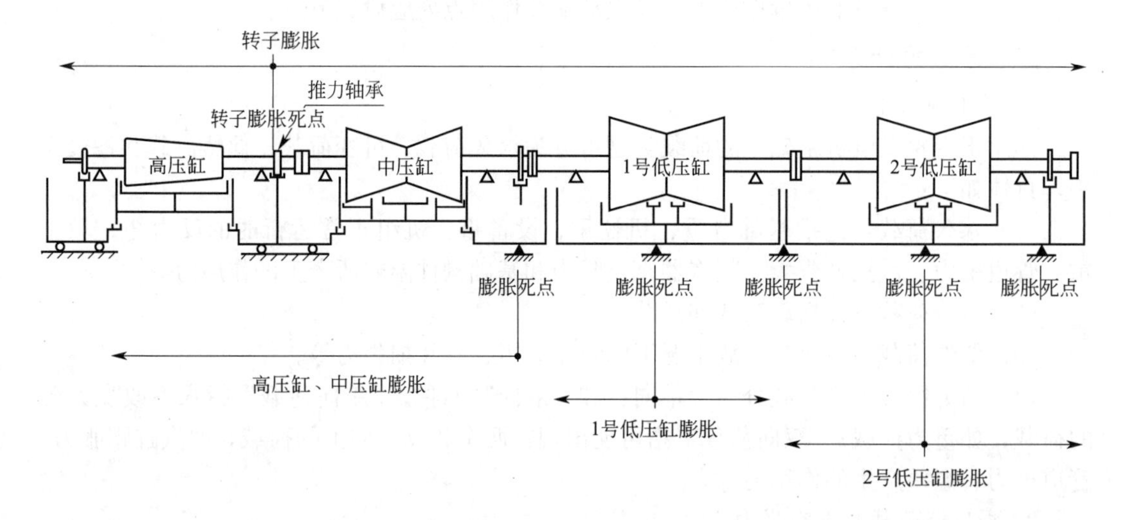

图 3-1-11　某机型的外缸、内缸和转子膨胀示意图

5. 安装荷载

安装荷载是指设备制造厂家提供的用于在设备安装阶段或检修阶段作用在基础顶板上的临时荷载，该部分荷载仅供验算连接和单个构件使用，不参与动力分析和静力组合。

6. 偶然荷载

该部分荷载包括事故工况下的汽轮机叶片损失引起的不平衡力和发电机短路引起的短路力矩，这些荷载数值和作用点应由设备制造厂家提供；当无资料时，发电机的短路力矩可按下列公式计算：

$$M=KSM_{\mathrm{p}} \tag{3-1-22}$$

$$M_{\mathrm{p}}=9.740\,\frac{Q}{n} \tag{3-1-23}$$

$$S=1.3\,\frac{1}{X''_{\mathrm{a}}\cos\phi} \tag{3-1-24}$$

式中 M——发电机的短路力矩（kN·m）；

M_{p}——发电机额定转矩（kN·m）；

K——荷载冲击作用的动力系数，可取 2；

S——发电机额定转矩倍数；

Q——发电机功率（kW）；

n——发电机工作转速（r/min）；

X''_{a}——发电机超瞬变电抗（无量纲数）；

$\cos\phi$——发电机功率因数，一般可取 0.85。

当缺乏资料时，发电机的短路力矩可按下式计算：

$$M=\frac{4KQ}{1000} \tag{3-1-25}$$

7. 活荷载

基础的中间平台和运转层平台上的均布活荷载标准值可按表 3-1-4 选用。

基础中间平台和运转层平台上的均布活荷载标准值（kN/m^2）　表 3-1-4

名称	均布活荷载标准值		
	单机组容量		
	12～125MW	200～300MW	600～1000MW
基础中间平台	4	6	10
基础运转层平台	15～20	25～30	40

注：1. 表中数值仅用于基础的静力计算，不计入动力分析中的参振质量。
2. 表中 600～1000MW 级机组荷载值，当设计有依据时，允许进行调整。

8. 荷载组合

（1）荷载组合的类型

基础的承载力计算可按下述荷载组合，并取其较大值作为控制值，以下三种组合均不包含安装荷载：

1）基本组合可由永久荷载与动力荷载（或当量荷载）组合，各项动力荷载只考虑单向作用，其组合系数取 1.0；

2）偶然组合可由永久荷载、动力荷载及偶然荷载组合，动力荷载组合系数可取 0.25，短路力矩的组合系数可取 1.0；

3）地震作用组合可由永久荷载、动力荷载及地震作用组合，动力荷载组合系数可取 0.25，地震作用组合系数可取 1.0。

（2）荷载分项系数

永久荷载分项系数取 1.3（当对结构有利时取 1.0），动力荷载的分项系数取 1.5，短路力矩荷载的分项系数取 1.0，地震作用的分项系数取 1.3。参与组合的动力荷载效应是 1.25 倍工作转速范围内的最大值。为保证基础构件在轴系极端不平衡状态下能够安全运行，计算动内力时的振动荷载值应取计算振幅时所取振动荷载值的 4 倍，并应考虑材料疲劳的影响，对于钢筋混凝土构件疲劳系数取 2。

（3）汽轮发电机基础的地震作用计算

基础地震作用的计算应按照现行国家标准《建筑抗震设计规范》GB 50011 采用二阶段设计法。一般工程可仅进行多遇地震作用下的弹性阶段验算，而对于 8 度Ⅳ类区及以上高烈度区，结构的地震作用反应显著增大，为确保汽轮发电机基础能满足国家规范所规定的二阶段水准要求，宜补充开展罕遇地震条件下的变形验算。进行汽轮发电机基础罕遇地震条件下的变形验算时，可采用静力弹塑性（Pushover）简化分析方法替代动力弹塑性时程分析方法。一般汽轮发电机基础可以不考虑竖向地震作用。

（4）三种荷载组合的内力效应计算

上述三种荷载组合的内力效应，可按下列要求计算：

1）基本组合效应＝（1.3 或 1.0）×永久荷载效应＋1.5×8×动力荷载效应

2）偶然组合效应＝（1.3 或 1.0）×永久荷载效应＋2.8×动力荷载效应＋2.0×短路力矩或事故状态的叶片损失力荷载效应

3）地震作用组合效应＝（1.3 或 1.0）×永久荷载效应＋2.8×动力荷载效应＋1.3×地震作用效应

（5）基础构件的内力组合与承载力计算

汽轮发电机基础按空间多自由度模型进行计算，其构件内力具有明显的空间性，梁、柱构件的内力组合也比较复杂。因此，在进行动内力包络、地震内力包络和荷载组合时，必须事先考虑可能的各种组合。

1）在每种荷载组合下，柱的任一截面都可能出现12种内力组合；上、下两个截面在三种荷载组合下一共会有72种内力组合：

① 最大轴力和相应两个方向的剪力、两个方向的弯矩；

② 最小轴力和相应两个方向的剪力、两个方向的弯矩；

③ 最大y'向弯矩和相应轴力、两个方向的剪力以及z'向弯矩；

④ 最小y'向弯矩和相应轴力、两个方向的剪力以及z'向弯矩；

⑤ 最大z'向弯矩和相应轴力、两个方向的剪力以及y'向弯矩；

⑥ 最小z'向弯矩和相应轴力、两个方向的剪力以及y'向弯矩；

⑦ 最大y'向剪力和相应的轴力；

⑧ 最小y'向剪力和相应的轴力；

⑨ 最大z'向剪力和相应的轴力；

⑩ 最小z'向剪力和相应的轴力；

⑪ 最大扭矩和相应的轴力；

⑫ 最小扭矩和相应的轴力。

其中：y'、z'为杆件局部坐标系中与杆件轴线垂直的两个坐标轴。

2）在每种荷载组合下，梁的任一截面都可能出现10种内力组合；左、中、右三个截面在三种荷载组合下一共会有90种内力组合：

① 最大y'向弯矩；

② 最小y'向弯矩；

③ 最大z'向弯矩；

④ 最小z'向弯矩；

⑤ 最大y'向剪力和相应的扭矩；

⑥ 最小y'向剪力和相应的扭矩；

⑦ 最大z'向剪力和相应的扭矩；

⑧ 最小z'向剪力和相应的扭矩；

⑨ 最大扭矩和相应两个方向的剪力；

⑩ 最小扭矩和相应两个方向的剪力。

汽轮发电机基础的构件内力具有明显的空间性，梁、柱截面应当对竖直和水平两个方向进行承载能力计算。柱的承载能力计算主要包括正截面受压、正截面受拉和斜截面受剪等配筋计算，而受扭承载能力计算、疲劳验算和正常使用极限状态验算（抗裂验算、挠度验算等）一般不作要求；梁的承载能力计算主要包括正截面受弯和斜截面受剪的配筋计算，而受扭承载能力计算、疲劳验算和正常使用极限状态验算等可不作要求，仅在必要时对局部构件进行验算。

处于双向受弯状态的空间梁，从理论上来说应按斜向弯曲进行双向受弯的承载能力计算，但是由于分解成两个互相垂直的单向弯矩计算偏于安全，所以梁的斜向弯曲承载力可以简化为两个单向受弯来计算。然而，柱的双向偏心受压却不能如此简化，因为把双向偏心受压简化为两个单向偏心受压计算得到的结果偏于危险。

此外，钢筋混凝土结构的构造也应给予足够的重视。与普通建筑结构相比，汽轮发电机基础的梁柱有其特殊性，如梁柱截面都很大、柱轴压比很小、梁柱计算配筋很小等。因此，汽轮发电机基础的配筋构造可以考虑成熟的工程经验，而不必完全遵循普通工业建筑的抗震构造要求。

四、构造要求

1. 一般规定

汽轮发电机基础的设计和施工宜遵循以下要求：

(1) 框架式汽轮发电机基础应独立布置，其四周应留有与其他结构隔开的变形缝，变形缝宽度不宜小于 100mm；必要时，基础的底板上允许设置支承其他结构的支柱。

(2) 当底板设置在碎石土及风化基岩地基上时，在底板下宜设隔离层（油毡或粗砂），以减少底板施工时地基对混凝土收缩的约束作用。

(3) 汽轮发电机基础施工时可设 2～3 道施工缝，各设在柱顶、柱脚及柱子零米附近。施工缝应予以处理，可在混凝土面上预留直径为 10mm、间距为 200mm、长度为 800mm（插入混凝土内 400mm）的钢筋。浇灌前混凝土面应凿毛、清扫干净并充分湿润，再做一层掺有胶粘剂的水泥净浆。

(4) 基础顶板的挑台应做成实腹式，其悬臂长度一般不大于 1.5m，悬臂支座处的截面高度不应小于悬出长度的 0.75 倍。

(5) 在基础运转层上应设置永久的水准观测点，在基础零米柱上设置永久的沉降观测点，在运转层四周宜布置不少于 4 个沉降观测点。

(6) 固定机器设备的锚固螺栓，应根据设备制造厂家提供的资料确定，通常有穿梁式、直埋式、预留孔几种方式。当采用穿梁式和直埋式时，应采用为固定地脚螺栓而设置的工具式样板钢构件，以保证地脚螺栓的位置、标高及垂直度的准确。当采用预留孔方式时，一般需埋设钢套管。布置梁钢筋时，应考虑地脚螺栓的位置，避免发生碰撞。

(7) 汽轮发电机基础底板属于大体积混凝土，应事先编制施工方案，施工时应采取严密措施避免产生温度收缩裂缝，保证混凝土质量。当基础底板的长度大于 30m、厚度大于 2m 时，混凝土施工应有可靠的温度控制措施，防止产生温度裂缝。底板混凝土应采用一次连续浇筑，当底板厚度超过 3m 时，确因需要时可采用分层浇筑，此时施工缝应严格处理。

(8) 基础作为装设机器的支座垫板，设有二次灌浆层，具体做法按工艺要求确定。当二次灌浆层厚度大于 50mm 时，可在基础顶面预留直径 8～10mm、间距 200～300mm 的插筋，以保证混凝土与二次灌浆层结合牢固。

二次灌浆层应采用具有早强、微膨胀、流动性好的灌浆材料，选择灌浆材料时，还应注意灌浆材料本身的强度增长必须与其膨胀率的增长相协调，要避免滞后膨胀发生。二次灌浆应在设备安装全部验收合格后、在设备安装人员配合下进行；灌浆前应将基础混凝土表面凿毛，凿去被油脂沾污及疏松的混凝土，清扫冲洗干净并湿润 24h，灌浆应一次连续完成。

(9) 基础顶面四周边缘及沟道边，一般可设置 50～70mm 的角钢保护，以防止混凝土边缘破坏。

2. 材料与配筋

汽轮发电机基础的材料和配筋宜满足以下规定：

（1）基础混凝土的强度等级：底板不宜小于C25，柱子及顶板采用C30～C40。

（2）基础钢筋一般采用HPB、HRB级钢筋，纵向受力钢筋的抗拉强度实测值与屈服强度实测值的比值不应小于1.25；钢筋的屈服强度实测值与强度标准值的比值不应大于1.3；且钢筋在最大拉力下的总伸长率实测值不应小于9%。

（3）汽轮发电机基础底板各面均应设置钢筋网，底板板顶和板底的钢筋最小配筋率不宜小于0.1%；底板侧面四周的钢筋网钢筋直径不宜小于16mm，间距不宜大于250mm。底板厚度大于2m时，宜在底板板厚中间部位设置直径不小于12mm、间距不大于300mm的双向钢筋网：当底板厚度在1.2～2m范围内时，可设一层钢筋网；当底板厚度在2～3m范围内时，可设二层钢筋网；当底板厚度在3～4m范围内时，可设三层钢筋网。有条件时宜设计底板型钢支架，用于支承底板上部钢筋，方便施工并保证施工阶段的安全。

（4）汽轮发电机基础柱配筋应按计算确定，柱全部纵向钢筋的最小配筋率不宜小于0.6%，直径不宜小于25mm；柱箍筋宜采用封闭箍筋，箍筋直径不宜小于12mm，当地震作用控制时，柱箍筋加密区的箍筋间距宜为150～200mm，且不大于8D（D为柱纵筋最小直径），非加密区箍筋间距宜为300～400mm，肢距可取300～400mm。当采用拉筋复合筋时，拉筋宜紧靠纵筋并勾住箍筋。

（5）柱箍筋非加密区的体积配箍率不宜小于加密区的50%，柱箍筋加密区的体积配箍率不小于0.4%，且应符合下式要求：

$$\rho_v \geqslant \lambda_v f_c / f_{yv} \tag{3-1-26}$$

式中 ρ_v——柱箍筋加密区的体积配箍率；

λ_v——最小配箍特征值，不小于0.06；

f_c——混凝土轴心抗压强度设计值（N/mm^2），强度等级低于C35时应按C35计算；

f_{yv}——箍筋或拉筋抗拉强度设计值（N/mm^2）。

（6）柱的箍筋加密范围可参照现行国家标准《建筑抗震设计规范》GB 50011执行。

（7）汽轮发电机基础运转层顶板配筋应按计算确定，顶板顶面、底面钢筋最小配筋率不宜小于0.15%。基础顶板应考虑由于构件两侧温差产生的应力，应在梁两侧分别配置温度钢筋，高、中压缸侧的纵、横梁侧面配筋百分率不宜小于0.15%，其余梁每侧配筋百分率不宜小于0.1%。

（8）汽轮发电机基础的钢筋连接宜优先采用焊接或机械连接形式。当采用机械连接时，宜选用现行行业标准《钢筋机械连接技术规程》JGJ 107规定的Ⅰ级接头。

（9）基础上部纵、横梁以及柱子的配筋，需沿外围设有封闭式钢箍。

（10）柱或墙的竖直钢筋伸入底板内的长度应视底板的厚度而定：当底板厚度小于1.2m时，竖直钢筋均应伸至板底面；当板厚等于或大于1.2m时可将50%竖直钢筋伸至板底面，而余下的垂直钢筋可在底板厚度一半处切断，但其伸入底板内的长度不小于30倍竖直钢筋直径。柱或墙在同一水平面上接头的钢筋数量，一般不多于所有钢筋的50%。

（11）基础顶板的挑台、沿挑台外侧及支承挑台的梁内侧，应设置纵向附加钢筋（图3-1-12），其配筋率应按下列公式计算：

$$A_g = 0.15\% \times bh \tag{3-1-27}$$

$$A'_g = (0.05 - 0.10)\% \times bh \tag{3-1-28}$$

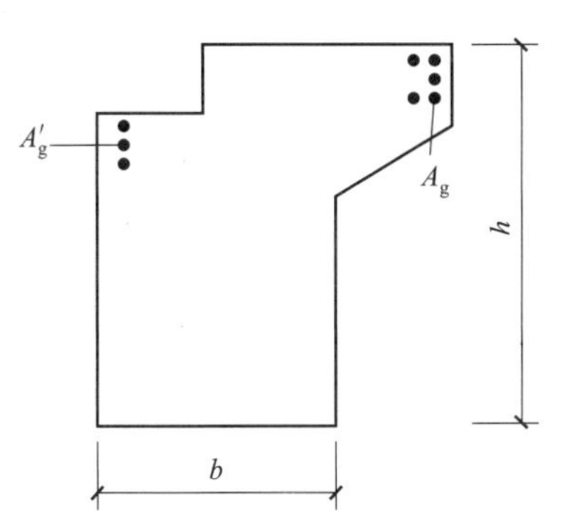

图 3-1-12　挑台梁附加钢筋示意图

第二节　旋转式压缩机基础

一、一般规定

1. 旋转式压缩机基础的特点和形式

旋转式压缩机是一种叶片旋转机械，气体流经转子（叶轮）时，由于转子（叶轮）旋转，使气体受到离心力的作用而产生压力。旋转式机器的主要运动部件是绕主轴旋转的转子，这类机器的不平衡扰力就是由于转子的质心没有与主轴完全重合时旋转产生的离心力。旋转式压缩机的振动荷载可按现行国家标准《建筑振动荷载标准》GB/T 51228 的有关规定进行计算，由机器制造商提供。

一般情况下，旋转式压缩机组的原动机、压缩机及变速箱都设置在厂房的二层平台上，进出口管线、润滑油系统、冷却系统等辅助设备布置在底层或底层与操作层之间的空间中。旋转式压缩机基础的主要结构形式为钢筋混凝土空间框架结构，具有占地面积少、构件尺寸小、空间布置灵活以及便于操作、检修和维护等特点。

框架式结构顶板应有足够的质量和刚度；当满足承载力和稳定性要求时，宜通过优化柱截面尺寸调整基础动力特性；底板的尺寸应根据构造要求和地基土的性质确定，并应具有足够的刚度。在计算时可简化为嵌固于底板上的框架式结构，由顶板（横梁、纵梁）及柱子、底板组成正交结构体系，这种结构形式可通过改变构件的截面尺寸（主要是柱子尺寸），调整基础的自振频率来得到良好的动力特性。框架式基础设计时，构件尺寸的确定十分重要，顶板宜厚、柱子宜柔、底板宜刚，以达到优化设计的目的。

当旋转式压缩机采用大块式或墙式基础时，其动力计算和构造要求可参考现行国家标准《动力机器基础设计标准》GB 50040 中往复式机器基础的相关规定。

2. 基础设计所需资料

（1）压缩机和电动机的型号、转速、功率、规格及轮廓尺寸图等。

（2）机器重量及重心位置：压缩机、电动机及辅助设备的质量分布图。

（3）基础模板图即机器底座外轮廓图、辅助设备及管道位置和坑沟、孔洞尺寸、二次灌浆层厚度及材料要求、地脚螺栓、预埋件尺寸及位置等。

（4）压缩机组各转动部件的质量、质心位置及固定方式。

（5）压缩机组各转动部件在正常工作状态下所产生扰力的数值、方向、作用点及相对应的扰力频率。

（6）同步电机的短路力矩及其作用点。

（7）凝汽器的真空吸力及其作用点（仅适用于蒸汽透平压缩机）。

（8）压缩机基础上各部位的安装荷载及操作荷载。

（9）机器基础在厂房中的位置及其邻近建筑物的基础图。

（10）建筑场地的工程地质勘察资料及地基动力特性试验资料。

（11）邻近机器基础、地沟、平台和仪表的布置。

（12）对基础振动、沉降及倾斜的特殊要求。

3. 旋转式压缩机基础的设计要求

（1）动力机器基础的设计，应根据机器的布置和动力特性、工程地质条件、生产和工艺要求等因素，合理选择基础形式及尺寸。当无法改变机器扰力频率或减小机器振动荷载时，通过调整不同的基础形式或尺寸来改变基础的质量、自振频率、刚度等是降低基础振动的主要手段。

（2）动力机器基础宜设置在均匀的中、低压缩性的地基土层上，当存在软弱下卧层、软土地基或其他不良地质条件时，应采取有效的地基处理措施或采用桩基础，以避免基础产生有害的沉降和倾斜，从而保证机器的正常运转及加工精度，延长机器寿命。

（3）为避免动力机器基础的振动直接影响或传递到其他建（构）筑物，动力机器基础底面与相邻的建（构）筑物基础底面宜放置在同一标高上且不得相连，压缩机基础与相邻的操作平台应脱开。

（4）旋转式压缩机框架式基础的计算包括承载力验算、振动验算、沉降验算、偏心验算，其中：

1）承载力验算时，应包括框架和地基承载力验算；

2）振动验算时，容许振动值应满足现行国家标准《建筑工程容许振动标准》GB 50868 第 5.1.2 节的要求，容许振动速度峰值为 5mm/s；同时，应满足设备制造厂家提出的基础振动值要求；

3）沉降和倾斜验算时，容许值根据现行标准《建筑地基基础设计规范》GB 50007、《建筑桩基技术规范》JGJ 94 的有关规定确定；

4）基础偏心验算时，偏心率限值为 3%。

二、振动计算

旋转式压缩机框架式基础宜采用空间多自由度分析模型进行动力计算（图 3-2-1），并应在工作转速的 0.75～1.25 倍对应的频率范围进行扫频计算；计算时可不计入地基的弹性作用，动弹性模量可取静弹性模量值。

地基弹性对框架式基础的振动有一定的影响，主要是降低了基础的自振频率，其中对低频机器基础（转速不大于 1000r/min）影响较大，对高频机器基础影响较小，使基础固有频率远离机器工作转速，其结果是偏安全的。因此，为减少计算工作量，可不考虑地基弹性的影响。此外，因混凝土的弹性模量对结构自振频率影响较小，在动力计算时可不考虑动力作用影响，按钢筋混凝土结构相关规定进行计算。

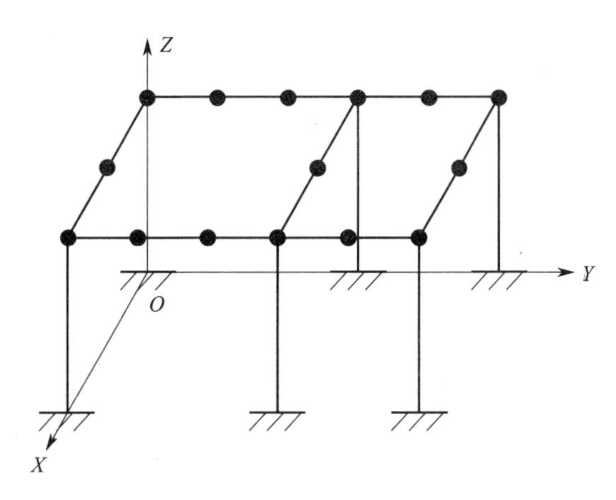

图 3-2-1　空间多自由度框架模型

动力计算可采用振型分解法，阻尼系数采用索罗金滞变阻尼理论（复阻尼），为使各个振型能完全分解，钢筋混凝土框架式基础的阻尼比取 0.0625。

当框架式基础同时承受多组扰力作用时，不同频率的扰力值和相位都是随机量。根据概率理论分析，可能出现的最大动位移（即这些扰力产生的动位移幅值）按平方和的平方根进行计算。

三、静力计算

静力计算应包括框架和地基承载力验算，验算时需要考虑的荷载包括：永久荷载、可变荷载（主要包括活荷载、凝汽器真空吸力）、偶然荷载（主要包括同步电机的短路力矩）、当量静荷载、风荷载、地震作用等，其中：

1. 为保证压缩机基础的安全使用，可适当提高基础的安全度。根据设备生产厂家提供的荷载要求，在进行框架式结构承载力计算时，安装在基础上的机组、辅助设备及管道等重量荷载的分项系数取 1.5，其他永久荷载的分项系数取 1.3。

2. 活荷载和安装活荷载应由工艺专业提出，也可按现行国家标准《动力机器基础设计标准》GB 50040 或现行行业标准《化工、石化建（构）筑物荷载设计规定》HG/T 20674 的有关规定确定。

3. 凝汽器的真空吸力是凝汽器内蒸汽冷凝过程中形成的真空与大气间产生压差所致。当凝汽器与汽轮机为柔性连接时（用波纹管或其他形式的补偿器），真空吸力以拉力作用于压缩机基础上。若为刚性连接时，真空吸力成为系统的内力，不作用于基础上。真空吸力仅存在于冷凝式汽轮机或中间抽汽式汽轮机作驱动机且凝汽器与汽轮机为柔性连接时，仅用于压缩机基础的承载力计算，其荷载分项系数应取 1.5。

4. 若旋转式压缩机由同步电机驱动，当同步电机突然短路时，由于定子与转子之间的相互作用会产生短路力矩。该荷载为偶然荷载，其动力系数可取 2.0，将短路力矩乘以动力系数，即简化为静力荷载。短路力矩应由制造厂提供，或可按标准公式计算。该荷载为偶然荷载，荷载分项系数应取 1.0。

5. 基础做承载力计算时，除上述静力荷载外，尚应考虑动力荷载的作用。该荷载由转子不平衡所产生的扰力引起，又称为当量静力荷载。现有资料中，当量静力荷载计算的表达形式大致相同，一般是将转子的不平衡扰力乘以疲劳系数和动力系数，将它转化为等效静力荷载。当量静力荷载应由机器制造厂提供，荷载分项系数应取 1.5。

6. 按空间多自由度体系计算时，当出现某一方向的主振型时，其他两个方向的分量一般较小，而主方向的动荷载已增大了正常运行时的扰力值，具有较大的安全储备。因此，当一个方向取最大动荷载时，其他方向的分量可以略去，所以无论竖向、横向、纵向都可以不进行叠加组合，即各向的当量静力荷载只考虑单向作用。

7. 偶然组合时的短路力矩和地震组合时的地震作用按现行国家标准《建筑抗震设计规范》GB 50011 的规定确定，动力荷载以压缩机极限不平衡为标准进行计算，偶然组合时较正常运行不平衡更大，因此，将当量静力荷载乘以 1/4 荷载组合系数。

四、构造要求

标准中规定底板最小厚度的目的是保证底板具有一定的刚度以减小基础的不均匀沉降和降低基础顶板的振动。德国规范 DIN4024.1 要求旋转式压缩机框架式基础底板厚度约为底板长度的 1/10。近年来，石油化工行业装置的生产能力不断增大，压缩机组的规模、体积、重量也大为增加；另外，目前压缩机组趋向于用一台原动机带动压缩机、电动机、膨胀机等多台机器，这样基础底板的纵向尺寸也会增大。因此，标准中对底板厚度的限制稍有放宽，取底板长度的 1/10～1/12，经工程实践检验，也能达到足够的刚度。当底板的厚度设计得太薄时，会导致刚度不足。

考虑此类机组的机器自重、转子重、转速的变化范围较大，没有规定柱子截面的上限。同时，从基础的动力特性来看，单纯加大柱子截面不一定有利，柱子偏柔反而对减小上部振动有利。因此，基础设计时应该明确：在满足强度、稳定性要求的前提下，宜适当减小柱子刚度，设计成柔性柱。

基础顶板应有足够的刚度和质量，厚度不宜小于其净跨度的 1/4～1/5。

综上，对于此类压缩机基础设计的底板、柱、顶板的截面尺寸，其要点是使压缩机基础的动力特性适应压缩机较高的工作转速。

第三节　电机基础

一、一般规定

1. 电机基础的特点和形式

电机基础主要为旋转式机器，这些机器以叶轮或转子的旋转运动为特征。电机一般与其他机器组合使用，按用途可分为磨煤机、各类水泵、风机等，其基础一般可分为以下几类：

(1) 大块式基础：大块式基础的刚度较大，动力分析时可不考虑基础变形，基础的动力反应由扰力、基础质量、基础尺寸、土体特性等决定，在设计时应减小机器标高与基组重心标高的差异[图 3-3-1(a)]。

(2) 框架式基础：由顶层梁板、柱和底板连接而构成的基础。该形式基础的优点是平台上布置主设备，平台下面空间大，可灵活布置管道、辅助设备等[图 3-3-1(b)]。

(3) 墙式基础：由顶板、纵横墙和底板连接而构成的基础[图 3-3-1(c)]。

(4) 隔振基础：是由隔振元件支承的机器基础。当辅机基础坐落在厂房基础或楼面上时，机器振动对厂房产生不利影响或影响运行时，应考虑采用隔振基础[图 3-3-1(d)]。

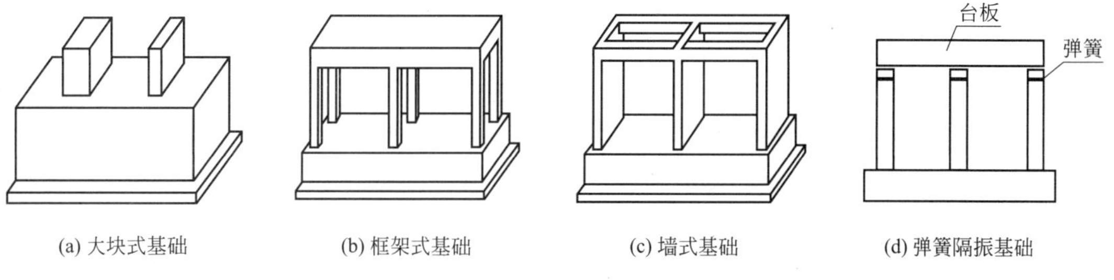

(a) 大块式基础　(b) 框架式基础　(c) 墙式基础　(d) 弹簧隔振基础

图 3-3-1　电机基础结构类型

2. 基础设计所需资料

(1) 机器的工艺布置图。

(2) 机器的型号、规格、转速、功率。

(3) 机器的轮廓尺寸、底座尺寸、辅助设备、管道位置和坑、沟、孔洞尺寸以及地脚螺栓、预埋件位置、灌浆层厚度等。

(4) 机器自重及静荷载分布图。

(5) 机器的扰力、扰力矩及方向（制造生产厂家无法提供扰力时，应根据机器转动部分的质量和偏心距，按振动理论进行计算）。

(6) 基础下地基压缩层范围内土的物理力学特性；地基刚度系数；地下水埋深及腐蚀性等资料。

3. 机器振动荷载

机器转子在做回转运动时，由于转子残余不平衡量产生离心力。一般离心力通过轴承、轴承座传到基础的传递系数小于 1，可认为机器的离心力即为振动荷载，按下式进行计算：

$$F = m e_{\text{per}} \omega^2 \tag{3-3-1}$$

式中　F——扰力（N）；

m——转子质量（kg）；

e_{per}——转子质心与转轴几何中心的当量偏心距（m）；

ω——最高工作圆频率（rad/s）。

机器转子质心与转轴几何中心的当量偏心距一般由设备制造厂家提供，也可按照现行国家标准《机械振动　恒态（刚性）转子平衡品质要求　第 1 部分：规范与平衡允差的检验》GB/T 9239.1 规定的转子平衡品质等级确定。

4. 基础容许振动标准

机器安装在基础上，基础和上部机器、附属设备、填土等组成基组。基组是复杂的振动体系，基础设计的核心是保证设备的安全运行，同时又不使有害振动影响周围环境、其他设备运行和人员健康。当设备制造厂家对基础容许振动值有要求时，应按其提供的要求执行；当设备制造厂家不能提供要求时，基础的容许振动值应符合现行国家标准《建筑工程容许振动标准》GB 50868 的有关规定。

二、振动计算

电机基础的振动计算根据其基础形式而定，当电机基础为框架式基础或墙式基础时，可参照汽轮发电机组基础动力计算要求进行；当电机基础为大块式基础时，可参照往复式机器基础动力计算要求进行。

三、静力计算

电机基础为框架式基础或墙式基础时，可参照汽轮发电机组基础静力计算要求进行。

当电机基础为大块式基础时，可参照往复式机器基础静力计算要求进行。此时，基组的总重心与基础底面形心宜位于同一竖线上，当不在同一竖线上时，两者之间的偏心距和平行偏心方向基底边长的比值不应超过下列限值：

（1）当地基承载力特征值 $f_{ak} \leqslant 150\text{kPa}$ 时，偏心距不应大于 3%；

（2）当地基承载力特征值 $f_{ak} > 150\text{kPa}$ 时，偏心距不应大于 5%。

四、构造要求

1. 地脚螺栓的设置应满足下列要求：

（1）地脚螺栓的设计要求一般由设备制造厂家提供。

（2）带弯钩地脚螺栓的埋置深度不应小于 20 倍螺栓直径，带锚板地脚螺栓的埋置深度不应小于 15 倍螺栓直径。

（3）地脚螺栓轴线距基础边缘不应小于 4 倍螺栓直径，预留孔边距基础边缘不应小于 100mm，当不能满足要求时，应采取加强措施。

（4）预埋地脚螺栓底面下的混凝土净厚度不应小于 50mm，当为预留孔时，孔底面下的混凝土净厚度不应小于 100mm。

（5）地脚螺栓孔断面尺寸，宜为地脚螺栓直径的 5～6 倍。深度（不计二次灌浆层厚度）宜为地脚螺栓埋置深度加 100～150mm。当孔洞深度超过 500mm 且孔底在地面以上时，宜设杂物清除孔。

2. 基础的混凝土强度等级不应低于 C20。

3. 基础的钢筋宜采用 HPB300、HRB400 级钢筋，不宜采用冷轧钢筋，钢筋连接不宜采用焊接接头。

4. 大块式基础一般为构造配筋，应满足下列要求：

（1）当体积小于 20m^3 时，仅需在螺栓孔附近配置局部构造钢筋。

（2）当体积为 $20\sim40\text{m}^3$ 时，应在基础顶面配置直径 10mm、间距 200mm 的钢筋网。

（3）当体积大于 40m^3 时，应沿四周和顶、底面配置直径 10～14mm、间距 200～300mm 的钢筋网。

（4）当体积大于 40m^3，且基础底板厚度大于 2.0m 时，除沿四周和顶、底面配筋外，基础底板中部尚应配置纵、横、竖三个方向的钢筋，其直径不小于 12mm，间距 600～800mm。

（5）基础底板悬臂部分的钢筋配置，应按强度计算确定，并应上下配筋。

（6）当基础上的开孔或切口尺寸大于 600mm 时，应沿孔或切口周围配置直径不小于 12mm、间距不大于 200mm 的钢筋。

5. 当置于原土地基上的辅机基础与相邻基础的底标高不同时（图 3-3-2），应满足下式要求：

$$A \leqslant B\tan\varphi \tag{3-3-2}$$

式中　A——设计基础与厂房基础之间的高差（m）；

B——设计基础与厂房基础之间的净距（m）；

φ——土的内摩擦角（°）。

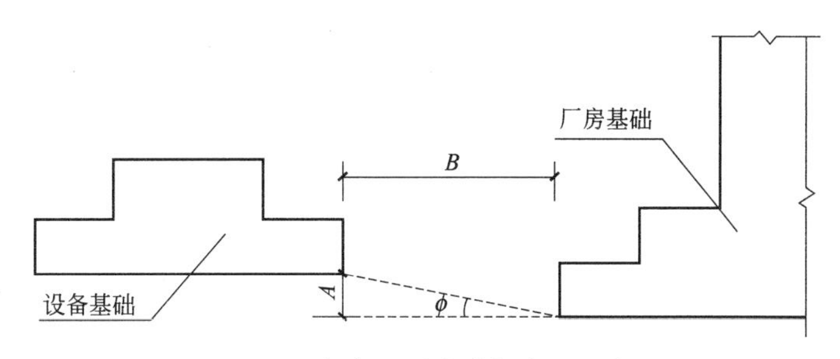

图 3-3-2　相邻基础允许标高差示意图

当不满足式（3-3-2）要求时，基础下方可铺设素混凝土或毛石混凝土垫层。

第四节　工程实例

一、汽轮发电机组基础块体数值模型工程实例

某 600MW 汽轮发电机组，采用块体有限元模型方法进行基础设计。

1. 设计资料

（1）机组型号：略

（2）机组容量：600MW

（3）基础外形：基础运转层外形如图 3-4-1 所示；基础纵剖面如图 3-4-2 所示。中间层平台采用隔振钢平台，计算模型中仅考虑其质量，按面积分配到各柱相应标高处。

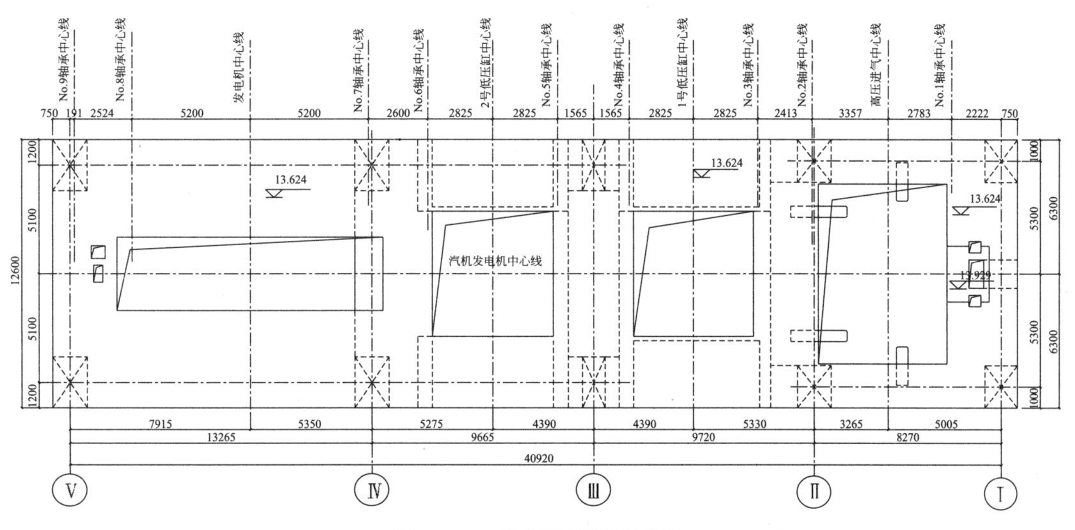

图 3-4-1　基础运转层外形图

（4）荷载资料：荷载作用位置及荷载资料如图 3-4-3 所示。

（5）抗震设计参数：

设防烈度：6 度；

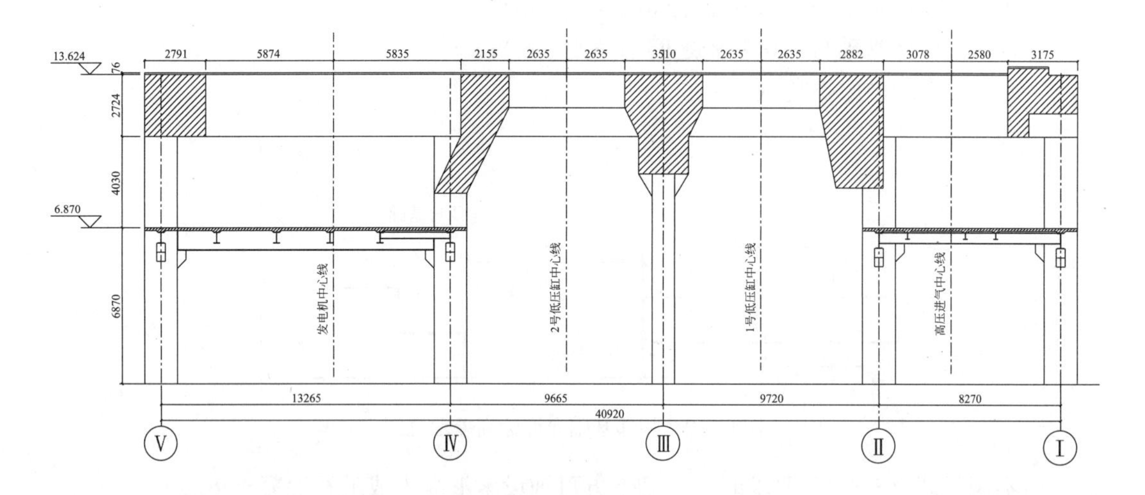

图 3-4-2　基础纵剖面

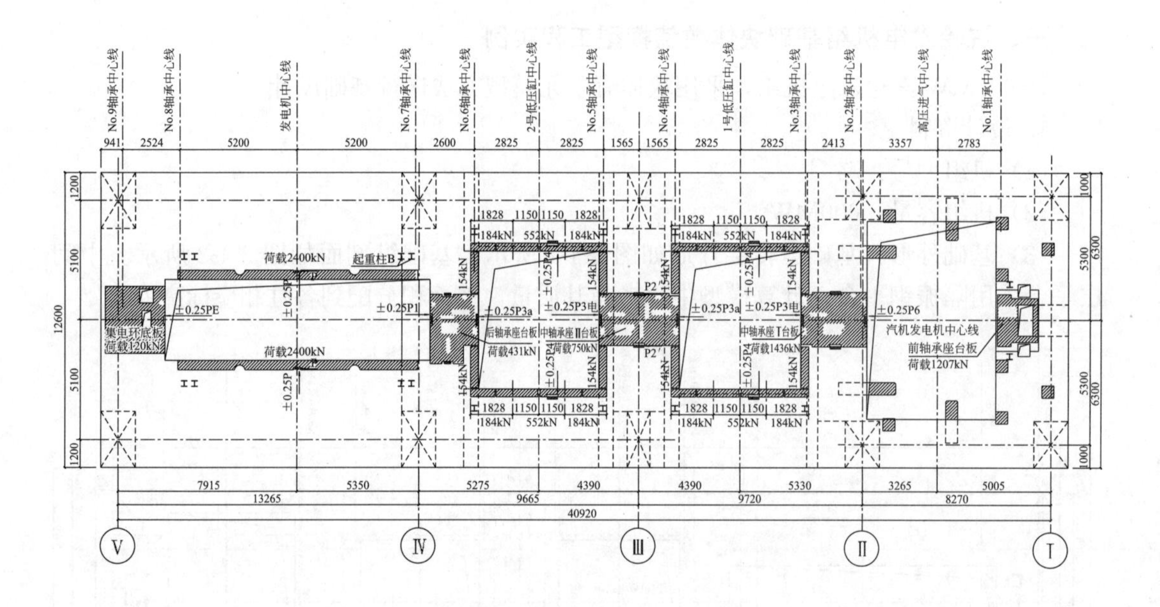

图 3-4-3　运转层荷载分布图

设计基本地震加速度：0.079g；

特征周期：0.5s；

建筑场地类别：Ⅲ类。

2. 计算模型

（1）计算软件：通用有限元分析软件 ANSYS。

（2）材料参数：

混凝土强度等级：C30；混凝土弹性模量：$3.00\times10^4\mathrm{N/mm^2}$；

混凝土轴心抗压强度标准值：$20.1\mathrm{N/mm^2}$；

混凝土轴心抗压强度设计值：14.3N/mm^2；钢筋混凝土密度：2500kg/m^3；

受力钢筋：HRB335，强度设计值：300N/mm^2；

箍筋：HPB235，强度设计值：200N/mm^2。

(3) 模型单元：模型中采用 SOLID95 实体单元，网格划分为规则的六面体单元，单元大小控制在边长 500mm 左右，模型共计 8970 个单元。计算模型如图 3-4-4 所示。

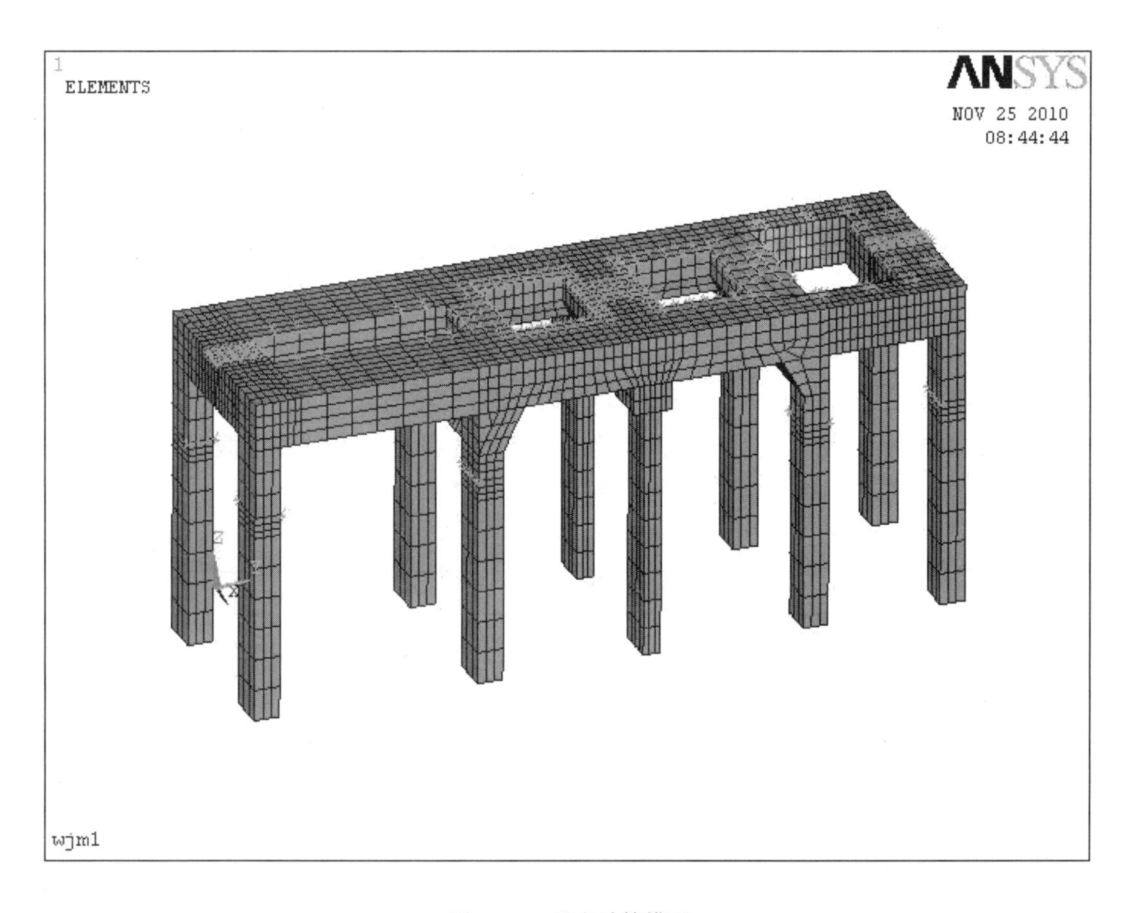

图 3-4-4 基座计算模型

3. 模态分析

ANSYS 提供了多种模态分析的算法，如分块兰索斯（Block Lanczos）法、子空间迭代（Subspace）法、缩减法（Reduced）法、PowerDynamics、非对称（Unsymmetric）法、阻尼（Damped）法，本工程中采用“分块兰索斯法”。计算前先将设备重量转化为附加质量单元 MASS21，加到基座模型中的台板顶面。需要说明的是，与质量无关的荷载（如凝汽器真空吸力、汽轮机和发电机的反力矩、短路力矩、温度膨胀力、杆件温差等）不应折算成质量加到附加质点上，附加质量见表 3-4-1。

在 1.4 倍工作转速范围内，计算出基础的 87 个自振频率和振型（表 3-4-2）。

4. 动力分析

任何持续的周期荷载将在结构系统中产生持续的周期响应，该周期响应称为谐响应。谐响应分析是用于确定线性结构在承受随时间正弦变化的荷载时的稳态响应，其目的是计算出结构在若干种频率下的响应，并得到响应值（通常是位移）与频率的曲线，从这些曲线上可以找到峰值响应，并进一步观察峰值频率对应的应力。

ANSYS 中的谐响应分析有完全法、缩减法和模态叠加法，在本工程中采用“模态叠加法”进行计算。根据现行国家标准《动力机器基础设计标准》GB 50040 进行任意转速的振动荷载计算。谐响应计算频率范围为 0～70Hz，所施加的振动荷载均为额定工作转速下的振动荷载 P_{gi}，在结果的后处理中再进行换算。

当有 m 个振动荷载作用时，质点 i 的振动线位移可按现行国家标准《动力机器基础设计标准》GB 50040 进行计算。计算时先依次施加振动荷载，计算出所有质点产生的线位移；在结果的后处理中，将第 i 个质点在各个振动荷载作用下产生的线位移进行叠加（平方和开平方），即得到第 i 个质点的振动线位移值。

振动荷载作用位置如图 3-4-5 所示，振动荷载值见表 3-4-3。1.4 倍工作转速范围内所有质点的振幅都可以计算，在本工程中选取振动荷载施加点为考察对象，图 3-4-6～图 3-4-9 给出了振动荷载点 1、2、3、4 的频率－振幅曲线。

5. 结论

以上工程实例采用块体有限元数值模型，按照现行国家标准《动力机器基础设计标准》GB 50040 进行汽轮发电机基础的动力分析。汽轮发电机基础各个振动荷载点的频率－振幅曲线显示：基础的振动线位移均满足规范要求。

附加质量　　表 3-4-1

附加质量位置	附加质量(t)	附加质量位置	附加质量(t)	附加质量位置	附加质量(t)
发电机中间层	22.94175	低压缸/发电机横梁(测点 6)	43.1	高/低压缸横梁	25.5185
发电机中间层	22.94175	2 号低压缸两侧	18.375	高/低压缸间横梁(测点 8)	143.567
发电机中间层	22.94175	2 号低压缸两侧	18.375	高/低压缸横梁	25.5185
发电机中间层	22.94175	2 号低压缸两侧纵梁	55.125	高压缸两侧纵梁	15.649
高压缸中间层	14.405	2 号低压缸两侧纵梁	55.125	高压缸两侧纵梁	15.649
高压缸中间层	14.405	2 号低压缸两侧纵梁	18.375	高压缸端横梁	22.68
高压缸中间层	14.405	2 号低压缸两侧纵梁	18.375	高压缸端横梁(测点 9)	120.687
高压缸中间层	14.405	1 号低压缸两侧纵梁	18.375	高压缸端横梁	22.68
发电机端横梁(测点 1)	12	1 号低压缸两侧纵梁	18.375	1/2 号低压缸横梁(测点 7)	75
发电机纵梁(测点 2)	120	1 号低压缸两侧纵梁	55.125	1/2 号低压缸横梁	30.625
发电机纵梁(测点 3)	120	1 号低压缸两侧纵梁	55.125	1/2 号低压缸横梁	30.625
发电机纵梁(测点 4)	120	1 号低压缸两侧纵梁	18.375	低压缸/发电机横梁	15.3125
发电机纵梁(测点 5)	120	1 号低压缸两侧纵梁	18.375	低压缸/发电机横梁	15.3125

汽轮发电机各阶频率　　表 3-4-2

阶号	频率(Hz)	阶号	频率(Hz)	阶号	频率(Hz)
1	1.59742	30	27.851	59	50.162
2	2.3852	31	28.371	60	51.953
3	2.6775	32	29.337	61	52.002
4	10.399	33	31.695	62	52.023
5	13.816	34	31.700	63	53.518
6	14.863	35	32.047	64	53.184
7	15.621	36	32.827	65	53.229
8	15.783	37	33.021	66	53.927
9	16.014	38	34.773	67	54.752
10	16.313	39	35.320	68	55.089
11	16.577	40	35.715	69	55.696
12	16.981	41	36.819	70	56.226
13	17.471	42	37.632	71	57.241
14	17.723	43	39.172	72	57.673
15	18.927	44	40.135	73	58.207
16	19.278	45	40.135	74	58.534
17	19.390	46	41.890	75	59.866
18	20.388	47	42.012	76	59.903
19	20.575	48	42.183	77	61.387
20	21.544	49	42.501	78	62.486
21	22.022	50	43.152	79	63.022
22	22.944	51	43.484	80	63.746
23	23.010	52	45.283	81	65.057
24	23.500	53	46.758	82	65.806
25	24.062	54	47.506	83	65.963
26	24.524	55	47.602	84	67.025
27	25.128	56	48.292	85	67.799
28	26.224	57	48.580	86	69.537
29	27.089	58	49.943	87	69.685

振动荷载值计算　　表 3-4-3

振动荷载位置	振动荷载幅值(kN)	计算公式
(测点 1)	2.274	11.37×0.2
(测点 2)	31.396	(9.38＋16.55＋7.61＋56.28＋448.28＋56.28＋7.61＋16.55＋9.38)×0.2/4
(测点 3)	31.396	(9.38＋16.55＋7.61＋56.28＋448.28＋56.28＋7.61＋16.55＋9.38)×0.2/4
(测点 4)	33.96	31.396＋0.5×(12.03＋13.61)×0.2
(测点 5)	33.96	31.396＋0.5×(12.03＋13.61)×0.2

续表

振动荷载位置	振动荷载幅值(kN)	计算公式
(测点 6)	41.2	0.5×(386.36+12.03+13.61)×0.2
(测点 7)	91.136	[0.5×(386.36+386.36)+69.32]×0.2
(测点 8)	79.648	[0.5×(322.76+386.36)+43.68]×0.2
(测点 9)	32.276	0.5×322.76×0.2

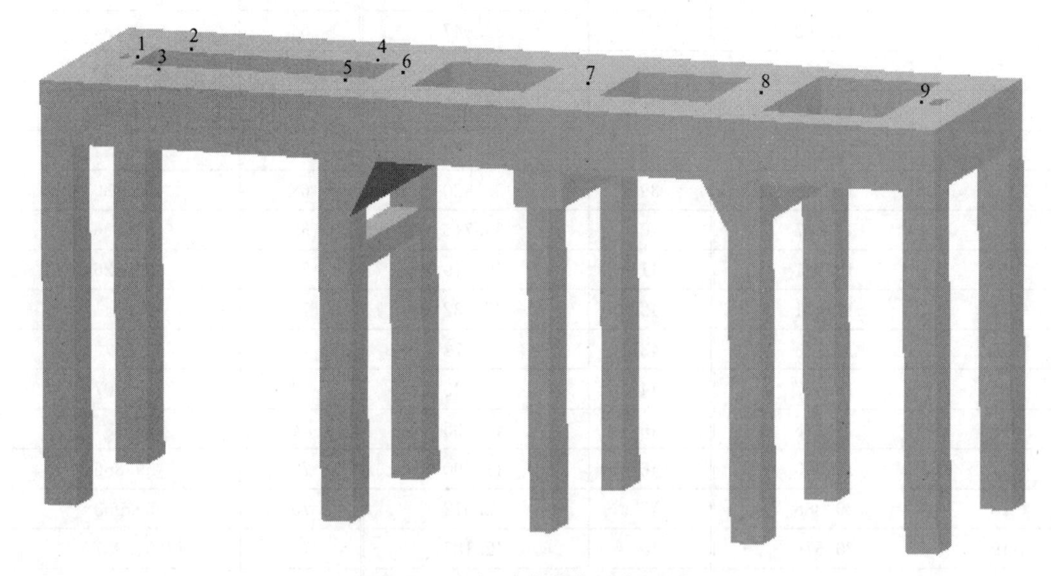

图 3-4-5　振动荷载作用位置图

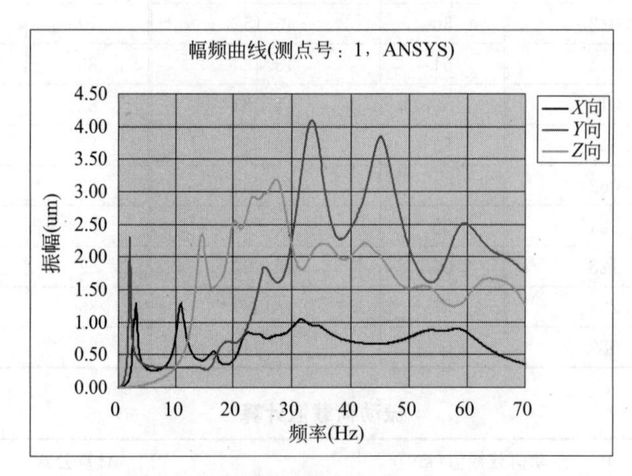

图 3-4-6　振动荷载点 1 频率—振幅曲线

二、汽轮发电机组基础空间杆系模型工程实例

某 600MW 汽轮发电机组采用空间杆系模型进行基础设计，设计基本资料与实例一相同。

1. 简化模型

(1) 计算模型：该基础是规则对称的两层空间框架，横向框架跨度为柱轴线距离，不

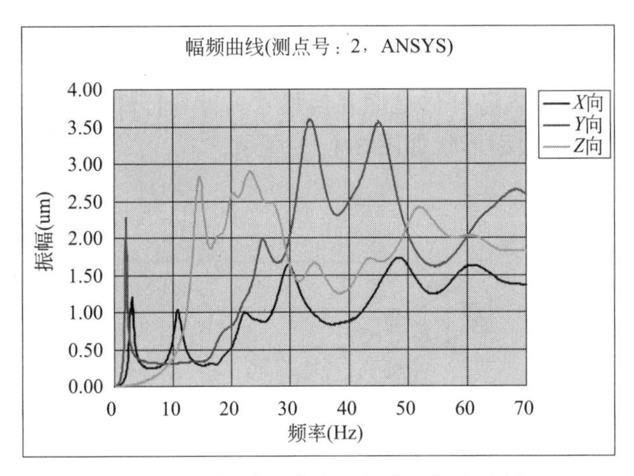

图 3-4-7　振动荷载点 2 频率—振幅曲线

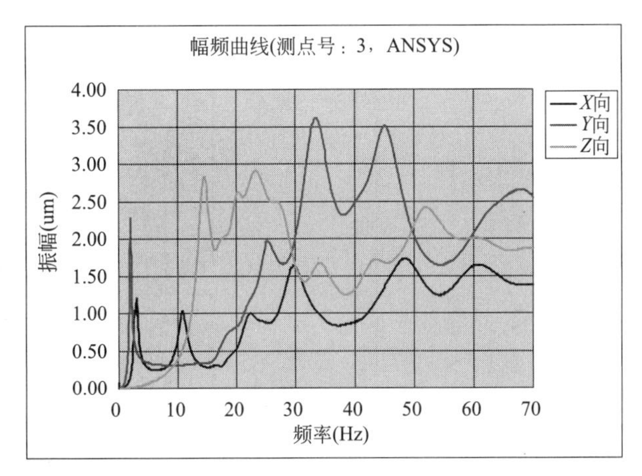

图 3-4-8　振动荷载点 3 频率—振幅曲线

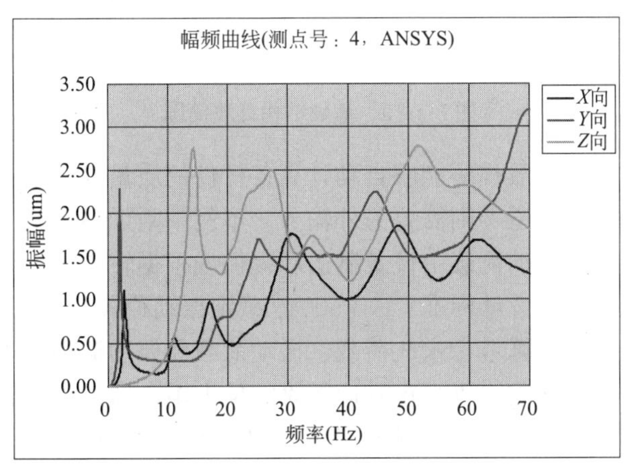

图 3-4-9　振动荷载点 4 频率—振幅曲线

考虑杆件的刚性域长度，中间层取该层梁的顶面；除所有梁柱交点设置质点外，在较大集中质量处和下柱中部设置质点。基于 MSSAP 软件平台，基础被简化为由 87 个节点、90 根杆件组成的空间正交框架，计算模型和节点、杆件编号如图 3-4-10 所示。

（2）构件截面简图：输入各杆件截面几何尺寸，计算杆件的截面特性。本工程中杆件截面共分为 11 类，各杆件截面形状如图 3-4-11 所示。

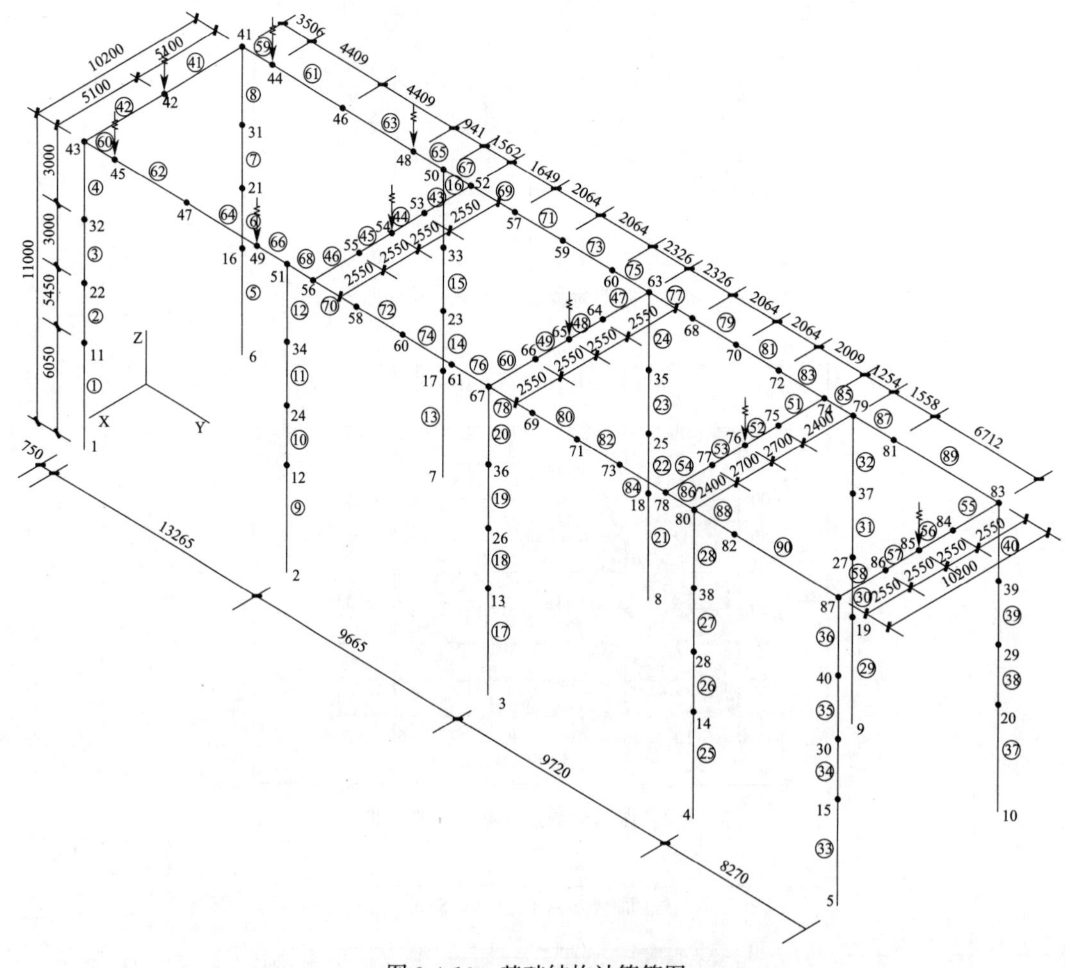

图 3-4-10　基础结构计算简图

（3）节点附加质量：一般程序能够自动计算各杆件的质量并分配至两端的质点上，而非基础自身质量如设备、管道等则需要另外输入。本例中附加质量共 49 点。

（4）振动荷载计算：振动荷载由设备制造厂提供或根据转子重量计算，本实例依据现行国家标准《动力机器基础设计标准》GB 50040 确定振动荷载。

（5）荷载输入：静力计算考虑永久荷载、振动荷载和偶然荷载三类，其中永久荷载包括基础自重、机器重、设备重、机组正常运行时的反力矩、填土重、管道推力、气缸膨胀力、凝汽器真空吸力和构件温差所产生的作用力、楼面活荷载等；偶然荷载包括地震作用、短路力矩。荷载输入时，需将设备制造厂提供的荷载及工艺专业提供的荷载按照“单向”“双向”“短路力矩”分类输入。

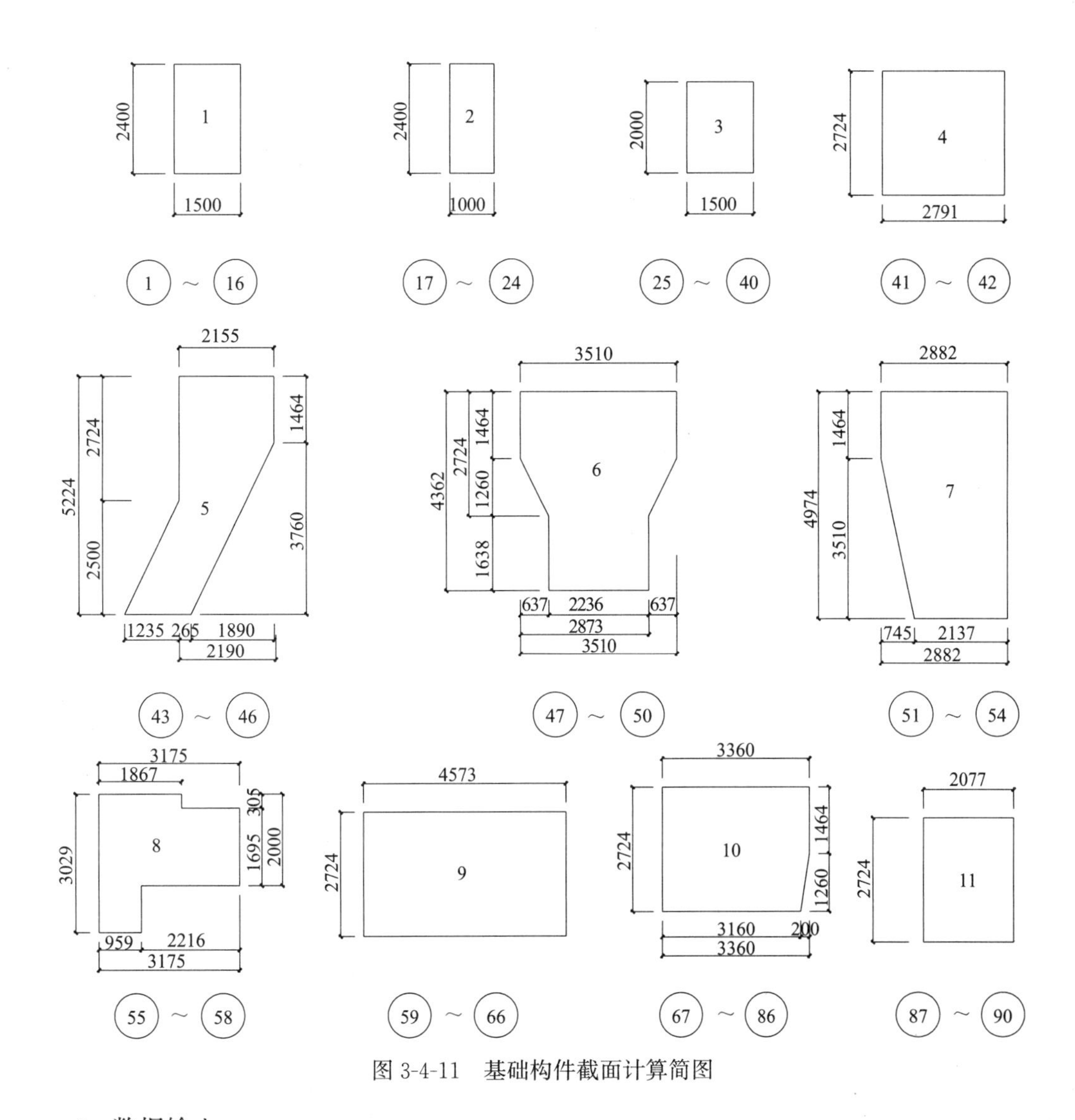

图 3-4-11　基础构件截面计算简图

2. 数据输入

表 3-4-4～表 3-4-8 分别给出了输入的坐标、附加质量、振动荷载、单向荷载和短路力矩。

3. 计算结果

（1）自振频率和振型：在 1.4 倍工作转速范围内，计算出基础的自振频率和振型。

（2）振幅：1.4 倍工作转速范围内所有各质点的振幅都可以计算，并可选择性地绘制成转速一振幅曲线。图 3-4-12 是该基础低压缸与发电机之间横梁中点（54 点）的竖直向转速一振幅曲线。

（3）强迫振动动内力：可输出每根杆件在所有验算转速下的动内力，并输出验算转速范围内的动内力包络值。

（4）地震作用计算结果：地震作用包括 x、y 向的最大层间弹性位移和位移角，各杆件的地震内力，以及 x、y 向地震内力的包络值。该基础最大层间弹性位移角满足《建筑抗震设计规范》GB 50011 的要求。

节点坐标 表 3-4-4

节点编号	X	Y	Z	节点编号	X	Y	Z	节点编号	X	Y	Z
1	5.1	0.75	−5.2	30	5.1	41.67	6.3	59	−5.1	19.29	12.3
2	5.1	14.015	−5.2	31	−5.1	0.75	9.3	60	5.1	19.29	12.3
3	5.1	23.68	−5.2	32	5.1	0.75	9.3	61	−5.1	21.354	12.3
4	5.1	33.4	−5.2	33	−5.1	14.015	9.3	62	5.1	21.354	12.3
5	5.1	41.67	−5.2	34	5.1	14.015	9.3	63	−5.1	23.68	12.3
6	−5.1	0.75	−5.2	35	−5.1	23.68	9.3	64	−2.55	23.68	12.3
7	−5.1	14.015	−5.2	36	5.1	23.68	9.3	65	0	23.68	12.3
8	−5.1	23.68	−5.2	37	−5.1	33.4	9.3	66	2.55	23.68	12.3
9	−5.1	33.4	−5.2	38	5.1	33.4	9.3	67	5.1	23.68	12.3
10	−5.1	41.67	−5.2	39	−5.1	41.67	9.3	68	−5.1	26.006	12.3
11	5.1	0.75	0.85	40	5.1	41.67	9.3	69	5.1	26.006	12.3
12	5.1	14.015	0.85	41	−5.1	0.75	12.3	70	−5.1	28.07	12.3
13	5.1	23.68	0.85	42	0	0.75	12.3	71	5.1	28.07	12.3
14	5.1	33.4	0.85	43	5.1	0.75	12.3	72	−5.1	30.134	12.3
15	5.1	41.67	0.85	44	−5.1	3.465	12.3	73	5.1	30.134	12.3
16	−5.1	0.75	0.85	45	5.1	3.465	12.3	74	−5.1	32.146	12.3
17	−5.1	14.015	0.85	46	−5.1	8.665	12.3	75	−2.7	32.146	12.3
18	−5.1	23.68	0.85	47	5.1	8.665	12.3	76	0	32.146	12.3
19	−5.1	33.4	0.85	48	−5.1	13.865	12.3	77	2.7	32.146	12.3
20	−5.1	41.67	0.85	49	5.1	13.865	12.3	78	5.1	32.146	12.3
21	−5.1	0.75	6.3	50	−5.1	14.015	12.3	79	−5.1	33.4	12.3
22	5.1	0.75	6.3	51	5.1	14.015	12.3	80	5.1	33.4	12.3
23	−5.1	14.015	6.3	52	−5.1	15.5775	12.3	81	−5.1	34.958	12.3
24	5.1	14.015	6.3	53	−2.55	15.5775	12.3	82	5.1	34.958	12.3
25	−5.1	23.68	6.3	54	0	15.5775	12.3	83	−5.1	41.67	12.3
26	5.1	23.68	6.3	55	2.55	15.5775	12.3	84	−2.55	41.67	12.3
27	−5.1	33.4	6.3	56	5.1	15.5775	12.3	85	0	41.67	12.3
28	5.1	33.4	6.3	57	−5.1	17.226	12.3	86	2.55	41.67	12.3
29	−5.1	41.67	6.3	58	5.1	17.226	12.3	87	5.1	41.67	12.3

（5）静力计算结果：静力计算输出内容包括：各种荷载工况下所有杆件的静内力，结构自重和各组永久荷载所产生的各柱固定端内力和合力及其作用点。本工程柱根轴力总和 SNZ= 84112.195kN。

（6）荷载组合结果：分别输出各杆件在基本荷载组合、地震作用组合、短路力矩荷载组合下的内力包络值。

（7）强度计算结果：分别输出各梁、柱配筋表。

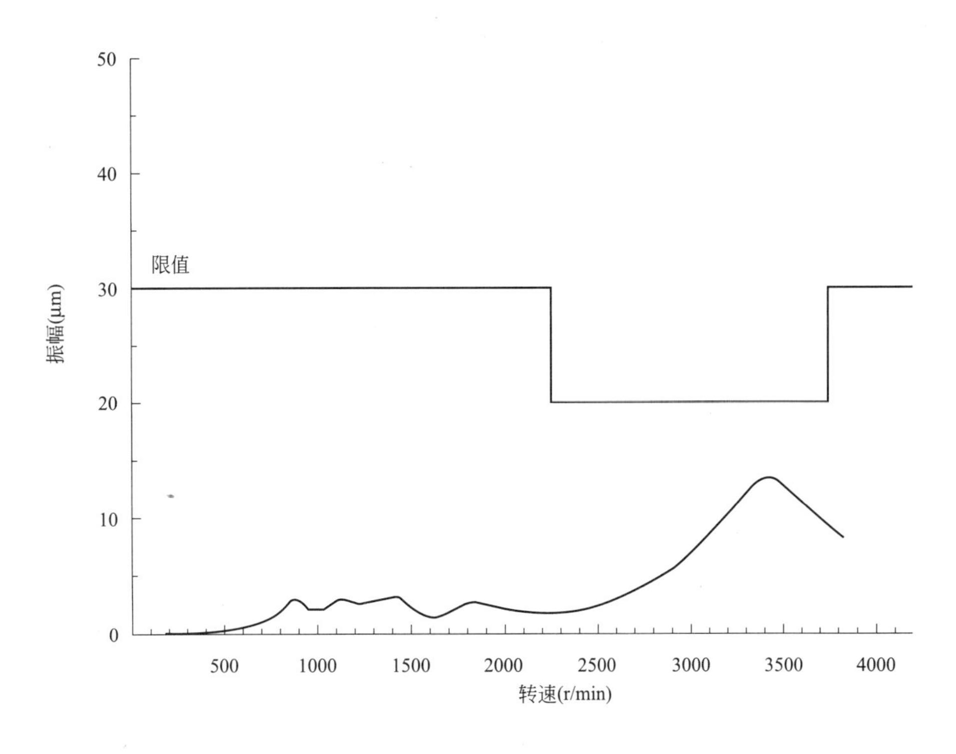

图 3-4-12　某振动荷载作用点的转速—振幅曲线

4. 结论

通过汽轮发电机基础的空间杆系模型动力和静力分析计算，计算出基础各振动荷载作用点的振幅，根据各种荷载工况及荷载组合下的基础内力计算出各构件的配筋。基础的振动和各构件的配筋均满足规范要求。

附加质量　　**表 3-4-5**

质点编号	附加质量(t)	质点编号	附加质量(t)	质点编号	附加质量(t)	质点编号	附加质量(t)
21	22.94175	54	43.1	75	25.5185	41	22.18
22	22.94175	57	18.375	76	143.567	43	22.18
23	22.94175	58	18.375	77	25.5185	50	24.6
24	22.94175	59	55.125	81	15.649	51	24.6
27	14.405	60	55.125	82	15.649	63	19.92
28	14.405	61	18.375	84	22.68	67	19.92
29	14.405	62	18.375	85	120.687	79	16.45
30	14.405	68	18.375	86	22.68	80	16.45
42	12	69	18.375	65	75	83	12.94
44	120	70	55.125	64	30.625	87	12.94
45	120	71	55.125	66	30.625		
48	120	72	18.375	53	15.3125		
49	120	73	18.375	55	15.3125		

振动荷载计算 表 3-4-6

振动荷载位置	振动荷载幅值(kN)	计算公式
43	2.274	11.37×0.2
45	31.396	(9.38＋16.55＋7.61＋56.28＋448.28＋56.28＋7.61＋16.55＋9.38)×0.2/4
46	31.396	(93.8＋16.55＋7.61＋56.28＋448.28＋56.28＋7.61＋16.55＋9.38)×0.2/4
47	33.96	31.396＋0.5×(12.03＋13.61)×0.2
48	33.96	31.396＋0.5×(12.03＋13.61)×0.2
53	41.2	0.5×(386.36＋12.03＋13.61)×0.2
64	91.136	[0.5×(386.36＋386.36)＋69.32]×0.2
75	79.648	[0.5×(322.76＋386.36)＋43.68]×0.2
84	32.276	0.5×322.76×0.2

单向荷载输入 表 3-4-7

杆件号	荷载方向	荷载大小	距左端距离	荷载类型
3	3	−579.8	0	8
7	3	−579.8	0	8
11	3	−579.8	0	8
15	3	−579.8	0	8
27	3	−379.8	0	8
31	3	−379.8	0	8
35	3	−379.8	0	8
39	3	−379.8	0	8
55	3	−95.248	2.55	2
56	3	−95.248	2.55	2
57	3	−95.248	2.55	2
58	3	−95.248	2.55	2
85	3	−62.31	1.254	2
86	3	−62.31	1.254	2
87	3	−62.31	1.558	2
88	3	−62.31	1.558	2
89	3	−62.31	6.712	2
90	3	−62.31	6.712	2
51	3	−166.26	2.4	2
52	3	−166.26	2.7	2
53	3	−166.26	2.7	2

续表

杆件号	荷载方向	荷载大小	距左端距离	荷载类型
54	3	−166.26	2.4	2
77	3	−167.607	2.326	2
78	3	−193.993	2.326	2
79	3	−167.607	2.064	2
80	3	−193.993	2.064	2
81	3	−167.607	2.064	2
82	3	−193.993	2.064	2
83	3	−167.607	2.012	2
84	3	−193.993	2.012	2
69	3	−167.607	1.6485	2
70	3	−193.993	1.6485	2
71	3	−167.607	2.064	2
72	3	−193.993	2.064	2
73	3	−167.607	2.064	2
74	3	−193.993	2.064	2
75	3	−167.607	2.326	2
76	3	−193.993	2.326	2
47	3	−264.92	2.55	2
48	3	−264.92	2.55	2
49	3	−264.92	2.55	2
50	3	−264.92	2.55	2
59	3	−137.135	3.506	2
60	3	−137.135	3.506	2
61	3	−137.135	4.409	2
62	3	−137.135	4.409	2
63	3	−137.135	4.409	2
64	3	−137.135	4.409	2
65	3	−137.135	0.941	2
66	3	−137.135	0.941	2
67	3	−137.135	1.5625	2
68	3	−137.135	1.5625	2
41	3	−83.73	5.1	2
42	3	−83.73	5.1	2
43	3	−144.225	2.55	2

续表

杆件号	荷载方向	荷载大小	距左端距离	荷载类型
44	3	−144.225	2.55	2
45	3	−144.225	2.55	2
46	3	−144.225	2.55	2
43	2	20	0.00001	5
44	2	20	0.00001	5
45	2	20	0.00001	5
46	2	20	0.00001	5
69	1	20	0.00001	5
70	1	−20	0.00001	5
71	1	20	0.00001	5
72	1	−20	0.00001	5
73	1	20	0.00001	5
74	1	−20	0.00001	5
75	1	20	0.00001	5
76	1	−20	0.00001	5
77	1	20	0.00001	5
78	1	−20	0.00001	5
79	1	20	0.00001	5
80	1	−20	0.00001	5
81	1	20	0.00001	5
82	1	−20	0.00001	5
83	1	20	0.00001	5
84	1	−20	0.00001	5
55	3	−293.48	2.55	1
57	3	−293.48	2.55	1
56	3	−1273.55	2.55	1
62	3	−79.61	4.409	1
87	3	−215.25	1.558	1
88	3	−215.25	1.558	1
51	3	−315.7	2.4	1
53	3	−315.7	2.4	1
52	3	−1496.19	2.7	1
81	3	−213.26	2.064	1
82	3	−213.26	2.064	1

续表

杆件号	荷载方向	荷载大小	距左端距离	荷载类型
79	3	−580.76	2.064	1
80	3	−580.76	2.064	1
77	3	−213.26	2.326	1
78	3	−213.26	2.326	1
47	3	−379.96	2.55	1
49	3	−379.96	2.55	1
48	3	−823.71	2.55	1
73	3	−213.26	2.064	1
74	3	−213.26	2.064	1
71	3	−580.76	2.064	1
72	3	−580.76	2.064	1
69	3	−213.26	1.6485	1
70	3	−213.26	1.6485	1
43	3	−198.38	2.55	1
45	3	−198.38	2.55	1
44	3	−476.26	2.55	1
63	3	−1285	4.409	1
64	3	−1285	4.409	1
59	3	−1303.11	3.506	1
60	3	−1303.11	3.506	1
41	3	−295.83	5.1	1
61	3	−79.61	4.409	1

短路力矩计算　　**表 3-4-8**

杆件号	荷载方向	荷载值(kN/m)	荷载长度(m)	计算公式
61	Z向	522.12	5.2	2715/5.2=522.12
62	Z向	−522.12	5.2	2715/5.2=522.13
63	Z向	522.12	5.2	2715/5.2=522.14
64	Z向	−522.12	5.2	2715/5.2=522.15

三、汽轮发电机弹簧隔振基础工程实例

1. 工程概况

岭澳核电站二期是继大亚湾核电站、岭澳核电站一期后，在广东地区建设的第三座大型商用核电站，建设规模为两台百万千瓦级压水堆核电机组。通过岭澳二期项目建设，我国将加快全面掌握第二代改进型百万千瓦级核电站技术，基本形成百万千瓦级核电站设计

自主化和设备制造国产化能力，为高起点引进、消化、吸收第三代核电技术打下坚实的基础。2004 年 3 月，岭澳二期被列为国家核电自主化依托项目；2004 年 7 月，国务院批准建设；2005 年 12 月正式开工；两台机组分别于 2010 年 7 月 15 日和 2011 年 8 月 7 日建成并投入商业运行（图 3-4-13）。

图 3-4-13　岭澳核电站二期

岭澳二期半速汽轮发电机组引进法国阿尔斯通公司研制的 Arabelle 机型，由东方电气进行国产化生产。该机组轴系长度短、设备紧凑、空间受限，无法采用增大柱子截面的方法增大基础刚度。若仍采用常规基础形式，则必须减小柱子的截面，进而导致基础柱子的水平刚度过低，机组运行时轴系传递到基础下部的振动将使基础柱子、中间层平台等部位振动过大，不利于机组的正常运行。

针对岭澳二期的汽轮发电机基础振动控制的技术难题，经过大量工程调研、理论分析、联合攻关和专家论证，最终采用弹簧隔振基础设计方案。

2. 机组设计条件及资料

基础顶板：C35 混凝土，弹性模量 31500 N/mm^2

受力钢筋：HRB 400

机组工作转速为 1500r/min，单机容量为 1000MW，转子重量为 7426kN，设备总重 26786kN，基础顶板长 56.24m、高 16.3m、汽轮机侧宽 17m、发电机侧宽 13m，厚度约 4m。基础重 42742kN，机器与基础总重 69528kN。

3. 弹簧隔振设计

岭澳二期核电站汽轮发电机组弹簧隔振基础的隔振器布置如图 3-4-14 所示。

整体弹簧隔振基础由底板、立柱、弹簧隔振装置和台板组成，台板长 56.24m、高 16.3m、汽轮机侧宽 17m、发电机侧宽 13m，厚度 4m，隔振器在各柱头上的刚度值如表 3-4-9 所示。弹簧隔振系统共有 76 组 TK 型弹簧隔振装置，其中 12 组带有阻尼器。系统的竖向总刚度为 2776.6kN/mm，平均竖向压缩量为 25.0mm，竖向固有频率为 3.16Hz。

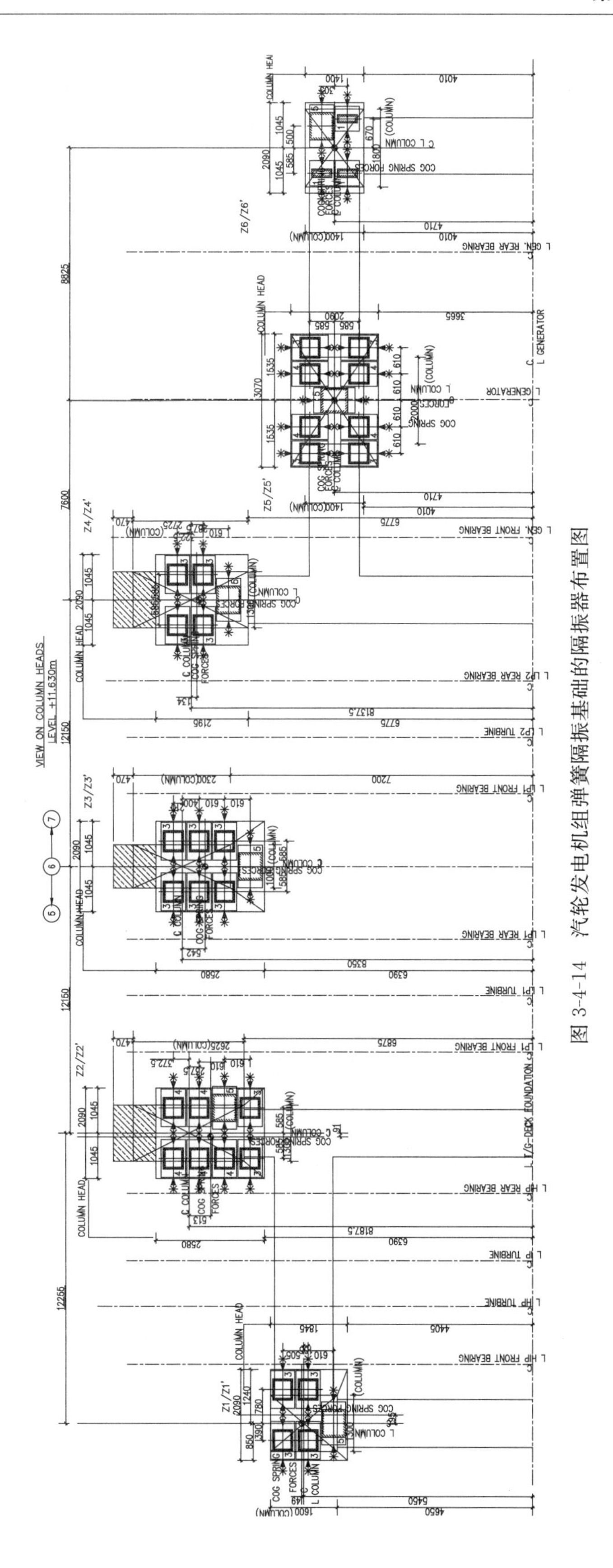

图 3-4-14　汽轮发电机组弹簧隔振基础的隔振器布置图

隔振器在各个柱头上的刚度值 表 3-4-9

柱子编号	垂向刚度 K_v(kN/mm)	水平刚度 K_h(kN/mm)
柱子 C1	180.2	103.1
柱子 C1′	180.2	103.1
柱子 C2	309.5	169
柱子 C2′	309.5	169
柱子 C3	255.4	146.7
柱子 C3′	255.4	146.7
柱子 C4	180.2	103.1
柱子 C4′	180.2	103.1
柱子 C5	343.8	190.7
柱子 C5′	343.8	190.7
柱子 C6	119.2	63.6
柱子 C6′	119.2	63.6

4. 基础振动计算

根据汽机隔振基础的结构特性，其振动分析采用忽略隔振器下部柱、中间平台等结构，取隔振器上部台板、设备进行建模的有限元数模分析方法。台板的有限元数模分析模型如图 3-4-15 所示，当需要进行抗震分析时，则需与隔振器下部柱进行整体建模。

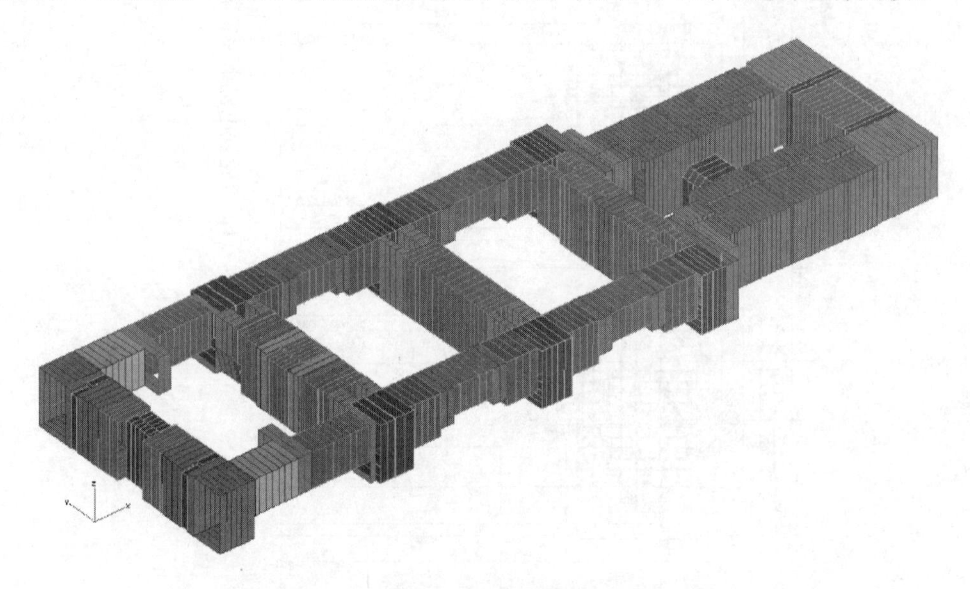

图 3-4-15 基础台板有限元数模分析模型图

数值模型中将机组设备的质量按照分布的属性分为集中质量或均布质量，转子部分和定子部分分别交汇于转子轴承中心处及基础台板上。计算分析得到基础自振频率如表 3-4-10 所示，其中，出现竖向整体平动振型的频率是 3.093Hz，竖向一阶弯曲振型的频率是 3.507Hz，均远离工作扰力频率 25Hz。

机组基础自振频率计算结果　　表 3-4-10

模态阶数	自振频率(Hz)	模态阶数	自振频率(Hz)
1	2.202	18	13.621
2	2.299	19	17.477
3	2.364	20	18.846
4	3.093	21	19.135
5	3.151	22	21.034
6	3.507	23	22.302
7	4.879	24	23.823
8	5.629	25	23.87
9	5.636	26	25.721
10	6.224	27	27.206
11	7.321	28	28.244
12	9.727	29	29.363
13	9.905	30	30.424
14	10.392	31	31.986
15	12.315	32	32.042
16	12.725	33	34.118
17	13.576	—	—

根据设备制造厂家提供的资料，转子不平衡等级 $G=6.3\times10^{-3}$m/s，按照现行国家标准《建筑振动荷载标准》GB/T 51228 的相关规定，各轴承处的振动荷载计算值见表 3-4-11。

各轴承处的振动荷载（kN）　　表 3-4-11

转子位置	F_{vx} 水平横向	F_{vz} 竖向
高压缸前端 1 号横梁中心点	50	50
高压缸后端 2 号横梁中心点	60	60
低压缸 A 前端 2 号横梁中心两侧	—	50×2
低压缸 A 前端 2 号横梁中点	100	—
低压缸 A 后端 3 号横梁中心两侧	—	50×2
低压缸 A 后端 3 号横梁中点	100	—
低压缸 B 前端 3 号横梁中心两侧	—	50×2
低压缸 B 前端 3 号横梁中点	100	—
低压缸 B 后端 4 号横梁中心两侧	—	50×2
低压缸 B 后端 4 号横梁中点	100	—
发电机前段纵梁两侧	—	70×2
发电机前段轴承中心点	140	—
发电机后段纵梁两侧	—	70×2
发电机后段轴承中心点	140	—

按照设备制造厂家要求，该机组基础振动响应计算中模态阻尼比取 4%，振动响应控制范围 20～27.5Hz，控制值按现行国家标准《建筑工程容许振动标准》GB 50868 的有关规定采用（表 3-4-12），振动速度响应用平方和平方根确定，台板竖向 SRSS 均方根振动速度的动力分析结果如图 3-4-16 所示。

汽轮发电机基础振动控制限值　　表 3-4-12

基础类型	机器额定转速 n(r/min)	容许振动速度均方根值(mm/s)
弹簧隔振基础	3000	3.8
	1500	2.8

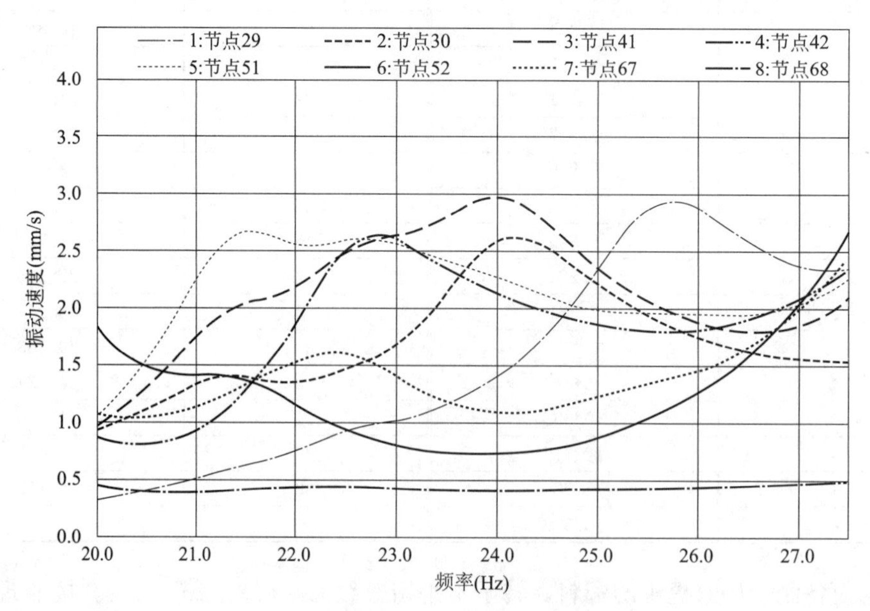

图 3-4-16　台板竖向 SRSS 均方根振动速度幅频曲线

5. 运行实测结果

如图 3-4-17 所示，在岭澳二期机组调试期间和投入运行半年后，相关测试单位对机组进行了大量振动实测。

图 3-4-17　岭澳二期汽机基础现场测试

在机组调试期间，机组转速为工作转速 1500 r/min 时的振动测试如表 3-4-13 所示。由表可知，最大竖向振动值发生在 7 号轴承，为 1.17mm/s，小于表 3-4-12 中容许值 2.8mm/s 的要求。

工作转速1500 r/min工况下轴承座的振动速度有效值（RMS） 表3-4-13

轴承号	通频速度(mm/s)			工频速度(mm/s)		
	X(水平纵向)	Y(水平横向)	Z(竖向)	X(水平纵向)	Y(水平横向)	Z(竖向)
1号	0.24	0.23	0.17	0.07	0.09	0.06
2号	0.19	0.17	0.20	0.03	0.07	0.15
3号	0.43	0.29	0.72	0.23	0.17	0.69
4号	0.74	0.37	0.59	0.39	0.33	0.55
5号	0.56	0.50	0.73	0.42	0.39	0.70
6号	0.29	0.53	0.41	0.13	0.44	0.37
7号	0.42	0.93	1.17	0.09	0.68	0.81
8号	0.69	0.55	0.37	0.09	0.06	0.06

在机组投入运行半年后，机组满负荷工况下的测试结果见表3-4-14。由表可知，最大竖向振动值发生在7号轴承，为1.10mm/s，小于表3-4-12中容许值2.8mm/s的要求。

机组满负荷下轴承座的振动速度有效值（RMS） 表3-4-14

轴承号	通频速度(mm/s)			工频速度(mm/s)		
	X(水平纵向)	Y(水平横向)	Z(竖向)	X(水平纵向)	Y(水平横向)	Z(竖向)
1号	0.25	0.25	0.20	0.07	0.09	0.09
2号	0.20	0.19	0.43	0.04	0.12	0.41
3号	0.52	0.27	0.78	0.43	0.14	0.76
4号	0.75	0.40	0.70	0.68	0.30	0.66
5号	0.66	0.48	0.79	0.58	0.35	0.75
6号	0.34	0.53	0.47	0.21	0.48	0.44
7号	0.32	0.74	1.10	0.17	0.59	0.73
8号	0.69	0.50	0.30	0.23	0.10	0.13

由运行后的实测结果与计算结果对比可知，计算结果明显大于实际运行后的结果，计算结果偏于安全。产生误差的原因可能是由于设备制造厂家提供的动荷载偏于保守，取值偏大。

岭澳核电站二期的2台机组已于2011年成功投入商业运行。汽轮发电机组弹簧隔振基础在岭澳工程的成功应用，为后续在其他核电工程中进一步推广奠定了基础。

四、旋转式压缩机基础设计实例

1. 工程概况

（1）基本资料

某合成氨装置旋转式压缩机：

机器部件1：汽轮机机器重量117kN，转子重量$W_{g1}=5.1$kN

机器部件2：压缩机低压缸，机器重量124kN，转子重量$W_{g2}=4.12$kN

机器部件3：压缩机高压缸，机器重量125kN，转子重量$W_{g3}=3.61$kN

机器工作转速：$n=11618$r/min

机器工作圆频率：$\omega=2\pi/60\times n=1216.6$rad/s

机器采用空间框架式基础，顶板厚度1000mm，底板厚度1000mm，柱子尺寸600mm×800mm×7150mm（图3-4-18）。

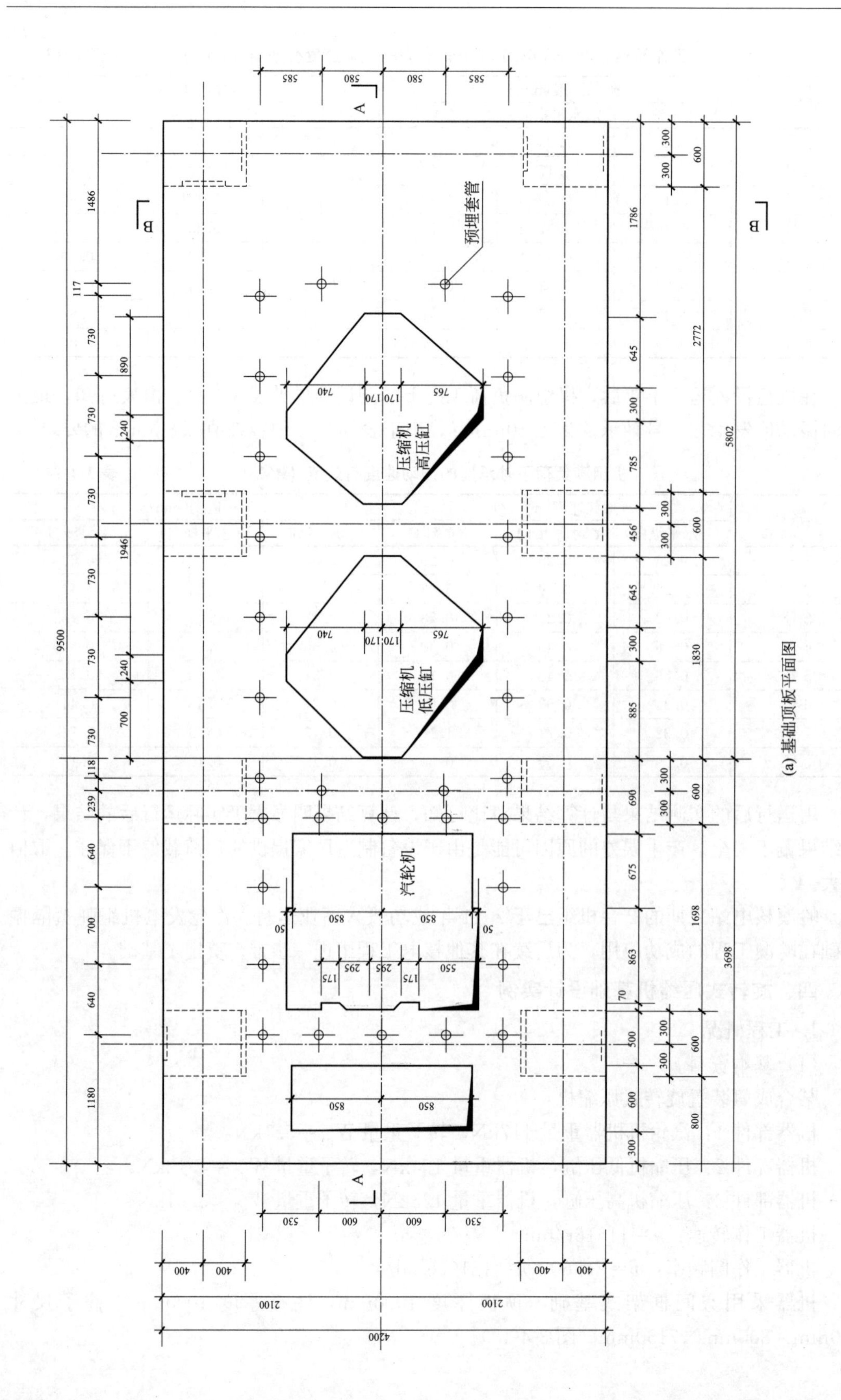
预埋套管
压缩机
高压缸
压缩机
低压缸
汽轮机
A
A
B
B
9500
5802
4200
2100
2100
3698
2772
1830
1698
1786
1486
1946

(a) 基础顶板平面图

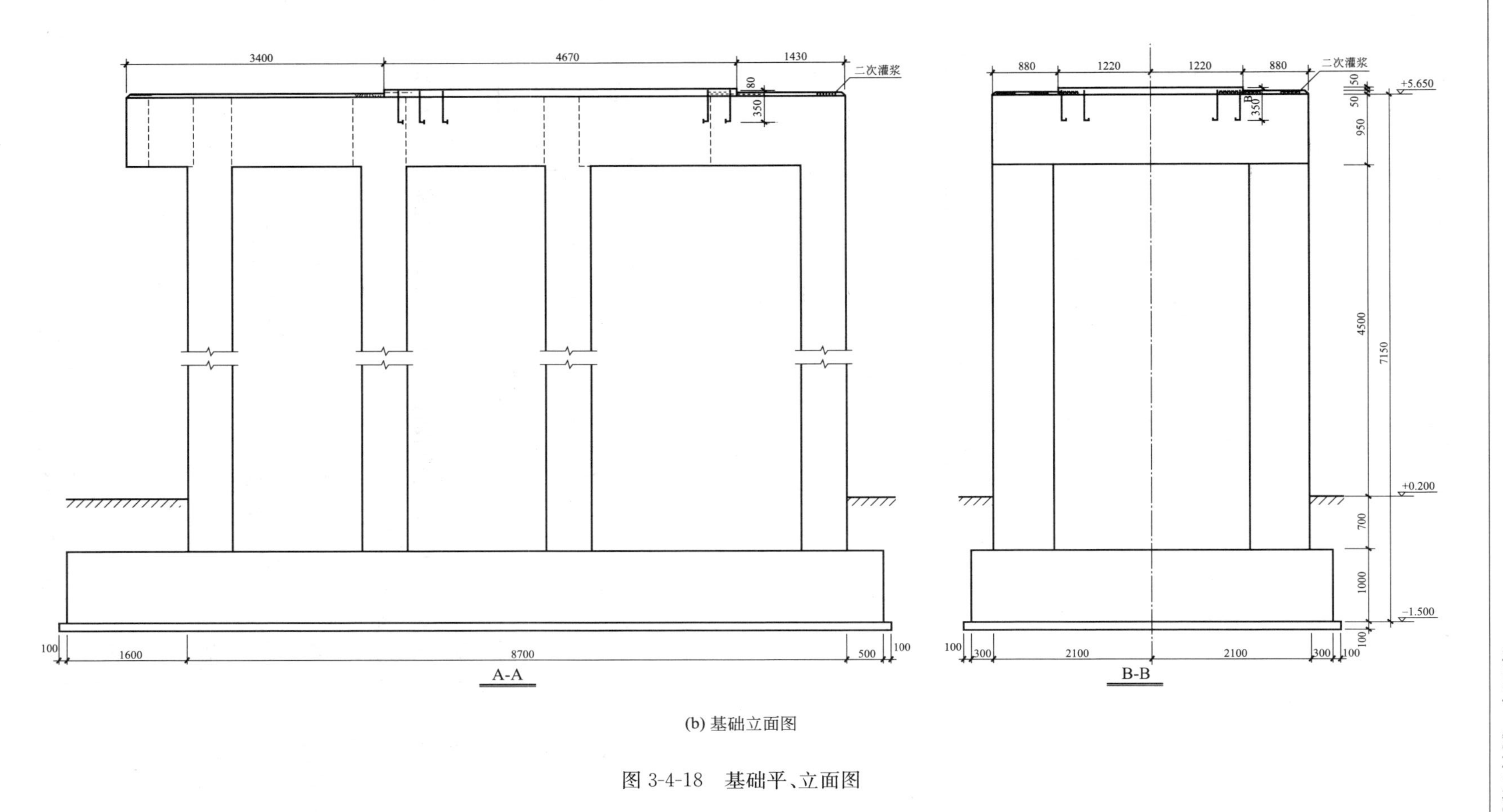

(b) 基础立面图

图 3-4-18 基础平、立面图

（2）基组布置示意图（图 3-4-19）：X 轴沿机器主轴，Y 轴垂直于基础底面。

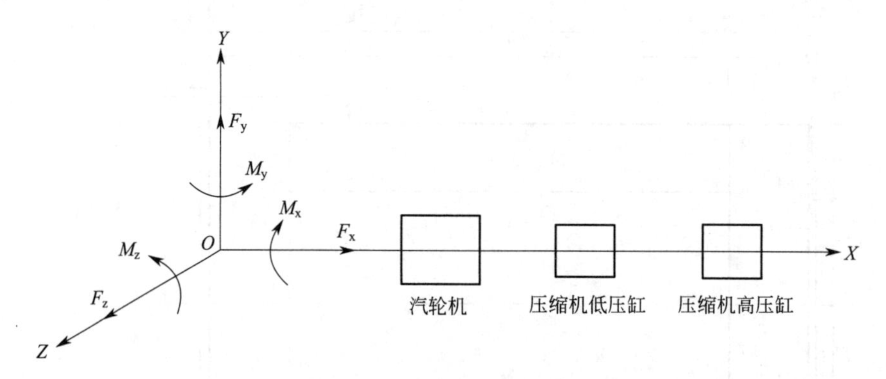

图 3-4-19　基组布置示意图

（3）静动荷载（表 3-4-15）

静动荷载表　　**表 3-4-15**

荷载分布点		静载	动载			
		Z(kN)	X(kN)	Y(kN)	Z(kN)	简图
汽轮机	1	58.5	2.75	5.5	5.5	见图 3-4-20(b)
	2	58.5	2.75	5.5	5.5	见图 3-4-20(c)
压缩机低压缸	3	31	2.58	5.15	5.15	略
	4	31	2.58	5.15	5.15	略
	5	31	2.58	5.15	5.15	略
	6	31	2.58	5.15	5.15	略
压缩机高压缸	7	31.25	2.26	4.51	4.51	略
	8	31.25	2.26	4.51	4.51	略
	9	31.25	2.26	4.51	4.51	略
	10	31.25	2.26	4.51	4.51	略

（4）当量静力荷载

当设备制造厂家无法提供当量静力荷载时，可按现行国家标准《动力机器基础设计标准》GB 50040 的相关规定进行计算。

1）汽轮机

竖向当量静力荷载：

$$N_{Y1}=5W_{g1}\frac{n}{3000}=5\times5.1\times\frac{11618}{3000}=98.75\text{kN}$$

横向当量静力荷载：

$$N_{Z1}=\frac{1}{4}\cdot N_{Y1}=\frac{1}{4}\times98.75=24.69\text{kN}$$

纵向当量静力荷载：

$$N_{X1}=\frac{1}{8}\cdot N_{Y1}=\frac{1}{8}\times98.75=12.34\text{kN}$$

2）压缩机低压缸

竖向当量静力荷载：

$$N_{\mathrm{Y2}}=5W_{\mathrm{g2}}\frac{n}{3000}=5\times4.12\times\frac{11618}{3000}=79.78\mathrm{kN}$$

横向当量静力荷载：

$$N_{\mathrm{Z2}}=\frac{1}{4}\cdot N_{\mathrm{Y2}}=\frac{1}{4}\times79.78=19.94\mathrm{kN}$$

纵向当量静力荷载：

$$N_{\mathrm{X2}}=\frac{1}{8}\cdot N_{\mathrm{Y2}}=\frac{1}{8}\times79.78=9.97\mathrm{kN}$$

3）压缩机高压缸

竖向当量静力荷载：

$$N_{\mathrm{Y3}}=5W_{\mathrm{g3}}\frac{n}{3000}=5\times3.61\times\frac{11618}{3000}=69.90\mathrm{kN}$$

横向当量静力荷载：

$$N_{\mathrm{Z3}}=\frac{1}{4}\cdot N_{\mathrm{Y3}}=\frac{1}{4}\times69.90=17.48\mathrm{kN}$$

纵向当量静力荷载：

$$N_{\mathrm{X3}}=\frac{1}{8}\cdot N_{\mathrm{Y3}}=\frac{1}{8}\times69.90=8.74\mathrm{kN}$$

当量静力荷载应根据机器各部件支承情况，相应分布在各节点上。

2. 动静力计算

采用自主开发程序——空间构架式动力机器基础结构动静力计算与施工图绘制应用系统（TLJCAD）进行动静力计算。空间框架式基础的力学模型简图［图 3-4-20(a)］和动力荷载简图［图 3-4-20(b)、(c)］分别对应于三个机器部件的 x-y 方向、x-z 方向共 6 组；静荷载的恒荷载简图和当量型荷载简图分别见图 3-4-20(d)、图 3-4-20(e)。

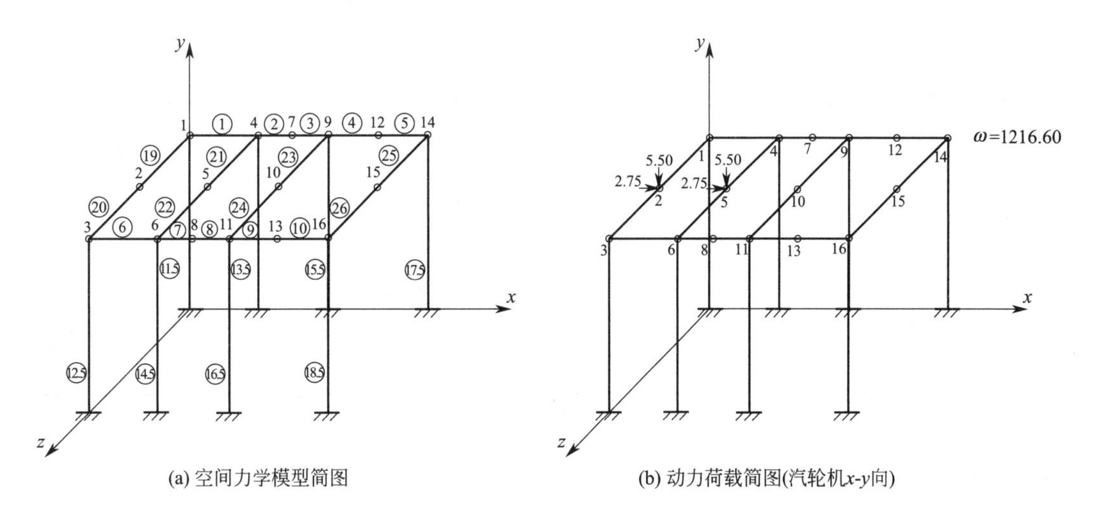

(a) 空间力学模型简图

(b) 动力荷载简图(汽轮机x-y向)

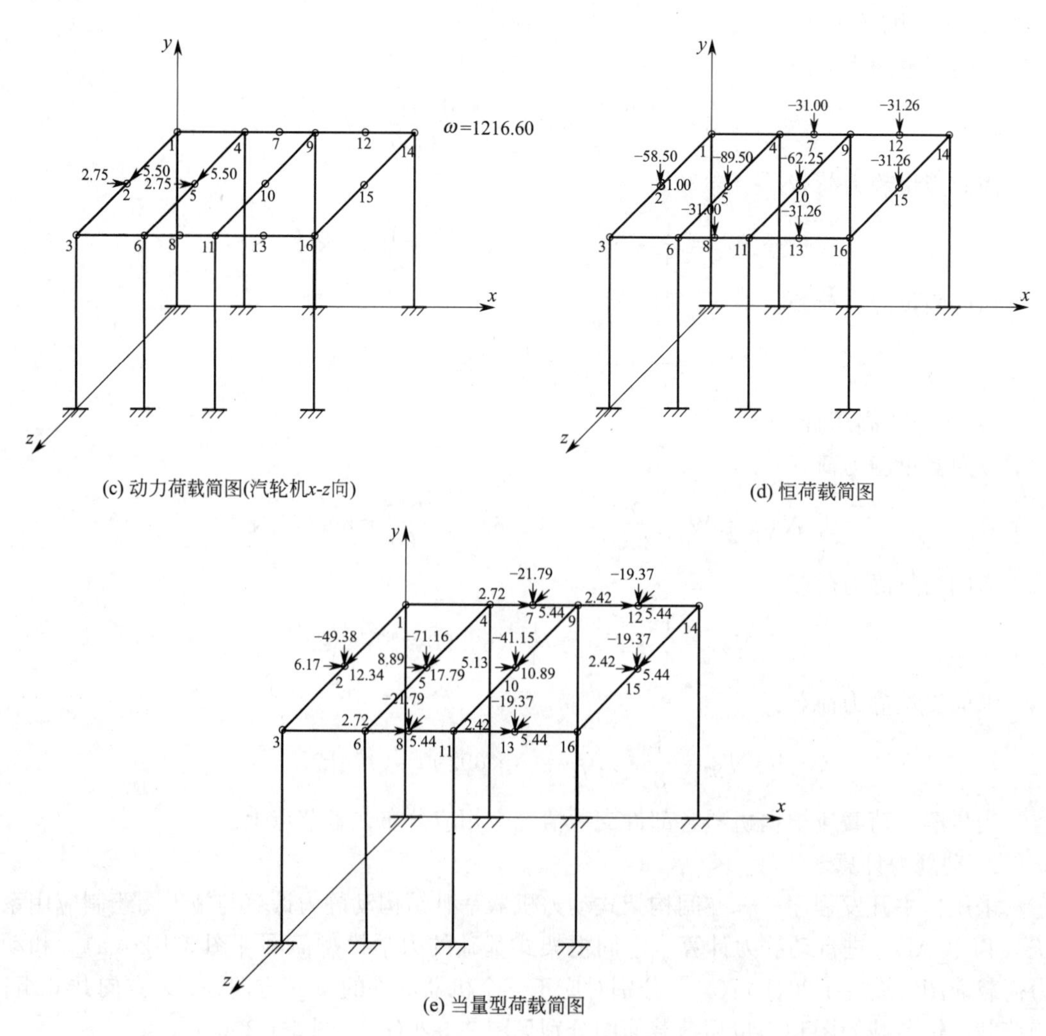

(c) 动力荷载简图(汽轮机x-z向)

(d) 恒荷载简图

(e) 当量型荷载简图

图 3-4-20　空间框架式基础的空间力学模型简图

3. 计算结果输出及分析

TLJCAD 程序的输出结果文件包括计算结果文本文件、静力计算结果、振型图和振动控制点的振动速度峰值与均方根值等，其中振动控制点的振动速度峰值、均方根值如表 3-4-16 所示。

振动控制点的振动速度峰值、均方根值　　　表 3-4-16

基础顶面振动控制点	扰力作用点编号及方向					
	竖直向扰力作用时：节点 8			水平向扰力作用时：节点 12		
	X	Y	Z	X	Y	Z
振动速度峰值 v(mm/s)	0.18138	1.69027	0.06126	0.38262	0.02202	2.03948
速度均方根值 v_{rms}(mm/s)	0.12826	1.19520	0.04332	0.27055	0.01557	1.44213

由表 3-4-16 可知，满足现行国家标准《建筑工程容许振动标准》GB 50868 规定的旋转式压缩机基础容许振动速度峰值 5.0mm/s 的要求。

第四章　往复式机器基础

第一节　一般规定

一、往复式机器的工作原理及振动荷载

往复式机器是通过曲柄—连杆—活塞使旋转运动和往复运动相互转化的动力设备，其主要运动部件是主轴及其连接的曲柄—连杆—活塞机构，根据驱动方式的不同主要可分为两类：第一类包括往复式压缩机、往复泵等，工作时由驱动机（电动机或透平机）带动主轴旋转，主轴上各气缸的曲柄带动连杆做复合运动，连杆带动十字头、活塞杆、活塞做往复运动，最终通过活塞在气缸内的往复运动达到压缩气缸内气态、液态介质的工艺目的；第二类包括蒸汽机、内燃机等，其驱动方式与第一类相反，由气缸内燃料燃烧带动活塞往复运动，经由连杆最终推动主轴旋转。

虽然上述两类往复式机器的驱动方式不同，但其扰力的产生机理却是相同的，均由曲柄（包括曲柄臂、曲柄销、平衡重等）、连杆做旋转运动产生的一谐、二谐不平衡质量惯性力（即离心力）和由连杆、十字头、活塞杆、活塞等往复运动产生的质量惯性力组成，按照作用方向分为水平扰力 F_{vx}、竖向扰力 F_{vz}。对于多气缸机器，各列气缸分扰力向主轴上气缸布置中心平移时还会形成扰力矩，按作用方向分为扭转力矩 M_{ψ} 和回转力矩 M_{θ}。

往复式机器的振动荷载包含扰力和扰力矩，计算应符合现行国家标准《建筑振动荷载标准》GB/T 51228 的有关规定，标准附录 B 中还提供了常用往复式机器的振动荷载计算公式。但由于往复式机器内部构造比较复杂，通常振动荷载由机器制造商来计算并提供。

二、往复式机器基础的特点和形式

往复式机器基础外形尺寸应按制造厂的机器图纸、辅助设备布置和配管条件等资料确定，基础形式应简单规整，平面宜对称布置，质量分布宜均匀。一般情况下可采用大块式基础；当机器操作平台位于二层楼面标高时，可采用墙式基础，墙式基础构件之间应采取措施加强整体连接，墙式基础在保持足够整体刚度的前提下，混凝土用量较块式基础大为减少。

三、基础设计所需资料

1. 往复式机器和电动机的型号、转速、功率、规格及轮廓尺寸图等；

2. 机器质量及重心位置：往复式机器、电动机及辅助设备的质量分布图；

3. 基础模板图即机器底座外轮廓图、辅助设备及管道位置和坑沟、孔洞尺寸、二次灌浆层厚度及材料要求、地脚螺栓、预埋件尺寸及位置等；

4. 机器各列曲柄—连杆—活塞机构运动所产生的一谐、二谐竖向扰力 F_{vz}、水平扰力 F_{vx}、绕 z 轴的扭转力矩 M_{ψ}、绕 x 轴的回转力矩 M_{θ} 及振动荷载作用点位置；

5. 机器基础在厂房中的位置及其邻近建筑物的基础图；

6. 建筑场地的工程地质勘察资料及地基动力特性试验资料；

7. 邻近机器基础、地沟、平台和仪表的布置；

8. 对基础振动、沉降及倾斜的特殊要求。

四、往复式机器基础的设计要求

1. 动力机器基础的设计，应根据机器的布置和动力特性、工程地质条件、生产和工艺对机器基础的技术要求等因素，合理选择基础形式及尺寸。在无法改变机器扰力频率或减小机器振动荷载的情况下，调整不同的基础形式或尺寸来改变基础的质量、自振频率、刚度等是降低基础振动的主要手段。

2. 动力机器基础宜设置在均匀的中、低压缩性地基土层上，当存在软弱下卧层、软土地基或其他不良地质条件时，应采取有效的地基处理措施或采用桩基础，以避免基础产生有害的沉降和倾斜，从而保证机器的正常运转及加工精度，延长机器寿命。

3. 为避免动力机器基础的振动直接影响或传递到其他建（构）筑物，动力机器基础底面与相邻的建（构）筑物基础底面宜放置在同一标高上且不得相连，压缩机基础与相邻的操作平台应脱开。

4. 往复式机器基础的计算包括地基承载力验算、振动验算、沉降验算、偏心验算。

（1）地基承载力验算要使基础底面处平均静压力值不大于折减后的地基承载力特征值。

（2）容许振动值应满足现行国家标准《建筑工程容许振动标准》GB 50868 第 5.1.1 条的有关要求，容许振动位移峰值和容许振动速度峰值分别为 0.2mm 和 6.3mm/s；同时，应满足保证设备正常运行和设备制造厂家要求的基础振动值。

（3）沉降和倾斜容许值根据现行国家和行业标准《建筑地基基础设计规范》GB 50007、《建筑桩基技术规范》JGJ 94 的规定确定。

（4）基础对中验算时偏心率限值为 3%。

5. 对于动力荷载较小的 L 形、W 形往复式机器和动平衡较好的对称平衡型机器，一般情况下可不做动力计算。另外，在现行国家标准《动力机器基础设计标准》GB 50040 中还提出了对基础质量和底面静压力的限制条件，一方面保证基础的稳定，另一方面控制底板面积。

第二节　振动计算

一、往复式机器基组的振动计算假定

往复式机器基础通常采用块式基础或墙式基础，在保证基础刚度的前提下，振动计算采用“质—弹—阻”理论，如图 4-2-1 所示。假定基础为一个具有质量的刚性体（即质点），不计基础本身的变形。该块体在地基（即弹簧和阻尼器）上受外界简谐扰力、扰力矩作用时，其振动有 x、y、z 三个方向的平移和绕 x 轴、y 轴、z 轴的旋转共六个自由度。

基组为机器、基础及基础底板上的回填土的总称，由于考虑了阻尼因素，因而计算结果比较符合实测值，同时还可以解决共振区的计算问题，使基础设计更趋经济合理。

二、往复式机器基组的振动坐标系

往复式机器基组的坐标系如图 4-2-2 所示。机器坐标系 $CXYZ$ 中原点 C 即为机器扰力

作用点；基组坐标系 $oxyz$ 中的原点 o 取基组总重心，坐标轴方向与机器坐标相同。C 点对 o 点一般均有一定的偏心 e_x、e_y、h_0+h_1。基组动力计算时，各公式推导均对 $oxyz$ 坐标而言，因而作用于 C 点的 F_{vz}、F_{vx} 在振动计算中均先平移至重心 o，对于水平回转耦合振动，由于采用振型分解法计算，水平扰力直接平移至各振型的转心 $o_{\phi1}$、$o_{\phi2}$、$o_{\theta1}$、$o_{\theta2}$。

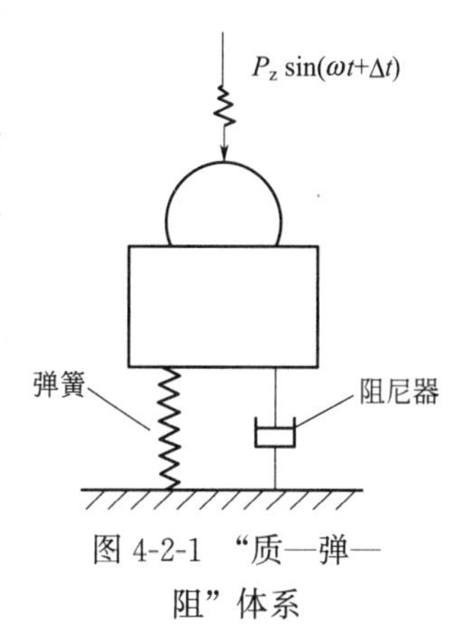

图 4-2-1 “质—弹—阻”体系

三、往复式机器基组的振动计算

1. 振动形式

往复式机器基组作为单质点刚体，其振动可分为竖向、扭转、水平和回转四种形式，当基组总重心与基础底面形心位于同一铅垂线上时，基组的竖向振动和扭转振动是独立的，而水平和回转运动则耦合在一起成为双自由度体系。

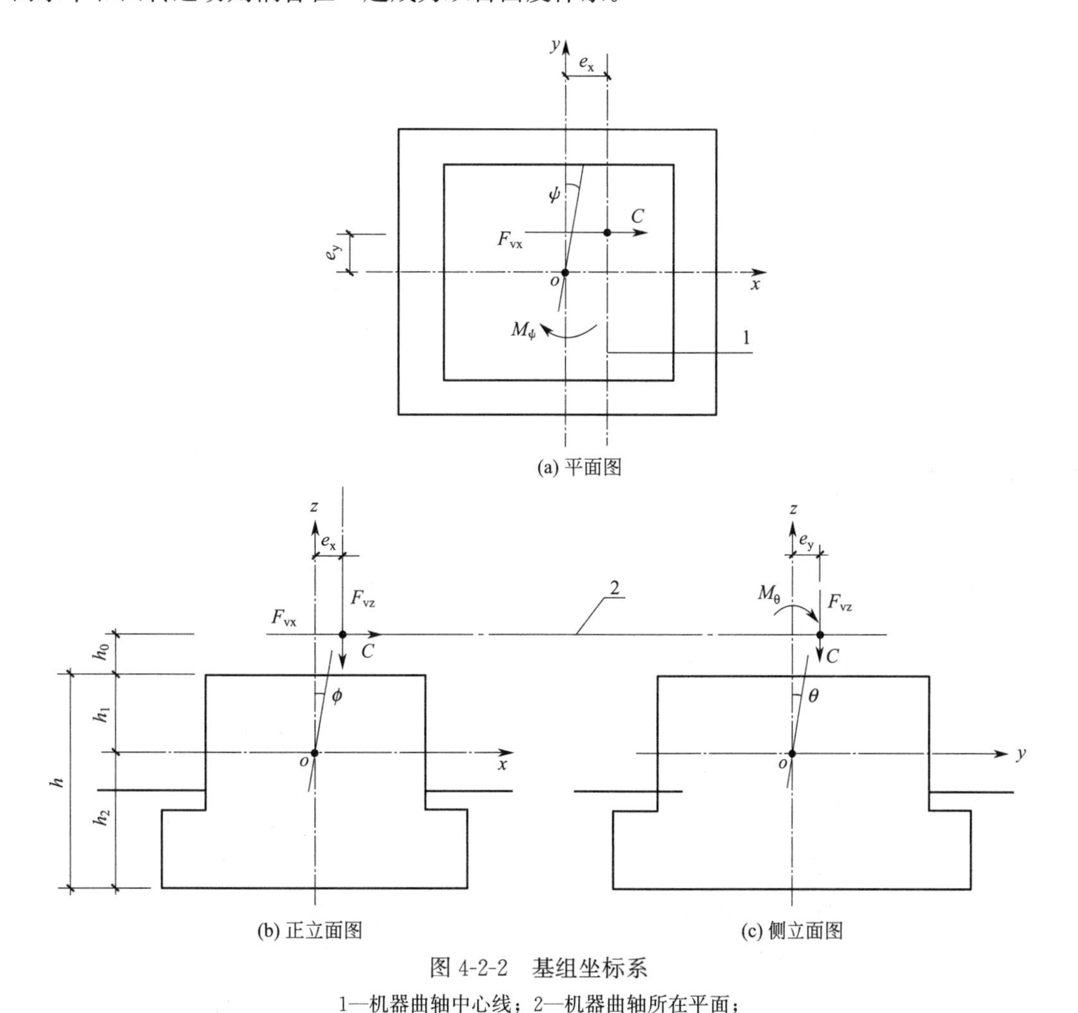

图 4-2-2　基组坐标系

1—机器曲轴中心线；2—机器曲轴所在平面；o—坐标原点、基组重心；C—振动荷载作用点

往复式机器基组的四种振动形式分别为：

（1）基组在通过其重心的竖向扰力 F_{vz} 作用下（图 4-2-2），产生沿 z 轴的竖向振动。

（2）基组在绕 z 轴的扭转力矩 M_{ψ} 和沿 y 轴向偏心的水平扰力 F_{vx} 作用下（图 4-2-3），产生绕 z 轴的扭转振动。

（3）基组在水平扰力 F_{vx} 和沿 x 轴向偏心的竖向扰力 F_{vz} 作用下（图 4-2-4），产生沿 x 轴水平、绕 y 轴回转的 x-ϕ 向耦合振动。

（4）基组在绕 x 轴的回转力矩 M_{θ} 和沿 y 轴向偏心的竖向扰力 F_{vz} 作用下（图 4-2-5），产生沿 y 轴水平、绕 x 轴回转的 y-θ 向耦合振动。

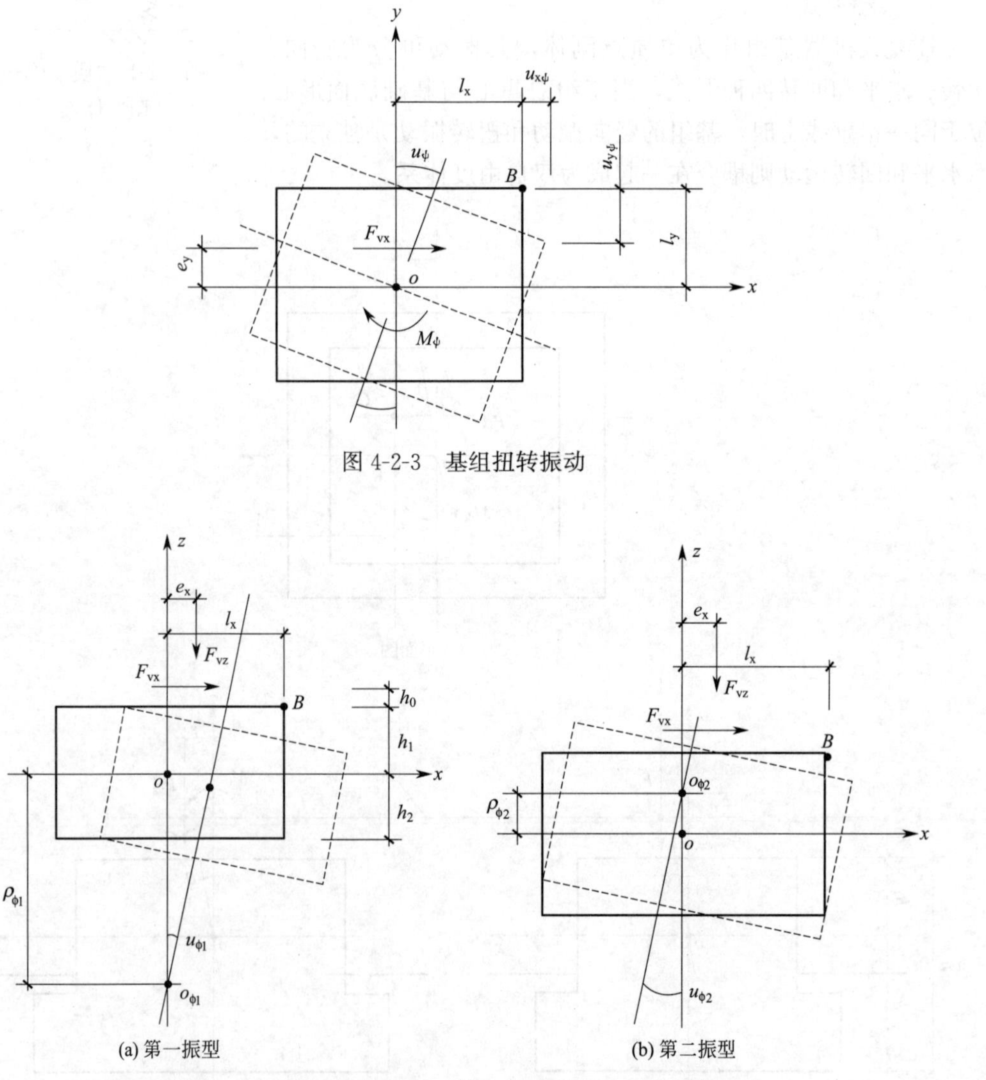

图 4-2-3 基组扭转振动

图 4-2-4 基础沿 x 轴水平、绕 y 轴回转的 x-ϕ 向耦合振动

2. 振动计算

《动力机器基础设计标准》GB 50040 第 5.2.1～5.2.4 条分别给出了上述四种基组振动形式的计算方法：

（1）竖向扰力作用在基组坐标系的重心时，基础顶面控制点沿 z 轴的竖向振动位移，

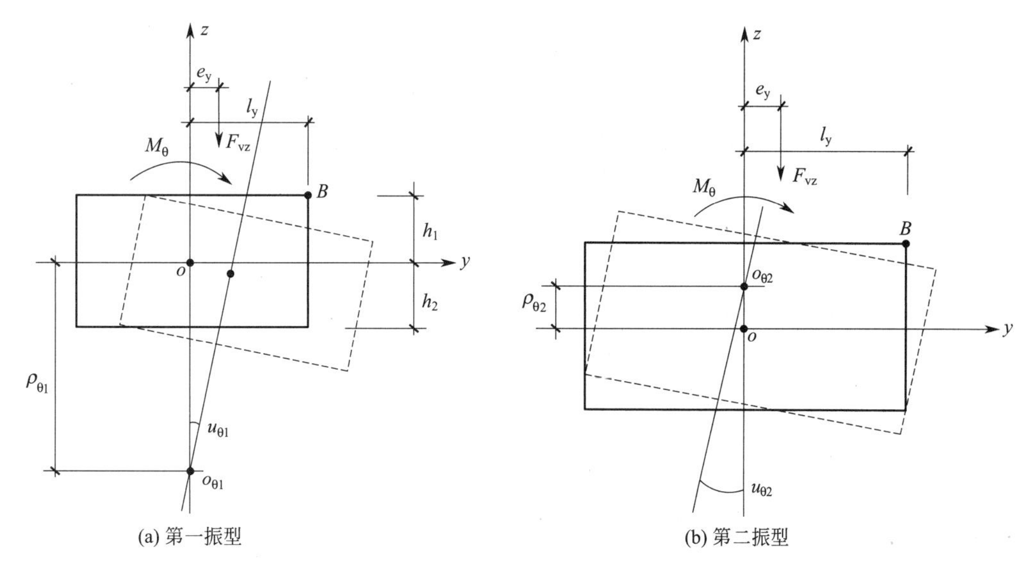

图 4-2-5　基础沿 y 轴水平、绕 x 轴回转的 y-θ 向耦合振动

可按下列公式计算：

$$u_{zz}=\frac{F_{vz}}{K_z}\cdot\frac{1}{\sqrt{\left(1-\frac{\omega^2}{\omega_{nz}^2}\right)^2+4\zeta_z^2\frac{\omega^2}{\omega_{nz}^2}}} \tag{4-2-1}$$

$$\omega_{nz}=\sqrt{\frac{K_z}{m}} \tag{4-2-2}$$

$$m=m_f+m_m+m_s \tag{4-2-3}$$

式中　u_{zz}——基础顶面控制点由于竖向振动产生的沿 z 轴的竖向振动位移（m）；

F_{vz}——机器的竖向扰力（kN）；

K_z——天然地基的抗压刚度（kN/m），当为桩基时应采用 K_{pz}；

ω——机器的扰力圆频率（rad/s）；

ω_{nz}——基组的竖向振动固有圆频率（rad/s）；

ζ_z——天然地基的竖向阻尼比，当为桩基时应采用 ζ_{pz}；

m——天然地基上基组的质量（t），当为桩基时应采用 m_{pz}；

m_f——基础的质量（t）；

m_m——基础上机器及附属设备的质量（t）；

m_s——基础底板上回填土的质量（t）。

（2）基组在绕 z 轴的扭转力矩 M_ψ 和沿 y 轴向偏心的水平扰力 F_{vx} 作用下（图 4-2-2），基础顶面控制点 B 处沿 x、y 轴的水平向扭转振动位移，可按下列公式计算：

$$u_{x\psi}=u_\psi\cdot l_y \tag{4-2-4}$$

$$u_{y\psi}=u_\psi\cdot l_x \tag{4-2-5}$$

$$u_\psi=\frac{M_\psi+F_{vx}e_y}{K_\psi\sqrt{\left(1-\frac{\omega^2}{\omega_{n\psi}^2}\right)^2+4\zeta_\psi^2\frac{\omega^2}{\omega_{n\psi}^2}}} \tag{4-2-6}$$

$$\omega_{\mathrm{n}\psi}=\sqrt{\frac{K_{\psi}}{J_{\psi}}} \tag{4-2-7}$$

式中 $u_{\mathrm{x}\psi}$——基础顶面控制点由于扭转振动产生的沿 x 轴的水平振动位移（m）；

$u_{\mathrm{y}\psi}$——基础顶面控制点由于扭转振动产生的沿 y 轴的水平振动位移（m）；

u_{ψ}——基组绕 z 轴的扭转振动角位移（rad）；

l_{x}、l_{y}——基础顶面控制点至 z 轴的距离分别在 x、y 轴的投影长度（m）；

M_{ψ}——机器的扭转扰力矩（kN·m）；

F_{vx}——机器沿 x 轴的水平扰力（kN）；

e_{y}——机器水平扰力 F_{vx} 沿 y 轴向的偏心距（m）；

K_{ψ}——天然地基的抗扭刚度（kN·m），当为桩基时应采用 $K_{\mathrm{p}\psi}$；

$\omega_{\mathrm{n}\psi}$——基组的扭转振动固有圆频率（rad/s）；

ζ_{ψ}——天然地基的扭转振动阻尼比，当为桩基时应采用 $\zeta_{\mathrm{p}\psi}$；

J_{ψ}——基组（天然地基）对扭转轴 z 轴的转动惯量（t·m^2），当为桩基时应取 $J_{\mathrm{p}\psi}$。

（3）基组在水平扰力 F_{vx} 和沿 x 轴向偏心的竖向扰力 F_{vz} 作用下（图 4.2.3），基础顶面控制点沿 z 轴竖向和沿 x 轴水平向的振动位移，可按下列公式计算：

$$u_{\mathrm{z}\phi}=(u_{\phi1}+u_{\phi2})\cdot l_{\mathrm{x}} \tag{4-2-8}$$

$$u_{\mathrm{x}\phi}=u_{\phi1}\cdot(\rho_{\phi1}+h_1)+u_{\phi2}\cdot(h_1-\rho_{\phi2}) \tag{4-2-9}$$

$$u_{\phi1}=\frac{M_{\phi1}}{(J_{\phi}+m\rho_{\phi1}^2)\cdot\omega_{\mathrm{n}\phi1}^2}\cdot\frac{1}{\sqrt{\left(1-\frac{\omega^2}{\omega_{\mathrm{n}\phi1}^2}\right)^2+4\zeta_{\mathrm{h}1}^2\frac{\omega^2}{\omega_{\mathrm{n}\phi1}^2}}} \tag{4-2-10}$$

$$u_{\phi2}=\frac{M_{\phi2}}{(J_{\phi}+m\rho_{\phi2}^2)\cdot\omega_{\mathrm{n}\phi2}^2}\cdot\frac{1}{\sqrt{\left(1-\frac{\omega^2}{\omega_{\mathrm{n}\phi2}^2}\right)^2+4\zeta_{\mathrm{h}2}^2\frac{\omega^2}{\omega_{\mathrm{n}\phi2}^2}}} \tag{4-2-11}$$

$$\omega_{\mathrm{n}\phi1}^2=\frac{1}{2}\left[(\omega_{\mathrm{nx}}^2+\omega_{\mathrm{n}\phi}^2)-\sqrt{(\omega_{\mathrm{nx}}^2-\omega_{\mathrm{n}\phi}^2)^2+\frac{4mh_2^2}{J_{\phi}}\omega_{\mathrm{nx}}^4}\right] \tag{4-2-12}$$

$$\omega_{\mathrm{n}\phi1}^2=\frac{1}{2}\left[(\omega_{\mathrm{nx}}^2+\omega_{\mathrm{n}\phi}^2)+\sqrt{(\omega_{\mathrm{nx}}^2-\omega_{\mathrm{n}\phi}^2)^2+\frac{4mh_2^2}{J_{\phi}}\omega_{\mathrm{nx}}^4}\right] \tag{4-2-13}$$

$$\omega_{\mathrm{nx}}^2=\frac{K_{\mathrm{x}}}{m} \tag{4-2-14}$$

$$\omega_{\mathrm{n}\phi}^2=\frac{K_{\phi}+K_{\mathrm{x}}h_2^2}{J_{\phi}} \tag{4-2-15}$$

$$M_{\phi1}=F_{\mathrm{vx}}\cdot(h_1+h_0+\rho_{\phi1})+F_{\mathrm{vz}}e_{\mathrm{x}} \tag{4-2-16}$$

$$M_{\phi2}=F_{\mathrm{vx}}\cdot(h_1+h_0-\rho_{\phi2})+F_{\mathrm{vz}}e_{\mathrm{x}} \tag{4-2-17}$$

$$\rho_{\phi1}=\frac{\omega_{\mathrm{nx}}^2h_2}{\omega_{\mathrm{nx}}^2-\omega_{\mathrm{n}\phi1}^2} \tag{4-2-18}$$

$$\rho_{\phi2}=\frac{\omega_{\mathrm{nx}}^2h_2}{\omega_{\mathrm{n}\phi2}^2-\omega_{\mathrm{nx}}^2} \tag{4-2-19}$$

式中　$u_{z\phi}$、$u_{x\phi}$——基础顶面控制点由于 x-ϕ 向耦合振动产生的沿 z 轴竖向、沿 x 轴水平向的振动位移（m）；

$u_{\phi1}$、$u_{\phi2}$——基组绕 y 轴耦合振动第一、第二振型的回转角位移（rad）；

$\rho_{\phi1}$、$\rho_{\phi2}$——基组绕 y 轴耦合振动第一、第二振型转动中心至基组重心的距离（m）；

$\omega_{n\phi1}$、$\omega_{n\phi2}$——基组绕 y 轴耦合振动第一、第二振型的固有圆频率（rad/s）；

ω_{nx}、$\omega_{n\phi}$——基组沿 x 轴水平、绕 y 轴回转振动的固有圆频率（rad/s）；

h_0——水平扰力 F_{vx} 作用线至基础顶面的距离（m）；

h_1——基组重心至基础顶面的距离（m）；

h_2——基组重心至基础底面的距离（m）；

e_x——机器竖向扰力 F_{vz} 沿 x 轴向的偏心距（m）；

J_ϕ——基组（天然地基）对基组坐标系 y 轴的转动惯量（$t \cdot m^2$），当为桩基时应采用 $J_{p\phi}$；

$M_{\phi1}$、$M_{\phi2}$——基组 x-ϕ 向耦合振动中机器扰力绕通过第一、第二振型转动中心 $o_{\phi1}$、$o_{\phi2}$ 并垂直于回转面 zox 轴的总扰力矩（kN・m）；

K_x——天然地基沿 x 轴的抗剪刚度（kN/m），当为桩基时应采用 K_{px}；

K_ϕ——天然地基绕 y 轴的抗弯刚度（kN・m），当为桩基时应采用 $K_{p\phi}$；

ζ_{h1}、ζ_{h2}——天然地基 x-ϕ 向耦合振动第一、第二振型阻尼比，当为桩基时应采用 ζ_{ph1}、ζ_{ph2}；当采用桩基时，式(4-2-10)～式(4-2-14)中的 m 应取 m_{px}。

（4）基组在绕 x 轴的回转力矩 M_θ 和沿 y 轴向偏心的竖向扰力 F_{vz} 作用下（图 4-2-4），基础顶面控制点沿 z 轴竖向和沿 y 轴水平向的振动位移，可按下列公式计算：

$$u_{z\theta}=(u_{\theta1}+u_{\theta2})\cdot l_y \tag{4-2-20}$$

$$u_{y\theta}=u_{\theta1}\cdot(\rho_{\theta1}+h_1)+u_{\theta2}\cdot(h_1-\rho_{\theta2}) \tag{4-2-21}$$

$$u_{\theta1}=\frac{M_{\theta1}}{(J_\theta+m\rho_{\theta1}^2)\cdot\omega_{n\theta1}^2}\cdot\frac{1}{\sqrt{\left(1-\dfrac{\omega^2}{\omega_{n\theta1}^2}\right)^2+4\zeta_{h1}^2\dfrac{\omega^2}{\omega_{n\theta1}^2}}} \tag{4-2-22}$$

$$u_{\theta2}=\frac{M_{\theta2}}{(J_\theta+m\rho_{\theta2}^2)\cdot\omega_{n\theta2}^2}\cdot\frac{1}{\sqrt{\left(1-\dfrac{\omega^2}{\omega_{n\theta2}^2}\right)^2+4\zeta_{h2}^2\dfrac{\omega^2}{\omega_{n\theta2}^2}}} \tag{4-2-23}$$

$$\omega_{n\theta1}^2=\frac{1}{2}\left[(\omega_{ny}^2+\omega_{n\theta}^2)-\sqrt{(\omega_{ny}^2-\omega_{n\theta}^2)^2+\frac{4mh_2^2}{J_\theta}\omega_{ny}^4}\right] \tag{4-2-24}$$

$$\omega_{n\theta2}^2=\frac{1}{2}\left[(\omega_{ny}^2+\omega_{n\theta}^2)+\sqrt{(\omega_{ny}^2-\omega_{n\theta}^2)^2+\frac{4mh_2^2}{J_\theta}\omega_{ny}^4}\right] \tag{4-2-25}$$

$$\omega_{ny}^2=\frac{K_y}{m} \tag{4-2-26}$$

$$\omega_{n\theta}^2=\frac{K_\theta+K_yh_2^2}{J_\theta} \tag{4-2-27}$$

$$M_{\theta1}=M_\theta+F_{vz}e_y \tag{4-2-28}$$

$$M_{\theta 2}=M_{\theta 1} \tag{4-2-29}$$

$$\rho_{\theta 1}=\frac{\omega_{ny}^{2}h_{2}}{\omega_{ny}^{2}-\omega_{n\theta 1}^{2}} \tag{4-2-30}$$

$$\rho_{\theta 2}=\frac{\omega_{ny}^{2}h_{2}}{\omega_{n\theta 2}^{2}-\omega_{ny}^{2}} \tag{4-2-31}$$

式中 $u_{z\theta}$、$u_{y\theta}$——基础顶面控制点由于 y-θ 向耦合振动产生的沿 z 轴竖向、沿 y 轴水平向的振动位移（m）；

$u_{\theta 1}$、$u_{\theta 2}$——基组 y-θ 向耦合振动第一、第二振型的回转角位移（rad）；

$\rho_{\theta 1}$、$\rho_{\theta 2}$——基组 y-θ 向耦合振动第一、第二振型转动中心至基组重心的距离（m）；

$\omega_{n\theta 1}$、$\omega_{n\theta 2}$——基组 y-θ 向耦合振动第一、第二振型的固有圆频率（rad/s）；

ω_{ny}、$\omega_{n\theta}$——基组沿 y 轴水平、绕 x 轴回转振动的固有圆频率（rad/s）；

e_{y}——机器竖向扰力 F_{vz} 沿 y 轴向的偏心距（m）；

J_{θ}——基组（天然地基）对基组坐标系 x 轴的转动惯量（t·m²），当为桩基时应采用 $J_{p\theta}$；

$M_{\theta 1}$、$M_{\theta 2}$——基组 y-θ 向耦合振动中机器扰力（矩）绕通过第一、第二振型转动中心 $o_{\theta 1}$、$o_{\theta 2}$ 并垂直于回转面 zoy 轴的总扰力矩（kN·m）；

M_{θ}——绕 x 轴的机器扰力矩（kN·m）；

K_{y}——天然地基沿 y 轴的抗剪刚度（kN/m），当为桩基时应采用 K_{py}；

K_{θ}——天然地基绕 x 轴的抗弯刚度（kN·m），当为桩基时应采用 $K_{p\theta}$；

ζ_{h1}、ζ_{h2}——天然地基 y-θ 向耦合振动第一、第二振型阻尼比，当为桩基时应采用 ζ_{ph1}、ζ_{ph2}；当采用桩基时，式(4-2-22)～式(4-2-26) 中的 m 应取 m_{py}。

基组存在着两个方向的水平回转耦合振动，分别是沿 x 轴水平、绕 y 轴回转的 x-ϕ 向耦合振动和沿 y 轴水平、绕 x 轴回转的 y-θ 向耦合振动。这两个方向的水平回转耦合振动计算公式在形式上完全相同，但是所有的参数，包括地基参数、基组转动惯量、基组固有圆频率、转动中心至基组重心的距离等均需要根据基组两个方向尺寸分别计算。

这两个水平回转耦合振动的第一振型分别为绕转心 $o_{\phi 1}$ 或 $o_{\theta 1}$ 回转，第二振型分别为绕转心 $o_{\phi 2}$ 或 $o_{\theta 2}$ 回转，通过建立运动微分方程分别求得基组水平回转耦合振动第一、第二振型的固有圆频率 $\omega_{n\phi 1}$、$\omega_{n\phi 2}$ 或 $\omega_{n\theta 1}$、$\omega_{n\theta 2}$ 和基础顶面控制点的竖向、水平振动位移幅值。

3. 振动叠加

(1) 基组的上述四种振动形式都可能产生不止一个方向的线位移和振动速度，在同一组、同一谐的扰力（矩）作用下，四种振动形式沿 x、y、z 轴分别产生的振动可沿轴线直接叠加；对于不同组、不同谐的扰力（矩）作用下，基础顶面控制点沿各轴向的振动位移和振动速度，可按下列公式计算：

$$u=\sqrt{\left(\sum_{j=1}^{n}u'_{j}\right)^{2}+\left(\sum_{k=1}^{m}u''_{k}\right)^{2}} \tag{4-2-32}$$

$$v=\sqrt{\left(\sum_{j=1}^{n}\omega'u'_j\right)^2+\left(\sum_{k=1}^{m}\omega''u''_k\right)^2} \tag{4-2-33}$$

$$\omega'=0.105n \tag{4-2-34}$$

$$\omega''=0.210n \tag{4-2-35}$$

式中　u——基础顶面控制点的振动位移（m）；

v——基础顶面控制点的振动速度（m/s）；

u'_j——在机器第 j 个一谐扰力或扰力矩作用下，基础顶面控制点的振动位移（m）；

u''_k——在机器第 k 个二谐扰力或扰力矩作用下，基础顶面控制点的振动位移（m）；

ω'——机器的一谐扰力和扰力矩的圆频率（rad/s）；

ω''——机器的二谐扰力和扰力矩的圆频率（rad/s）；

n——机器工作转速（r/min）。

计算时，基组顶面控制点的总位移峰值 u 取一、二谐扰力（矩）作用下总线位移的平方和的平方根，此叠加公式比各线位移分量绝对值之和更接近实际。这是由于各谐扰力、各类扰力均存在相位差，计算所得的位移也相应存在相位差；此外，由于地基阻尼比不易准确计算，因而各分量矢量计算较为困难。因此，《动力机器基础设计标准》GB 50040 采用的叠加公式相对简单且比较符合实际。

（2）天然地基上基组的振动质量 m 可不考虑基底土的参振部分，而参振土对振动的影响则是通过将计算得到的振动位移乘以某一折减系数来实现。往复式机器天然地基基组算出的竖向振动位移值应乘以折减系数 0.7，水平向振动位移值应乘以折减系数 0.85；对于桩基础，其振动质量 m_p 应包括桩和桩间土的参振质量。

4. 不同转速机器的对策

在基组动力计算时，正确确定地基方案，选择地基参数，确定基础尺寸和埋深是十分重要的，有时可能要进行反复试算，使基组振动的固有圆频率尽量远离扰力频率，使计算位移幅值尽量减小。

根据理论计算和实测结果对比，结合既有工程经验，往复式机器块式及墙式基础的自振频率范围约为 500～1500r/min，按照控制基组固有频率尽量远离扰力频率的原则，可采取如下对策：

（1）当机器扰力频率很低，低于 500r/min 时，基础均在共振前工作，此时无需强调调频问题。当然加固地基，提高地基抗压刚度系数对减小振幅是有利的。

（2）当机器扰力频率在 500～1000r/min 时，应提高基础的自振频率，除了采用桩基等提高地基刚度系数的措施外，还可以采用加大基础底板、减小基础质量等诸多措施，如减小基础埋深以及采用空箱基础、多阶台阶基础、联合基础等。

（3）当机器扰力频率高于 1000r/min 时，要根据动力计算结果分析基础自振频率的调整方向，当基组自振频率低于扰力频率时，应下调自振频率以远离共振。

应当注意的是，由于地基参数取值的粗糙性以及振动计算理论与实际的差异，调整基础自振频率的工作可将地基刚度系数取值在某一范围内反复试算。

第三节　构造要求

一、基础刚度要求

往复式机器的块式基础或墙式基础必须要有足够的刚度，以满足基础振动分析模型中的单质点刚体假定。

由底板、纵横墙和顶板组成的墙式基础，各部分尺寸除满足设备安装要求外，主要以保证基础整体刚度为原则，各构件之间的连接尤为重要。基础顶板厚度一般是指局部悬臂板厚度，可按固有频率计算防止共振来确定。控制最小厚度和最大悬臂长度以保证动荷载下的强度要求。

国外标准通常要求：大块式基础的宽度不宜低于机器中心线至块体基础底面高度的1.5倍，厚度不宜低于短边宽度的1/5、长边长度的1/10、0.6m三者中的较大值，或是取厚度不低于长边长度的1/30＋0.6m。

二、基础配筋要求

往复式机器的块式基础或墙式基础多为大体积混凝土，应适当配置表面钢筋，防止施工时混凝土水化热形成内外温差，导致温度裂缝。表面钢筋要求细而密，当构件较厚时，应在板内沿厚度方向加设钢筋网片。底板悬臂部分有局部变形，配筋应按强度计算确定，顶板采用梁板结构时，也要考虑强度问题。

第四节　工程实例

某往复式空气压缩机采用块体基础。

1. 设计资料

往复式空气压缩机型号：L5.5-40/8；

机器质量：空压机4.0t，电机3.9t；

机器转速：n＝590r/min；

振动荷载：各种往复式机型的某项扰力、扰力矩可能为零。作为设计实例，为真实反映计算过程及结果，将振动荷载数值作了简化处理。

一谐：一谐竖向扰力：$F_{vz1}=1kN$

一谐水平扰力：$F_{vx1}=2kN$

一谐回转扰力矩：$M_{\theta1}=3kN\cdot m$

一谐扭转扰力矩：$M_{\psi1}=4kN\cdot m$

二谐：二谐竖向扰力：$F_{vz2}=5kN$

二谐水平扰力：$F_{vx2}=6kN$

二谐回转扰力矩：$M_{\theta2}=7kN\cdot m$

二谐扭转扰力矩：$M_{\psi2}=8kN\cdot m$

空压机重心坐标：$x_1=2.08m$，$y_1=1.21m$，$z_1=1.95m$

电机重心坐标：$x_2=2.15m$，$y_2=2.82m$，$z_2=1.95m$

扰力作用点C坐标：$x_3=2.08m$，$y_3=1.21m$，$z_3=1.95m$

振动控制点取空压机支承短柱顶面角点B，见图4-4-1。

振动控制点坐标：$x_4=2.73\text{m}$，$y_4=0.38\text{m}$，$z_4=1.50\text{m}$

地基为天然地基，黏性土，地基承载力特征值为 100kPa，未修正的天然地基抗压刚度系数 $C_{z0}=20000\text{kN/m}^3$。

考虑埋深及刚性地坪影响，刚性地坪修正系数 α_1 取 1.2。

基础为大块式，基础埋深 $h_t=1.2\text{m}$。钢筋混凝土密度取 2.5t/m^3，土壤密度取 1.8t/m^3。

2. 基础布置

基组计算坐标系如图 4-4-1 所示，采用右手定则直角坐标系，坐标原点 O 设在基础底板底面左下角点，Y 轴沿机器主轴方向，Z 轴垂直于基础底面。

根据设备资料，初定基础尺寸如图 4-4-1 所示。

3. 基组几何物理量计算（表 4-4-1）

基组几何物理量计算　　　　表 4-4-1

部件	编号	质量(t)	边长(m)			重心坐标(m)			备注
			x	y	z	x	y	z	
底板	1	14.588	3.755	2.220	0.700	1.878	1.110	0.350	
	2	7.970	2.300	1.980	0.700	2.150	3.210	0.350	
	形心					1.974	1.852		
柱头	3	3.354	1.300	1.290	0.800	2.080	1.025	1.100	
	4	2.790	1.500	1.200	0.620	2.150	2.820	1.010	
土体	5	7.502	3.755	2.220	0.500	1.878	1.110	0.950	
	6	4.099	2.300	1.980	0.500	2.150	3.210	0.950	
	7	−1.509	1.300	1.290	0.500	2.080	1.025	0.950	应扣除
	8	−1.620	1.500	1.200	0.500	2.150	2.820	0.950	应扣除
机器	9	4.000				2.080	1.210	1.950	
	10	3.900				2.150	2.820	1.950	
总		45.073				2.007	1.870	0.840	

底板形心：$x_d=1.974\text{m}$，$y_d=1.852\text{m}$

底板面积：$A=12.89\text{m}^2$

底板惯性矩：$I_x=\Sigma L_x L_{y3}/12=17.8993\text{m}^4$

$I_y=\Sigma L_y L_{x3}/12=12.0212\text{m}^4$

$I_z=I_x+I_y=29.9205\text{m}^4$

4. 基组对中验算

x 向：$e_{xd}=2.007-1.974=0.033\text{m}$

$e_{xd}/L_x=0.033/3.755=0.9\%<3\%$，满足要求。

y 向：$e_{yd}=1.870-1.852=0.018\text{m}$

$e_{yd}/L_y=0.018/4.200=0.4\%<3\%$，满足要求。

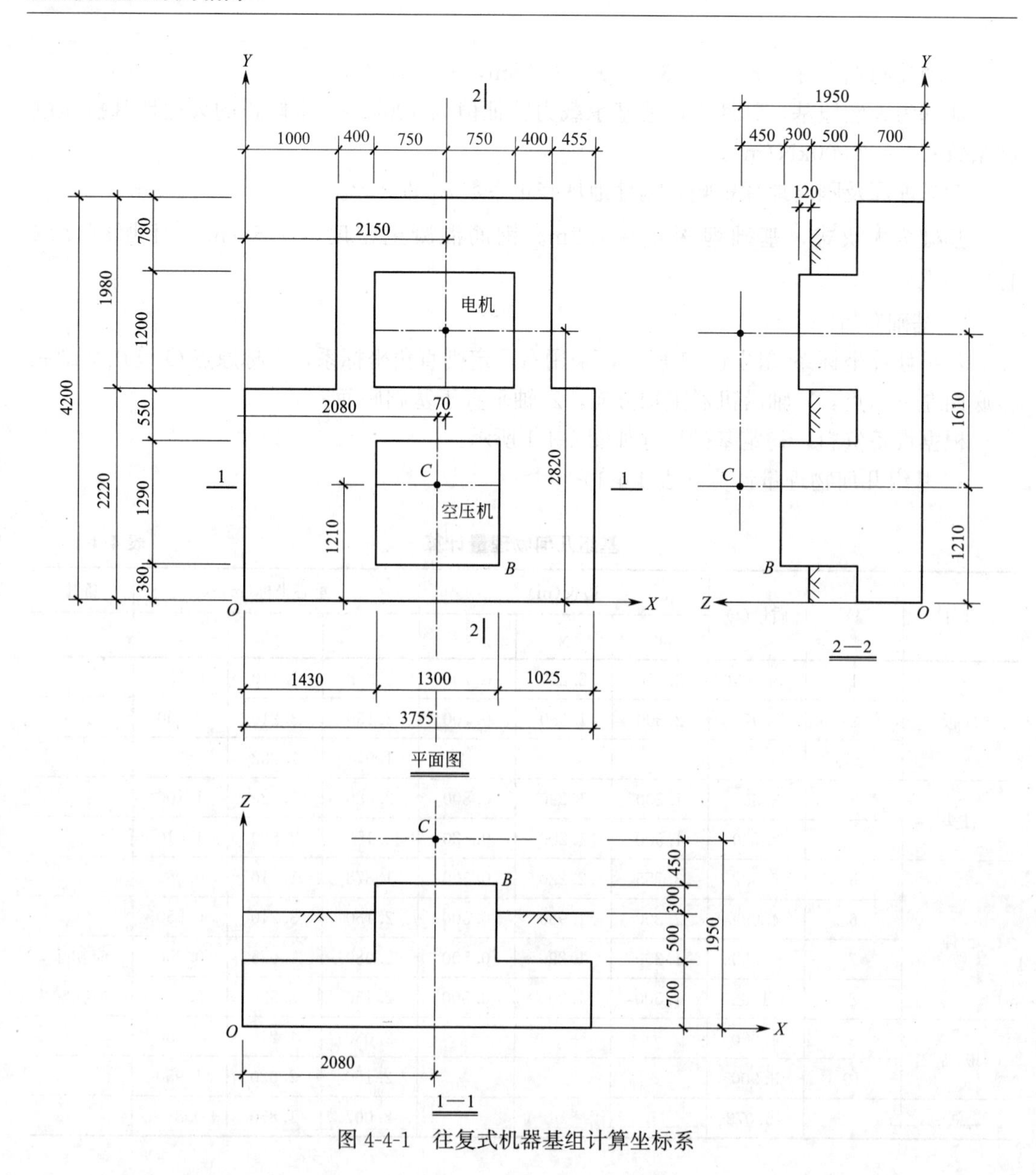

图 4-4-1　往复式机器基组计算坐标系

5. 地基承载力验算

$p=45.073\times10\div12.89=35\text{kPa}<100\text{kPa}$，满足要求。

6. 地基动力参数

底面积修正数：$\beta_r=\sqrt[3]{20/A}=\sqrt[3]{20/12.89}=1.158$

经底面积修正后，天然地基刚度系数为：

$C_z=\beta_r C_{z0}=1.158\times20000=23160\text{kN/m}^3$

$C_x=C_y=0.70C_z=0.70\times23160=16212\text{kN/m}^3$

$C_\theta=C_\phi=2.15C_z=2.15\times23160=49794\text{kN/m}^3$

$C_\psi=1.05C_z=1.05\times23160=24318\text{kN/m}^3$

基础埋深比：$\delta_d=h_t/\sqrt{A}=1.2/\sqrt{12.89}=0.334<0.6$

基础埋深对地基刚度的提高系数：

$$\alpha_z=(1+0.4\delta_d)^2=1.285$$

$$\alpha=(1+1.2\delta_d)^2=1.962$$

经底面积、基础埋深、刚性地坪修正后的天然地基刚度系数为：

$$C_z'=\alpha_z C_z=1.285\times23160=29761\text{kN/m}^3$$

$$C_x'=C_y'=\alpha\alpha_1 C_x=1.962\times1.2\times16212=38170\text{kN/m}^3$$

$$C_\theta'=C_\phi'=\alpha\alpha_1 C_\theta=1.962\times1.2\times49794=117235\text{kN/m}^3$$

$$C_\psi'=\alpha\alpha_1 C_\psi=1.962\times1.2\times24318=57254\text{kN/m}^3$$

经底面积、基础埋深、刚性地坪修正后的天然地基刚度为：

$$K_z=C_z'A=29761\times12.89=383619\text{kN/m}$$

$$K_x=K_y=C_x'A=38170\times12.89=492011\text{kN/m}$$

$$K_\theta=C_\theta' I_x=117235\times17.8993=2098424\text{kN/m}$$

$$K_\phi=C_\phi' I_y=117235\times12.0212=1409305\text{kN}\cdot\text{m}$$

$$K_\psi=C_\psi' I_z=57254\times29.9205=1713068\text{kN}\cdot\text{m}$$

基组质量比：

$$\overline{m}=m/(\rho A\sqrt{A})=45.073/(1.8\times12.89\times\sqrt{12.89})=0.541$$

基础埋深对阻尼比的提高系数：

$$\beta_z=1+\delta_d=1+0.334=1.334$$

$$\beta=1+2\delta_d=1+2\times0.334=1.668$$

对于黏性土，经基础埋深修正后的天然地基阻尼比为：

$$\zeta_z=\beta_z\times\frac{0.16}{\sqrt{\overline{m}}}=1.334\times\frac{0.16}{\sqrt{0.541}}=0.290$$

$$\zeta_{h1}=\zeta_{h2}=\zeta_\psi=\beta\times0.5\times\frac{0.16}{\sqrt{\overline{m}}}=1.668\times0.5\times\frac{0.16}{\sqrt{0.541}}=0.181$$

7. 机器扰力频率

$$\omega_1=\frac{2\pi}{60}\times n=2\times\frac{3.14}{60}\times590=61.75\text{rad/s}$$

$$\omega_2=2\omega_1=123.50\text{rad/s}$$

8. 通过基组重心的竖向扰力 F_{vz} 作用下产生沿 z 轴的竖向振动计算：

$$m=m_f+m_m+m_s=45.073\text{t}$$

$$\omega_{nz}=\sqrt{\frac{K_z}{m}}=\sqrt{\frac{383619}{45.073}}=92.26\text{rad/s}$$

$$u_{zz}=\frac{F_{vz}}{K_z}\cdot\frac{1}{\sqrt{\left(1-\frac{\omega^2}{\omega_{nz}^2}\right)^2+4\zeta_z^2\frac{\omega^2}{\omega_{nz}^2}}}$$

分别在一、二谐竖向扰力 F_{vz1}、F_{vz2} 作用下：

$$u_{zz1}=\frac{1}{383619}\cdot\frac{1\times10^6}{\sqrt{\left(1-\frac{61.75^2}{92.26^2}\right)^2+4\times0.290^2\times\frac{61.75^5}{92.26^2}}}=3.86\mu\text{m}$$

$$u_{zz2}=\frac{5}{383619}\cdot\frac{1\times10^6}{\sqrt{\left(1-\frac{123.50^2}{92.26^2}\right)^2+4\times0.290^2\times\frac{123.50^2}{92.26^2}}}=11.75\mu m$$

9. 在绕 z 轴的扭转力矩 M_ψ 和沿 y 轴向偏心的水平扰力 F_{vx} 作用下产生的绕 z 轴的扭转振动计算：

基组对扭转轴 z 轴的转动惯量：

$$J_\psi=\sum J_{\psi i}+\sum m_i r_{zi}^2=88.0\mathrm{t}\cdot\mathrm{m}^2$$

$$\omega_{n\psi}=\sqrt{\frac{K_\psi}{J_\psi}}=\sqrt{\frac{1713068}{88.0}}=139.52\mathrm{rad/s}$$

$$u_\psi=\frac{M_\psi+F_{vx}e_y}{K_\psi\sqrt{\left(1-\frac{\omega^2}{\omega_{n\psi}^2}\right)^2+4\zeta_\psi^2\frac{\omega^2}{\omega_{n\psi}^2}}}$$

$$u_{x\psi}=u_\psi\cdot l_y$$

$$u_{y\psi}=u_\psi\cdot l_x$$

分别在一、二谐绕 z 轴的扭转力矩 $M_{\psi1}$、$M_{\psi2}$ 和沿 y 轴向偏心的水平扰力 F_{vx1}、F_{vx2} 作用下：

$$e_y=|1.210-1.870|=0.660\mathrm{m}$$

$$l_y=|0.380-1.870|=1.49\mathrm{m}$$

$$l_x=|2.730-2.007|=0.72\mathrm{m}$$

$$u_{x\psi1}=\frac{(4+2\times0.660)\times1.49\times10^6}{1713068\times\sqrt{\left(1-\frac{61.75^2}{139.52^2}\right)^2+4\times0.181^2\times\frac{61.75^2}{139.52^2}}}=5.64\mu m$$

$$u_{y\psi1}=\frac{(4+2\times0.660)\times0.72\times10^6}{1713068\times\sqrt{\left(1-\frac{61.75^2}{139.52^2}\right)^2+4\times0.181^2\times\frac{61.75^2}{139.52^2}}}=2.73\mu m$$

$$u_{x\psi2}=\frac{(8+6\times0.660)\times1.49\times10^6}{1713068\times\sqrt{\left(1-\frac{123.50^2}{139.52^2}\right)^2+4\times0.181^2\times\frac{123.50^2}{139.52^2}}}=26.90\mu m$$

$$u_{y\psi2}=\frac{(8+6\times0.660)\times0.72\times10^6}{1713068\times\sqrt{\left(1-\frac{123.50^2}{139.52^2}\right)^2+4\times0.181^2\times\frac{123.50^2}{139.52^2}}}=13.00\mu m$$

10. 在水平扰力 F_{vx} 和沿 x 轴向偏心的竖向扰力 F_{vz} 作用下产生的沿 x 轴水平、绕 y 轴回转的 x-ϕ 向耦合振动计算：

$$\omega_{nx}=\sqrt{\frac{K_x}{m}}=\sqrt{\frac{492011}{45.073}}=104.48\mathrm{rad/s}$$

基组对 y 轴的转动惯量：

$$J_\phi=\sum J_{\phi i}+\sum m_i r_{yi}^2=49.4\mathrm{t}\cdot\mathrm{m}^2$$

（其余参数应根据《动力机器基础设计标准》GB 50040 第 5.2.3 条相关公式计算，过程略）

$$u_{z\phi1}=3.13\mu m$$

$$u_{x\phi1}=14.03\mu m$$

$$u_{z\phi2}=7.08\mu m$$

$$u_{x\phi2}=25.24\mu m$$

11. 在绕 x 轴的回转力矩 M_θ 和沿 y 轴向偏心的竖向扰力 F_{vz} 作用下产生的沿 y 轴水平、绕 x 轴回转的 y-θ 向耦合振动计算：

$$\omega_{ny}=\sqrt{\frac{K_y}{m}}=\sqrt{\frac{492011}{45.073}}=104.48\text{rad/s}$$

基组对 x 轴的转动惯量：

$$J_\theta=\sum J_{\theta i}+\sum m_i r_{xi}^2=72.4\text{t}\cdot\text{m}^2$$

（其余参数应根据《动力机器基础设计标准》GB 50040 第 5.2.4 条相关公式计算，过程略）

$$u_{z\theta1}=3.22\mu m$$

$$u_{y\theta1}=4.05\mu m$$

$$u_{z\theta2}=10.92\mu m$$

$$u_{y\theta2}=8.97\mu m$$

12. 自振频率、振幅、速度

（1）四种基组振动形式下基组自振频率

$$\omega_{nz}=92.26\text{rad/s}$$

$$\omega_{n\psi}=139.52\text{rad/s}$$

$$\omega_{n\phi1}=90.11\text{rad/s}\qquad \omega_{n\phi2}=195.83\text{rad/s}$$

$$\omega_{n\theta1}=93.91\text{rad/s}\qquad \omega_{n\phi2}=189.41\text{rad/s}$$

（2）四种基组振动形式下振动控制点处的分振动线位移。

见表 4-4-2。

振动线位移　　　　**表 4-4-2**

振动形式	扰力	符号	位移方向		
			$Z(\mu m)$	$X(\mu m)$	$Y(\mu m)$
沿 z 轴的竖向振动	一谐竖向扰力	F_{vz1}	3.86		
	二谐竖向扰力	F_{vz2}	11.75		
绕 z 轴的扭转振动	一谐扭转力矩和	$M_{\psi1}+F_{vx1}e_y$		5.64	2.73
	二谐扭转力矩和	$M_{\psi2}+F_{vx2}e_y$		26.90	13.00
x-ϕ 向耦合振动	一谐 x-ϕ 向回转力矩和	$M_{\phi11}$、$M_{\phi21}$	3.13	14.03	
	二谐 x-ϕ 向回转力矩和	$M_{\phi12}$、$M_{\phi22}$	7.08	25.24	
y-θ 向耦合振动	一谐 y-θ 向回转力矩和	$M_{\theta11}$、$M_{\theta21}$	3.22		4.05
	二谐 y-θ 向回转力矩和	$M_{\theta12}$、$M_{\theta22}$	10.92		8.97

（3）总振动线位移、总振动速度

总振动线位移和总振动速度，按下列公式计算：

$$u=\sqrt{\left(\sum_{j=1}^{n} u'_j\right)^2+\left(\sum_{k=1}^{n} u''_k\right)^2}$$

$$v=\sqrt{\left(\sum_{j=1}^{n} \omega' u'_j\right)^2+\left(\sum_{k=1}^{n} \omega'' u''_k\right)^2}$$

地基动力参数计算天然地基大块式基础的振动位移时，计算的竖向振动位移值应乘以折减系数 0.7，水平向振动位移值应乘以折减系数 0.85。

$$u_z=0.7\times\sqrt{(3.86+3.13+3.22)^2+(11.75+7.08+10.92)^2}=22.02\mu m<0.2mm$$

$$u_x=0.85\times\sqrt{(5.64+14.03)^2+(26.90+25.24)^2}=47.37\mu m<0.2mm$$

$$u_y=0.85\times\sqrt{(2.73+4.05)^2+(13.00+8.97)^2}=19.54\mu m<0.2mm$$

$$v_z=0.7\times\sqrt{[(3.86+3.13+3.22)\times\omega_1]^2+[(11.75+7.08+10.92)\times\omega_2]^2}/1000$$
$$=2.61mm/s<6.3mm/s$$

$$v_x=0.85\times\sqrt{[(5.64+14.03)\times\omega_1]^2+[(26.90+25.24)\times\omega_2]^2}/1000$$
$$=5.57mm/s<6.3mm/s$$

$$v_y=0.85\times\sqrt{[(2.73+4.05)\times\omega_1]^2+[(13.00+8.97)\times\omega_2]^2}/1000$$
$$=2.33mm/s<6.3mm/s$$

计算结果满足现行国家标准《建筑工程容许振动标准》GB 50868 规定的往复式机器基础容许振动位移峰值 0.2mm 和容许振动速度峰值 6.3mm/s 的要求。

第五章　冲击式机器基础

第一节　锻锤基础

锻锤根据工作特点分为自由锻锤和模锻锤两类，如图 5-1-1 所示。自由锻锤主要用于锻件的延伸、镦粗、冲孔、热剪、扭转、弯曲等。模锻锤采用胎模锻造，使工件具有一定的外形，适用于锻件精度要求高、成批或大批量生产。

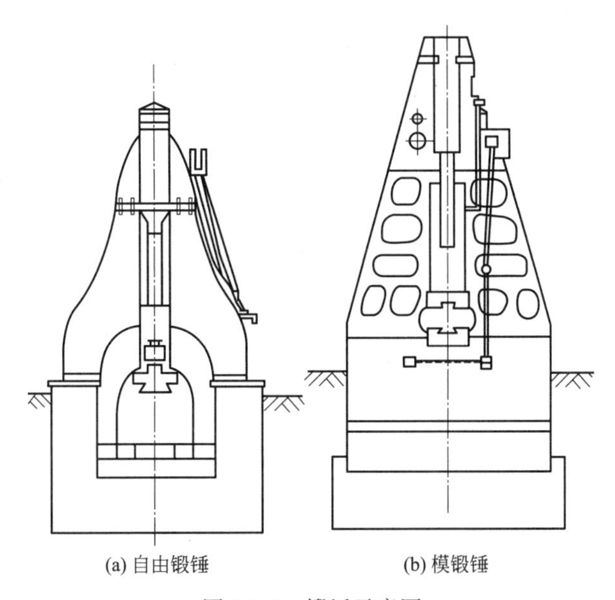

图 5-1-1　锻锤示意图

锻锤基础分为两类：传统固定基础和隔振基础，本节重点阐述落下部分公称质量不大于 25t 的非隔振锻锤基础的设计，隔振锻锤基础的设计参照现行国家标准《工程隔振设计标准》GB 50463 和《工程隔振设计指南》。传统的固定基础多为大质量钢筋混凝土块，一般直接置于地基之上，可为锻锤提供一个相对稳定的工作平台，保证锻锤的正常使用。

锻锤工作时，打击工件对砧座或基础产生巨大的冲击力可能引起临近机器的超标振动或建筑物损坏，因而需要采取措施确保基础或地基中产生的应力不大于容许值；固定基础由于混凝土用量大且振动控制效果较隔振基础略差，应用范围受到限制，而采用直接支承或间接支承的弹簧隔振基础在锻锤基础设计中应用广泛；弹簧隔振系统可以隔离掉大部分动力荷载，基础箱的设计可按静力简化计算。

一、一般规定

1. 锻锤基础的形式

锻锤基础的形式，宜符合下列规定：

（1）锻锤不隔振基础可采用梯形或台阶形的整体大块式基础。

（2）当地基土为软弱土或锻锤基础外形尺寸受到限制时，锻锤宜采用砧座隔振基础或人工地基（如桩基）。

2. 基础设计原则

无论是大块式基础或隔振基础，应保证基础的对称设计，使得锤击中心、基础形心和系统重心位于同一铅垂线上。

如果不能满足上述三心重合原则，至少使锤击中心与基础的底面形心重合，且使基组重心与基础底面形心的偏移量不超过基础底边长的5%。

3. 基础设计资料

锻锤基础设计时，除应取得现行国家标准《动力机器基础设计标准》GB 50040的资料外，还应取得下列资料：

（1）落下部分公称质量及实际质量。

（2）砧座及锤架质量。

（3）砧座高度、底面尺寸及砧座顶面对本车间地面的相对标高。

（4）与设备安装相关的锤架底面标高、外形尺寸及地脚螺栓的形式、直径、长度和位置，灌浆层厚度等。

（5）落下部分的最大速度或最大行程、汽缸内径、最大进气压力或最大打击能量。

（6）单臂锤锤架的重心位置。

（7）岩土工程勘察报告及地基动力特性试验报告。

（8）工艺、建筑、结构、机电设计资料和布置图。

（9）基础的位置及其邻近机器和建筑物的基础图。

二、振动计算

1. 计算内容和要求

锻锤基础的计算分为动力计算和静力计算两部分。

基础的动力计算，一般指计算锻锤基础的振动响应，主要与设备的打击能量、下落部分重量、基础重力和基础底部面积等因素相关；在设备参数不变的情况下，改变基础的重量或基础的面积和高度，可以改变基础的振动，使之满足振动控制标准。

基础的静力计算，主要是指锻锤基础的强度验算，需考虑设备荷载、基础荷载、设备动力荷载等荷载作用下的强度配筋计算；隔振基础设计还包括基础箱的强度计算，需要考虑土压力、水压力、上部结构荷载、盖板系统传递的荷载、厂房内设备的其他活载等。

2. 振动荷载取值

锻锤的振动由下落部分质量打击工件的冲量所产生，等于锻锤下落部分的质量与下落最大速度的乘积；下落部分的质量应包括锤头、锤杆及汽缸内的活塞等全部运动部分质量；对模锻锤，还应包括上锻模的质量。

锻锤基础设计时的振动荷载与下部部分质量、锤头初速度和打击作用时间相关，可按照下列公式计算：

$$F_{\mathrm{v}}=\frac{2m_1 v_1}{\Delta t} \tag{5-1-1}$$

$$v_1=\frac{m_0 v_0(1+e_{\mathrm{n}})}{m_1+m_0} \tag{5-1-2}$$

式中　F_v——锻锤的振动荷载（N）；
　　Δt——锤击作用时间，一般情况下可取 0.001s；
　　m_1——打击后与砧座一起运动部分的总质量（kg）；
　　v_1——打击后与砧座一起运动部分的初速度（m/s）；
　　m_0——下落部分锤头质量（kg）；
　　v_0——锤头的锤击速度（m/s）；
　　e_n——撞击回弹系数，对于自由锻锤取 0.25，对于模锻锤，基于不同的锻件，取不同的值；可按现行国家标准《建筑振动荷载标准》GB/T 51228 的有关规定取值。

锻锤落下部分的最大速度，当设计资料无法提供时，可根据不同的锻锤类型，按照下列规定计算：

（1）对于单作用的自由下落锤，可按下式计算：

$$v_0=0.9\sqrt{2gH} \tag{5-1-3}$$

（2）对于双作用锤，可按下式计算：

$$v_0=0.65\sqrt{2gH\frac{P_0A_0+G_0}{G_0}} \tag{5-1-4}$$

（3）当已知锻锤的最大打击能量时，可按下式计算：

$$v_0=\sqrt{\frac{2.2E}{m_0}} \tag{5-1-5}$$

式中　H——落下部分的最大行程（m）；
　　P_0——汽缸最大进气压力（kPa）；
　　A_0——汽缸活塞面积（m^2）；
　　E——锻锤的最大打击能量（J）。

应当注意，当设计资料给出多个设计条件且采用上述公式计算的最大下落速度不一致时，宜选用其中的较大值。

3. 振动响应计算

锻锤基础动力计算时，计算模型可假设锻锤基础为单自由度系统，地基为弹性层，锻锤受下落部分质量的冲击而产生振动。为保证锻锤的正常工作，锻锤基础顶面的振动位移和振动加速度响应应满足容许振动要求。

锻锤基础顶面竖向振动位移、振动加速度和固有频率，可按下列公式计算：

$$u_z=\eta_\mu\frac{\psi_e v_0 G_0}{\sqrt{K_z G}} \tag{5-1-6}$$

$$a=u_z\omega_{nz}^2 \tag{5-1-7}$$

$$\omega_{nz}^2=\eta_\lambda^2\frac{K_z g}{G} \tag{5-1-8}$$

式中　a——基础的振动加速度（m/s^2）；
　　η_μ——振动位移调整系数；
　　η_λ——频率调整系数；

K_z——天然地基抗压刚度（kN/m），当为桩基时应采用 K_{pz}；

G——基础、砧座、锤架及基础上回填土的总重量（kN），当为桩基时，还应考虑桩和桩间土参与振动的当量重量，换算规定可参考现行国家标准《动力机器基础设计标准》GB 50040 第 3.4.19 条；

G_0——落下部分的实际重量（kN）；

ψ_e——冲击回弹影响系数，对于模锻锤，当模锻钢制品时，可取 0.5s/m$^{1/2}$；模锻有色金属制品时，可取 0.35s/m$^{1/2}$；对自由锻锤可取 0.4s/m$^{1/2}$；

v_0——落下部分的最大速度（m/s）。

振动位移调整系数 η_μ 和频率调整系数 η_λ，可按下列规定取值：

（1）对除岩石外的天然地基，振动位移调整系数可取 0.6，频率调整系数可取 1.6。

（2）桩基的振动位移调整系数和频率调整系数可取 1.0。

三、构造要求

1. 一般构造要求

（1）锻锤基础，在砧座垫层下 1.5m 高度范围内，不得设置施工缝。砧座垫层下的基础上表面应一次抹平，严禁做找平层；木垫下基础的水平度不应大于 1‰，橡胶垫下的水平度不应大于 0.5‰。

（2）砧座凹坑与砧座、垫层的四周间隙中，应采用沥青麻丝填实，并应在间隙顶面 50～100mm 范围内用沥青浇灌。

（3）锻锤基础与厂房基础的净距不宜小于 500mm。在同一厂房内有多台 10t 及以上的锻锤时，各台锻锤基础中心线的距离不宜小于 30m 或采用隔振基础。

（4）对于不大于 5t 的锻锤，砧座下的垫板可采用橡胶垫，橡胶垫可由普通型运输胶带或普通橡胶板组成，含胶量不宜低于 40%，肖氏硬度宜为 65Hs。其胶种和材质的选择应符合下列规定：

1）胶种宜采用氯丁胶、天然胶或顺丁胶；

2）当锻锤使用时间每天超过 16h 时，宜选用耐热橡胶带（板）。

2. 垫板选取原则

采用传统大块式基础，砧座下常采用木垫层或运输带，其垫层的总厚度按下式计算：

$$d_0 = \frac{\psi_e^2 G_0 v_0^2 E}{f_c^2 G_h A_1} \tag{5-1-9}$$

式中 f_c——垫层承压强度设计值（kN/m^2）；

E——垫层的弹性模量（kN/m^2）。

垫层的总厚度除满足计算厚度外，也应满足表 5-1-1 要求的最小厚度。

垫层最小总厚度 **表 5-1-1**

落下部分公称质量(t)	木垫(mm)	胶带(mm)
0.25	150	20
0.40	200	20
0.50	250	20
0.75	300	30
1.00	400	30

续表

落下部分公称质量(t)	木垫(mm)	胶带(mm)
2.00	500	40
3.00	600	60
5.00	700	80
10.00	1000	—
16.00	1200	—
20.00	1400	—
25.00	1600	—

垫层的承压强度设计值和弹性模量，可按表 5-1-2 采用。

垫层的承压强度设计值和弹性模量 **表 5-1-2**

<table>
<tr><th>垫层名称</th><th>木材强度等级</th><th colspan="2">承压强度计算值 f_c(kPa)</th><th>弹性模量 E(kPa)</th></tr>
<tr><td rowspan="3">横放木垫</td><td>TB20、TB17</td><td colspan="2">3000</td><td>50×10^4</td></tr>
<tr><td>TC17</td><td colspan="2">1800</td><td></td></tr>
<tr><td>TC15、TB15</td><td colspan="2">1700</td><td>30×10^4</td></tr>
<tr><td>竖放木垫</td><td>TC17、TC15、TB15</td><td colspan="2">10000</td><td>10×10^6</td></tr>
<tr><td rowspan="2">运输胶带</td><td rowspan="2">—</td><td>小于 1t 的锻锤</td><td>3000</td><td rowspan="2">3.8×10^4</td></tr>
<tr><td>1～5t 的锻锤</td><td>2500</td></tr>
</table>

垫层上砧座的竖向振动位移，可按下式计算：

$$u_{zl}=\psi_e G_0 v_0 \sqrt{\frac{d_0}{EG_h A_1}} \tag{5-1-10}$$

式中 u_{zl}——垫层上砧座的竖向振动位移；

d_0——砧座下垫层的总厚度（m），按式（5-1-9）计算；

G_h——对模锻锤，为砧座和锤架的总重量；对自由锻锤，可取砧座重量（kN）；

A_1——砧座底面积（m^2）。

由方木或胶合方木组成的木垫，宜选用材质均匀、耐腐性较强的一等材，并经干燥及防腐处理，其树种应符合现行国家标准《木结构设计标准》GB 50005 的相关规定。

木垫的材质应符合下列规定：

（1）横放木垫可采用 TB20、TB17，对于不大于 1t 的锻锤，亦可采用 TB15、TC17、TC15；

（2）竖放木垫可采用 TB15、TC17、TC15；

（3）竖放木垫下的横放木垫可采用 TB20、TB17；

（4）对于木材表层绝对含水率：当采用方木时不宜大于 25%，当采用胶合方木时不宜大于 15%。

3. 配筋构造要求

（1）基础的底部和砧座垫层下基础上部应配置水平钢筋网，直径宜为 12～20mm，钢筋间距宜为 100～150mm。

（2）钢筋等级宜采用 HRB400、HRB500、HRBF400、HRBF500 钢筋。

（3）钢筋网长度宜伸至基础外缘，各层钢筋网的竖向间距宜为 100～200mm，并按上密下疏的原则布置，最上层钢筋网的混凝土保护层厚度宜为 30～50mm。

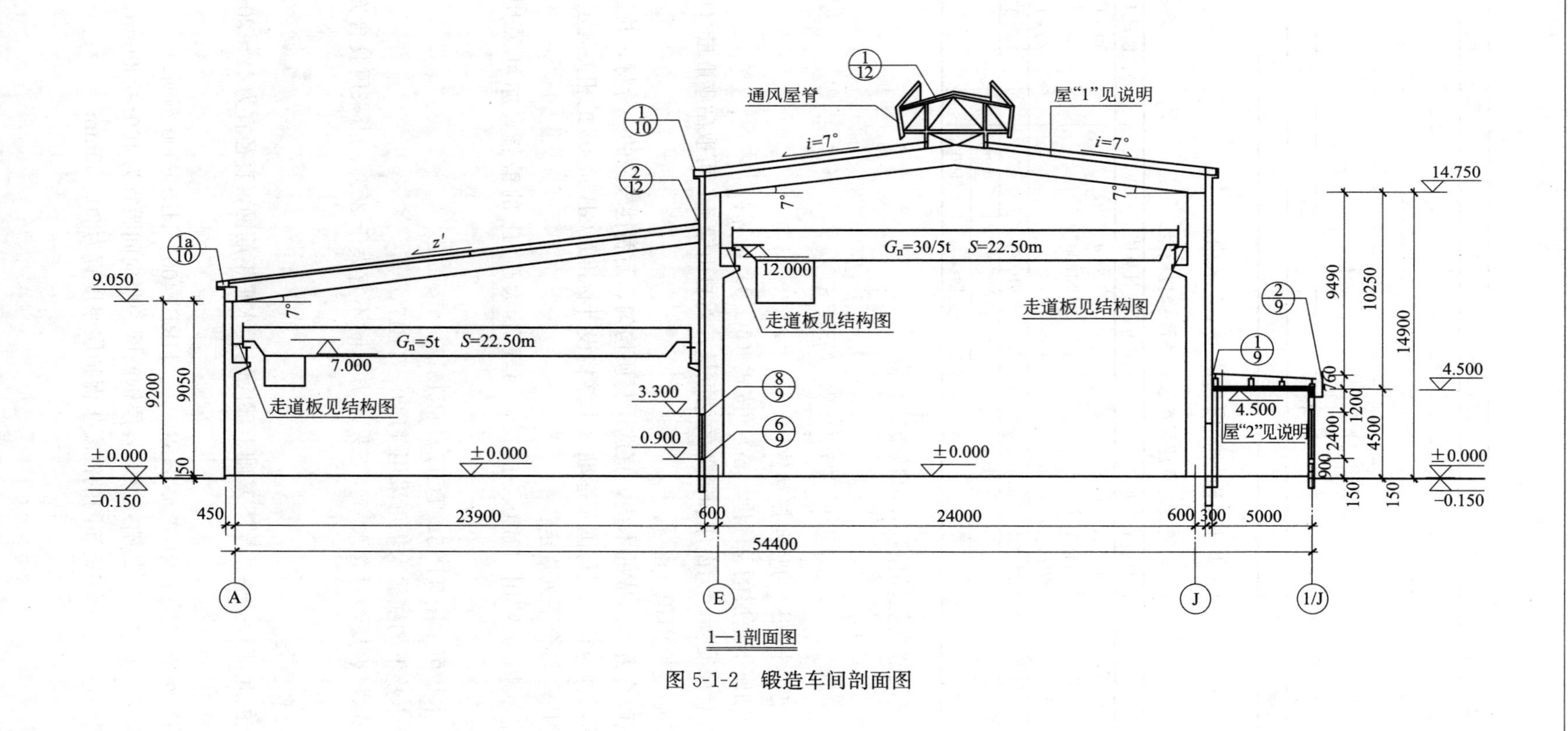

1—1剖面图

图 5-1-2 锻造车间剖面图

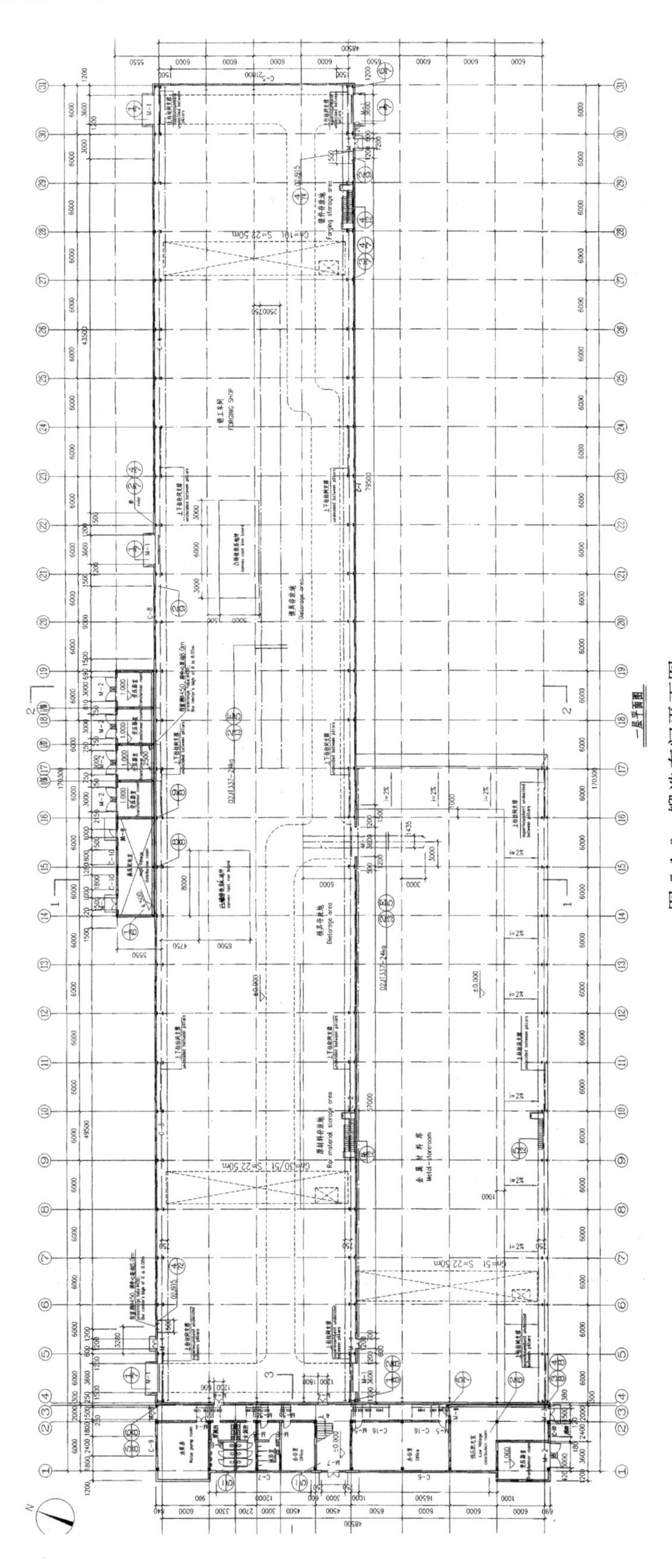

图 5-1-3　锻造车间平面图

四、工程实例

1. 传统固定基础实例

锻造车间通常设有多台锻锤设备，本节以某 1t 模锻电液锤基础为例，说明采用传统固定基础进行动力机器基础的设计。

（1）工程概况

某多功能柴油机厂项目锻造车间位于建筑东侧，主体结构合理使用年限为 50 年。厂房总建筑面积为 7523.89m^2，车间部分建筑面积为 6501.87m^2；室内设计标高为 89.50m，室内外高差为 150mm；车间地坪荷载为 35kN/m^2，200mm 厚 C20 钢筋混凝土，双层双向配筋 ϕ12@200；高跨屋架下弦标高为 14.75m，跨度 24m，吊车 30t/5t。建筑剖面图、平面图分别如图 5-1-2、图 5-1-3 所示。

（2）地质条件

建设场地以砂土和黏土为主，工程地质勘察图如图 5-1-4、图 5-1-5 所示。

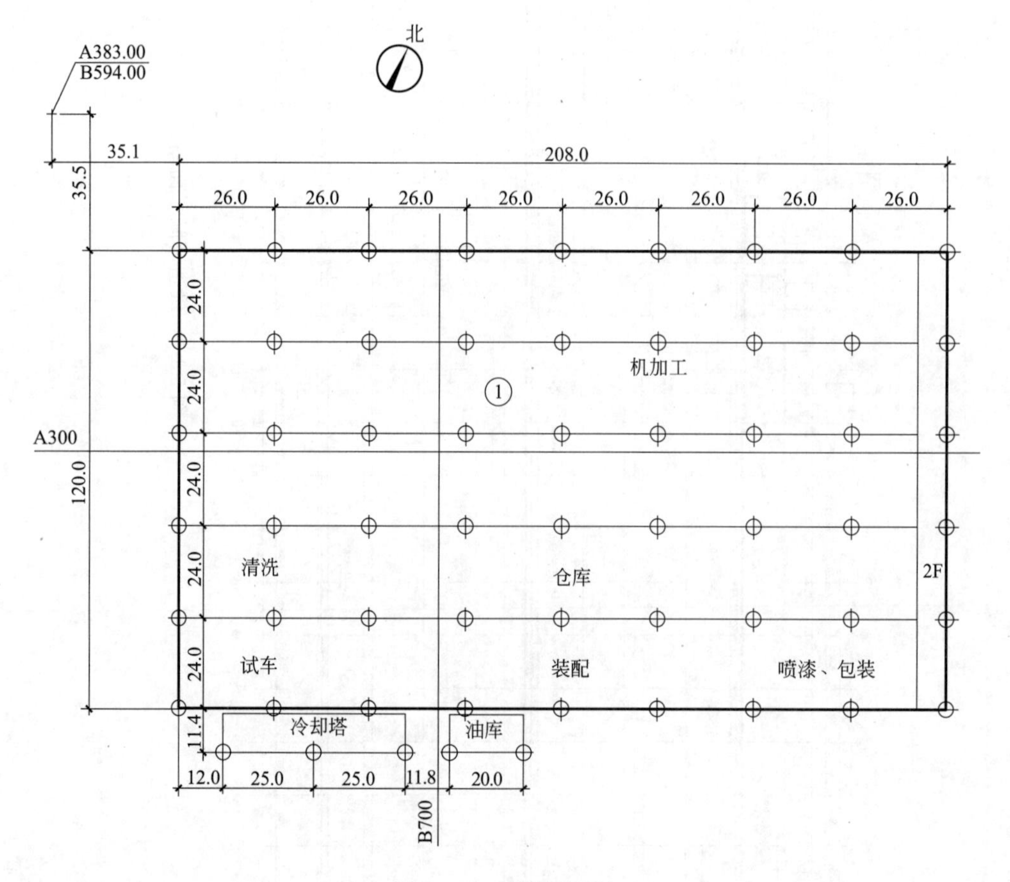

图 5-1-4　探孔平面图

（3）振动设备

1t 模锻电液锤设备如图 5-1-6 所示，主要技术参数如表 5-1-3 所示，C86Y-25 型锻锤的总质量为 35t。

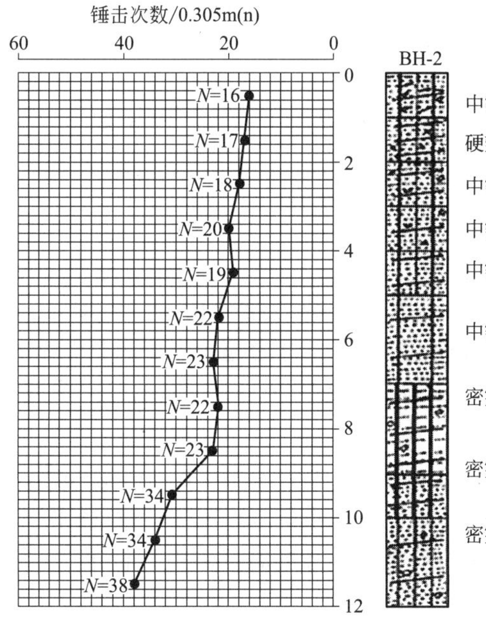

图 5-1-5　地勘剖面

图 5-1-6　锻锤示意图

C86Y-25 型模锻电液锤技术参数　　　　**表 5-1-3**

项目	技术参数	项目	技术参数
锻锤型号	C86Y-25	锤头质量(t)	1.0
主机外形尺寸：长×宽×高(m×m×m)	2.4×1.4×7.0	额定打击能量(kJ)	≥25
最大打击行程(mm)	1000	打击频次(次/min)	55～70
锤头/模座前后方向长度(mm)	550/700	主电机功率(kW)	75×1
最小闭模高度(不含燕尾)(mm)	220	导轨间距(mm)	540

计算锻锤设备打击力时，首先要确定接触锻件时下落的速度和下落部分的质量。由上

述设备参数可知，C86Y-25 型锻锤最大打击能量 $E_0=25000\text{J}$，下落部分质量为 $m_0=1000\text{kg}$，则下落的最大速度，即接触锻件时的初速度为：

$$v_0=\sqrt{\frac{2.2E_0}{m_0}}=\sqrt{\frac{2.2\times 25000}{1000}}=7.42\text{m/s} \tag{5-1-11}$$

因此，对于锤头质量为 1t 的锻锤，在得到锻锤打击初速度后，可计算得到基础的振动响应。

（4）地基条件

锻锤基础以砂及黏土为持力层，地基承载力特征值为 150kPa。基础底面地基为砂夹石换填垫层，垫层厚 4000mm，垫层顶面每边超出基础 1500mm，采用分层压实法，每层厚度不超过 300mm，压实系数为 0.97，以保证承载力特征值不低于 250kPa。

砂石垫层施工要求：级配良好，含泥量不大于 3%，不含植物残体、垃圾等杂质，其中碎石、卵石占总重的 50%，粗砂、砂砾占总重的 50%，最大粒径不宜大于 50mm。

地基动力特性参数按照现行国家标准《动力机器基础设计标准》GB 50040 的有关规定计算。

基础底面积：$A=5.8\times 5.3=30.16\ \text{m}^2>20\ \text{m}^2$

振动影响深度：$h_\text{d}=2\sqrt{A}=10.98\text{m}$，取 $h_\text{d}=11\text{m}$

根据地基承载力特征值和土类名称查询天然地基的抗压刚度系数 C_z（图 5-1-7）。

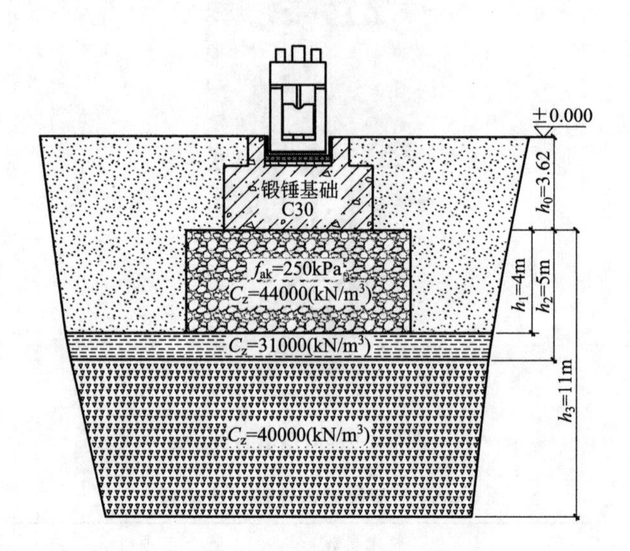

图 5-1-7　锻锤基础下土层

由于影响深度范围内包含不同土层，其等效抗压刚度系数按下式计算：

$$C_\text{z}=\frac{2/3}{\sum_{i=1}^{3}\frac{1}{C_{zi}}\left(\frac{1}{1+\frac{2h_{i-1}}{h_\text{d}}}-\frac{1}{1+\frac{2h_i}{h_\text{d}}}\right)} \tag{5-1-12}$$

计算结果见表 5-1-4。

等效抗压刚度计算　　表 5-1-4

i	C_{zi}(kN/m³)	H_i(m)	$\frac{2h_{i-1}}{h_d}$	$\frac{2h_i}{h_d}$	$\frac{1}{1+\frac{2h_{i-1}}{h_d}}-\frac{1}{1+\frac{2h_i}{h_d}}$	$\frac{1}{C_{zi}}$(*)
0	—	0	—	—	—	—
1	44000	4	0.0000	0.7273	0.4211	9.569E-06
2	31000	5	0.7273	0.9091	0.0551	1.779E-06
3	40000	11	0.9091	2.0000	0.1905	4.762E-06
等效刚度 C_z=41382kN/m³						

注：表中$h_d=h_3$。

（5）振动计算

人工处理地基采用级配砂石，承载力特征值 $f_{ak}\geqslant250$kPa。按照现行国家标准《动力机器基础设计标准》GB 50040，该地基可以视为二类土。基础容许振动位移为 $[u]=0.65$mm，容许振动加速度为 $[a]=6.5\text{m/s}^2$。

锻锤最大打击速度：

$$v_0=\sqrt{\frac{2.2E_0}{m}}=7.42\text{m/s} \tag{5-1-13}$$

基础振动位移为：

$$u_z=\eta_\mu\frac{(1+e)mv_0}{\sqrt{K_zM}}=\eta_\mu(1+e)\sqrt{\frac{2.2mE_0}{K_zM}} \tag{5-1-14}$$

$$u_z=0.290\text{mm}<[u]$$

$$\omega_n=\eta_\lambda\sqrt{\frac{K_z}{M}}=133.38\text{rad/s} \tag{5-1-15}$$

$$f_n=\frac{\omega_n}{2\pi}=21.23\text{Hz} \tag{5-1-16}$$

$$v_z=\omega_nU_z=38.73\text{mm/s} \tag{5-1-17}$$

$$a_z=\omega_nv_z=5.17\text{m/s}^2<[a] \tag{5-1-18}$$

（6）基础设计

基础设计为实体块状基础，基础的平面图和剖面图如图 5-1-8、图 5-1-9 所示。

（7）结论与建议

锻锤设备振动强度大，对环境影响大。锻锤基础设计应进行动力分析，大吨位锻锤基础建议优先考虑隔振方案。

2. 隔振基础设计实例

（1）工程概况

某锻造厂区 18t 大型模锻锤最大打击能量为 450kJ，为当时国内最大的模锻锤之一，以该锻锤为例说明采用隔振基础进行动力机器基础设计。该大型的锻锤在工作时会产生强烈的振动，对周围环境产生严重影响。根据锻锤安装地点地质条件的不同，振动影响半径可达数百米甚至上千米，不仅影响锻锤周围的精密加工和精密检测设备，还会影响厂房及

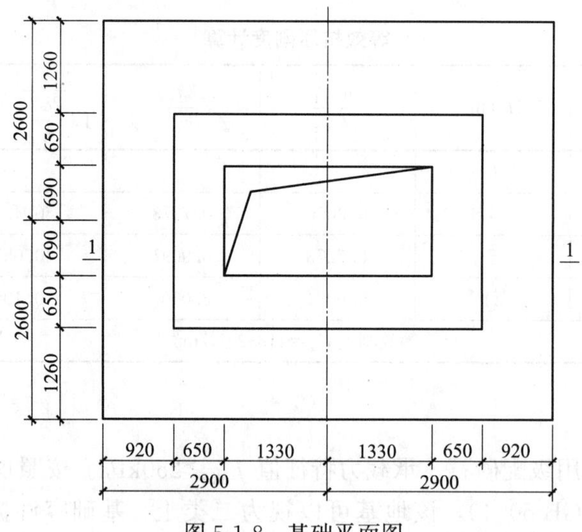

图 5-1-8　基础平面图

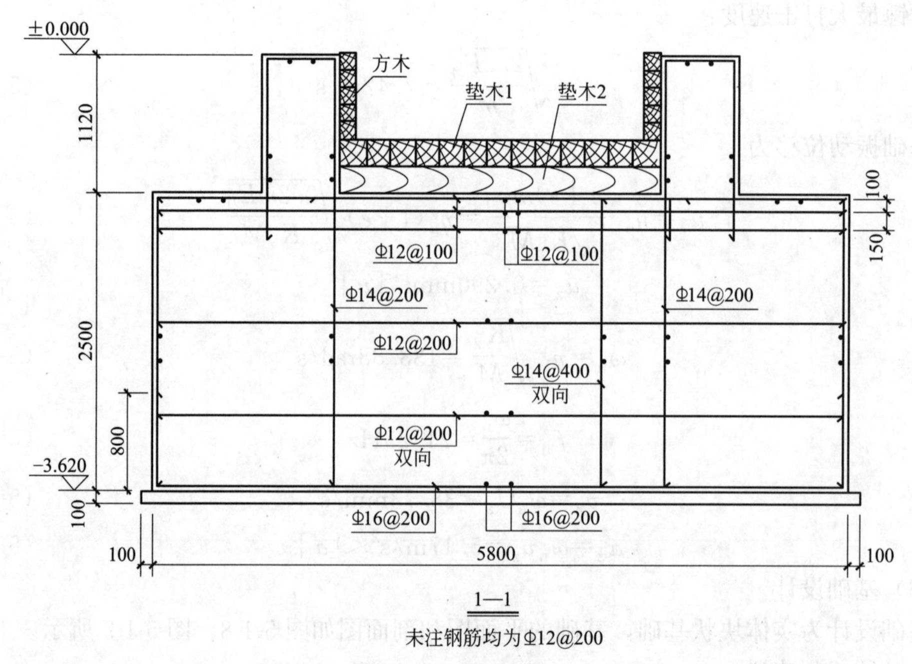

图 5-1-9　基础剖面图

周围的办公和居民建筑，影响锻锤操作人员的身体健康以及附近人员的正常办公和生活。

（2）隔振方案

模锻锤隔振有直接支承和间接支承两种方案。

直接支承方案是将隔振器直接安装在锻锤砧座之下，通常适用于小型模锻锤。一方面小型锻锤工作时引起的振动较小，对隔振效果要求不高；另一方面，小型模锻锤需要的隔振器数量较少，锻锤砧座底面有足够的面积排布隔振器。大型和中型模锻锤工作时产生的振动很大，为了达到较好的隔振效果，必须使用刚度较低的隔振器。然而，如果将低刚度隔振器直接支承在砧座之下，锻锤工作时锤身的竖向动位移同样很大，进而影响锻锤的正常工作。因此，大型和中型模锻锤隔振通常是在锻锤底部增设混凝土质量块，来减小锻锤工作时锤身的竖向动位移。这种采用附加质量块的隔振基础方案，称为间接隔振方案。

在本工程设计中，距离该锻锤110m处已有居民建筑，厂区附近还规划有居民区，由于当地的地质条件较差，振动衰减缓慢，因而，必须采取隔振措施以有效减小振动对周围环境的影响。因此，选用固有频率为2Hz的间接支承隔振方案。

（3）隔振系统设计

隔振系统设计需如下输入条件：

1）锻锤的最大打击能量；

2）锻锤下落部分的重量（含上模）；

3）锻锤由隔振器支承部分的重量。

本项目对隔振效果的要求：

如隔振方案所述，为了达到最好的隔振效果，已确定隔振系统的固有频率为2Hz，需要根据该需求设计合适且承载能力、刚度和阻尼参数满足要求的隔振器。

根据上述输入条件进行计算，确定隔振系统的主要参数：

1）附加混凝土基础块的重量；

2）隔振器的型号和数量；

3）隔振器的静态压缩量为60mm（即隔振系统的固有频率为2Hz）；

4）隔振系统的阻尼参数；

5）锻锤使用最大能量打击时，锤身的竖向最大动态位移不能超过8mm；

6）隔振器具有足够的承载能力，保证其具有足够长的使用寿命。

隔振基础的布置不仅需要满足锻锤的尺寸和标高要求，还要满足基础施工、隔振器的安装和维护保养要求。根据隔振系统的主要参数及隔振器的数量和外形尺寸，确定基础块的尺寸和整个基础的布置（图5-1-10）。

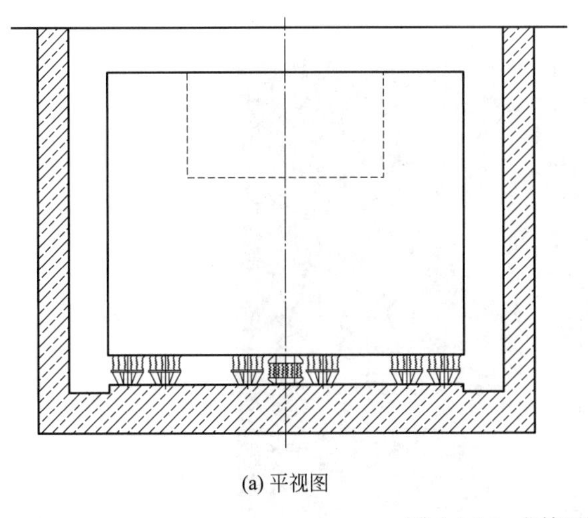

(a) 平视图

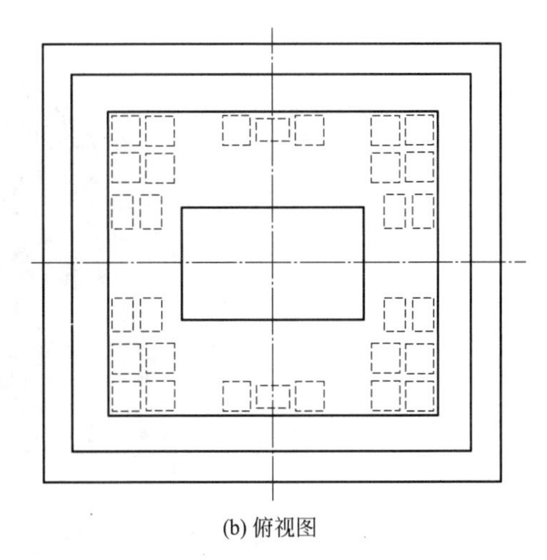

(b) 俯视图

图5-1-10　隔振基础布置图

（4）隔振装置

本项目选用VL和KF两种规格的隔振器，其中VL型隔振器20件，KF型隔振器10件。VL型隔振器内部集成了大型黏滞阻尼器，KF型隔振器则为弹簧隔振器。选用两种规格隔振器的目的是两者配合，达到最佳的系统阻尼参数。隔振器所使用的弹簧是为隔振目的特殊设计的，对制造工艺要求极高，具有高承载能力和抗疲劳能力。

（5）振动计算

锻头的最大打击速度：

$$v_0=\sqrt{\frac{2.2E_0}{m_0}}=7.22\text{m/s}$$

式中 v_0——落下部分的最大冲击速度（m/s）；

E_0——锻锤的最大打击能量，取450kJ；

m_0——锻锤下落部分的质量。

安装隔振器后，锻锤工作时锤身的最大竖向动位移：

$$u_{z1}=\frac{(1+e_1)m_0v_0}{(m_0+m_s)\omega_n}\exp\left(-\zeta_z\frac{\pi}{2}\right)=0.0074\text{m}$$

$$\omega_n=\sqrt{\frac{K_1}{m_s}}=12.2\text{rad/s}$$

式中 u_{z1}——锤身的最大竖向振动位移（m）；

m_s——隔振器上部的总质量，为1520000kg；

e_1——回弹系数，模锻锤可取0.5；

K_1——隔振器的竖向总刚度，为2.25×10^8N/m；

ζ_z——隔振体系的阻尼比，取0.25。

（6）隔振效果

项目实施之后，锻锤工作时实测锤身的最大竖向位移为5.5mm（单峰值），在距离锻锤中心10m处的车间地面上，实测最大竖向振动速度为4.0mm/s，隔振效果较好。本项目锻锤自2009年底投产至今已十余年，隔振器未出现故障（图5-1-11）。

图5-1-11 锻锤

第二节　落锤基础

一、一般规定

本节适用于落锤车间或碎铁场地落锤破碎坑基础的设计。

1. 落锤破碎坑基础设计时，除应取得现行国家标准《动力机器基础设计标准》GB 50040 第 3.1.1 条规定的有关资料外，还应取得下列资料：

（1）落锤锤头重及其最大落程；

（2）破碎坑及砧块的平面尺寸。

落锤破碎坑基础的结构形式，应根据生产工艺、破碎坑及砧块的平面尺寸、地基土的类别和落锤的冲击能量综合分析后确定。

2. 简易破碎坑基础的设计，应符合下列规定：

（1）当地基土为一、二类土时，碎铁坑基础的底部在深度不小于 2m 的土坑内宜分层铺砌厚度不小于 1m 的废钢锭、废铁块，孔隙处应以碎铁块和碎钢颗粒填实，其上铺砌砧块；

（2）当地基土为三、四类土时，破碎坑中的废钢锭、废铁块应铺砌在夯实的砂石类垫层上，垫层的厚度可根据落锤冲击能量与地基土的承载力确定，一般情况下宜取 1～2m。

3. 落锤车间的破碎坑基础应符合下列要求：

（1）落锤车间的破碎坑基础，应采用带钢筋混凝土圆筒形或矩形坑壁的基础，其埋置深度应根据地质情况及构造要求确定，一般情况下宜取 3～6m；

（2）对一、二、三类地基土，可不设刚性底板［图 5-2-1(a)］；对于四类土，宜采用带刚性底板的槽形基础［图 5-2-1(b)］；

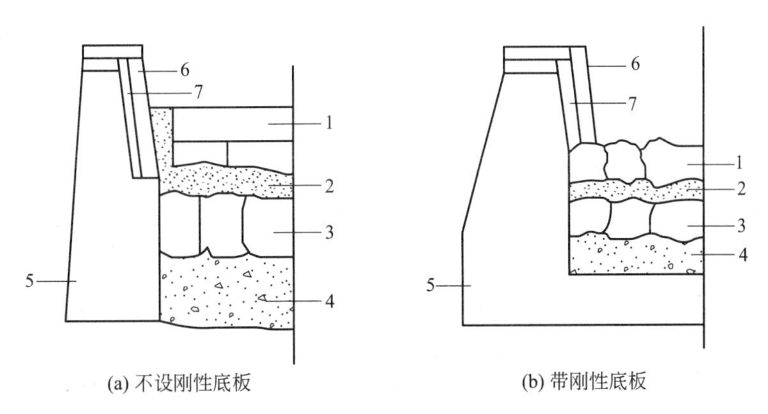

图 5-2-1　钢筋混凝土破碎坑基础

1—砧块；2—碎铁块及碎钢颗粒；3—废钢锭及废铁块；
4—夯实的砂石类垫层；5—钢筋混凝土基础；6—保护坑壁的钢锭或钢坯；
7—橡胶带或方木垫

（3）基础坑底应铺设厚度不小于 1m 的砂石类垫层，其上可铺砌废钢锭、废铁块，孔隙处应以碎铁块和碎钢颗粒填实，其铺砌厚度可按下列规定确定：

1）对冲击能量不大于 1200kJ 的落锤，铺砌厚度不应小于 1.0m；

2）对冲击能量大于 1200kJ 的落锤，铺砌厚度不应小于 1.5m。

（4）破碎坑的最上层应铺设砧块。

4. 当落锤破碎坑基础建造在饱和的粉土、细砂或淤泥质土层上时，地基应作人工加固处理。

二、振动计算

简易破碎坑基础可不作动力计算。

落锤的振动由冲量产生，其值为锤头质量与锤头最大速度的乘积。锤头自由落体的最大速度，可按下列规定计算：

1. 对于单作用的自由下落锤，可按下式计算：

$$v_0 = 0.9\sqrt{2gH} \tag{5-2-1}$$

2. 对于双作用锤，可按下式计算：

$$v_0 = 0.65\sqrt{2gH\frac{P_0A_0 + G_0}{G_0}} \tag{5-2-2}$$

3. 当给出锻锤最大打击能量时，应按下式计算：

$$v_0 = \sqrt{\frac{2.2gE_1}{G_0}} \tag{5-2-3}$$

式中 H——落下部分最大行程（m）；

P_0——汽缸最大进气压力（kPa）；

A_0——汽缸活塞面积（m^2）；

E_1——锤头最大打击能量（kJ）。

落锤车间内破碎坑基础的竖向振动位移、固有圆频率和振动加速度，可按下列公式计算：

$$u_z = 1.4G_0\sqrt{\frac{H}{GK_z}} \tag{5-2-4}$$

$$\omega_{nz}^2 = \frac{K_z g}{G} \tag{5-2-5}$$

$$a = u_z\omega_{nz}^2 \tag{5-2-6}$$

式中 G——基础、砧块和填充料等总重（kN）。

落锤破碎坑基础容许振动位移和容许振动加速度，可按表 5-2-1 采用。

破碎坑基础的容许振动位移和容许振动加速度 **表 5-2-1**

地基土类别	一类土	二类土	三类土	四类土
容许振动位移(mm)	2.5			
容许振动加速度(m/s^2)	8.8～11.8	6.9～8.8	4.9～6.9	4.0～4.9

注：表中容许振动加速度，当为松软土时可取较大值，砂土时可取较小值。

三、构造要求

1. 破碎坑基础的钢筋宜采用 HRB400、HRB500、HRBF400、HRBF500、HRB335、RRB400 钢筋。

2. 圆筒形坑壁厚度一般为 300～600mm，且均为双面配筋。坑壁的内外面应各配一层钢筋网，环向总配筋率不宜小于1.2%，竖向总配筋率不宜小于0.5%。

3. 矩形破碎坑顶部厚度不宜小于500mm，底部厚度不宜小于1500mm；坑壁四周、顶部和底面应配筋，水平向钢筋直径宜采用18～25mm，竖向钢筋直径宜采用16～25mm，钢筋间距宜为150～200mm；沿坑壁内转角易产生裂缝，沿坑壁内转角增设直径为12～20mm、间距为200mm的水平钢筋加强。

4. 对内径或内短边小于5m的槽形破碎坑基础构造，应符合表5-2-2的规定；基础底板上部和下部应配置钢筋网，上部钢筋直径宜采用12～20mm，间距宜为250～300mm，下部钢筋直径宜采用16～25mm，间距宜为300～400mm，钢筋网层数应符合表5-2-2的规定，各层钢筋网的竖向距离宜为100～150mm。

槽形基础的底板最小厚度及钢筋网层数　　表5-2-2

落锤冲击能量(kJ)	基础底板最小厚度(m)		底板钢筋网层数	
	圆筒形	矩形	上部	下部
≤400	1.00	1.50	3	2
1200	1.75	2.25	5	3
≥1800	2.50	3.00	6	3

5. 破碎坑砧块顶面一般与地面持平或略低于地面1.0～2.5m，坑壁外露的内侧与顶面的保护应采用钢锭或钢坯保护，内侧处钢锭截面不宜小于500mm×500mm，顶面处的钢锭或钢坯厚度不宜小于200mm，亦可采用厚度不小于50mm的低碳钢钢板进行保护。钢锭、钢坯或钢板与混凝土壁表面间应衬以截面不小于150mm×150mm的方木或厚度不小于20mm的橡胶带。

第六章　压力机基础

压力机主要包括热模锻压力机、通用机械压力机、液压压力机和螺旋压力机等，其基础主要有传统固定基础和弹簧隔振基础两种形式。机械压力机和螺旋压力机由于工作时振动荷载较大，易引起基础的振动，弹簧隔振基础设计已成为压力机基础的主要形式。

第一节　一般规定

压力机基础对地基具有一定要求。当采用天然地基时，公称压力为 10000kN 及以上的热模锻压力机和通用机械压力机基础以及公称压力 6300kN 及以上的螺旋压力机基础不宜设置在四类土层上；必须设置在四类土地基上的压力机基础，应采用复合地基等人工地基。

压力机基础自重取压力机自重的 1.1～1.5 倍时，可以满足压力机的正常使用要求，对于软弱地基可取压力机自重的 1.5 倍。在基础自重相同的条件下，宜增大基础的底面积、减小埋置深度，以减小基础振动的位移（特别是水平振动位移），防止基础产生不均匀沉陷而导致机身倾斜、损坏导轨及传动机构；同时，基础埋置深度减小后将有利于防水作用，并减小对邻近厂房柱基埋置深度的影响。

压力机采用弹簧隔振基础时，应通过计算确定基础的尺寸和自重，以满足振动控制要求。

压力机基础设计时，机器制造厂应提供下列资料：

（1）压力机立柱上下各部件的质量、立柱的质量及最重一套模具的质量。

（2）压力机的质心位置、压力机绕通过其质心平行于主轴的转动惯量、主轴的高度。

（3）压力机启动时，作用于主轴上的竖向扰力、水平向扰力和扰力矩的峰值、脉冲时间及形式。

（4）压力机立柱的截面、长度及其钢号。当立柱为变截面时，应分别给出各部分的截面和长度。当为装配型压力机时，尚应包括螺栓拉杆的截面、长度及其钢号。

（5）压力机锻压阶段的竖向振动荷载，对螺旋压力机还应提供水平振动扭矩。

第二节　振动计算

一、计算内容和要求

当锻压机公称压力大于 16000kN 时，其基础需要进行动力计算。根据对大、中型压力机基础的百余条实测振动曲线分析可知，在锻压工件过程中，竖向振动位移的最大值约有 2/3 出现在启动阶段，1/3 出现在锻压阶段；水平振动位移的最大值约 4/5 出现在启动阶段，仅 1/5 出现在锻压阶段，且幅值相差不大。因此，压力机基础的动力计算应考虑启动阶段和锻压阶段两种情况，其中，启动阶段应计算竖向振动位移和水平线位移，锻压阶段只计算竖向振动位移。

在压力机基础设计时，启动阶段的振动线位移（包括竖向和水平向）和锻压阶段的振动线位移（竖向）均应小于容许振动值，容许振动值按现行国家标准《建筑工程容许振动标准》GB 50868 的有关规定取值。

对于隔振基础，底座位置在时域范围内的容许振动位移峰值应取 3mm；当不带有平衡机构的高速冲床和冲剪厚板材料时，压力机底座处在时域范围内的容许振动位移峰值取 5mm。

二、振动荷载取值

压力机基础在启动阶段，设备机械系统在运动过程中产生的竖向扰力、水平扰力及扰力矩为近似三角形（后峰锯齿三角形或对称三角形）的冲击荷载（图 6-2-1）。当扰力脉冲时间及形状已知时，基组可按单自由度“质—弹—阻”理论体系采用杜哈梅积分求解；当扰力脉冲为后峰锯齿三角形时，扰力脉冲值可按下式计算：

$$F_{\mathrm{v}}(\tau)=\begin{cases}\dfrac{F_{\mathrm{v0}}}{t_0}\times\tau & 0\leqslant\tau\leqslant t_0\\ 0 & \tau>0\end{cases}\tag{6-2-1}$$

式中　$F_{\mathrm{v}}(\tau)$——扰力脉冲值（kN）。

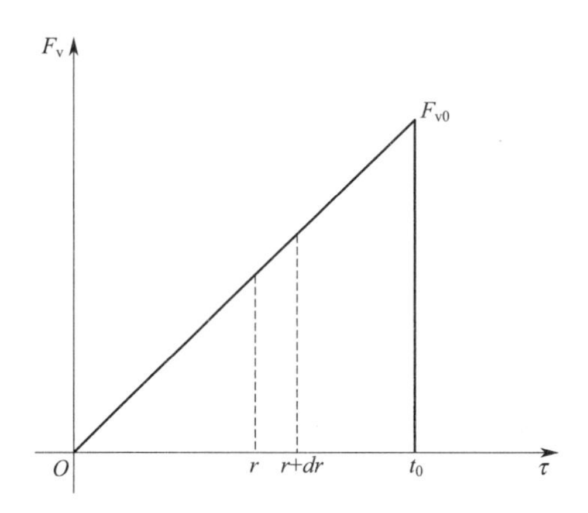

图 6-2-1　后峰锯齿三角形脉冲

三、振动响应计算

在启动阶段，压力机的机械系统在运动过程中产生竖向扰力、水平扰力及扰力矩。因此，基组除有竖向振动外，还有水平与回转耦合振动。

对于热模锻压力机和通用机械压力机，在启动阶段，基组在通过其重心的竖向扰力作用下，基组的竖向振动位移、固有圆频率和固有周期，可根据下列公式计算：

$$u_{\mathrm{z}}=\frac{0.6F_{\mathrm{vz0}}}{K_{\mathrm{z}}}\eta_{\max}\tag{6-2-2}$$

$$\omega_{\mathrm{nz}}=\sqrt{\frac{K_{\mathrm{z}}}{m}}\tag{6-2-3}$$

$$T_{\mathrm{nz}}=\frac{2\pi}{\omega_{\mathrm{nz}}}\tag{6-2-4}$$

式中　F_{vz0}——压力机启动阶段通过基组重心的竖向扰力峰值（kN），应由压力机制造商提供扰力的脉冲作用时间和波形；

T_{nz}——基组竖向固有周期（s）；

η_{max}——动力系数，可按《动力机器基础设计标准》GB 50040 附录 D 的规定确定；

K_z——天然地基抗压刚度，当为桩基时采用 K_{pz}；

m——天然地基上基组的质量（t），当为桩基时采用 m_{pz}。

热模锻压力机和通用机械压力机的启动阶段，基组在水平扰力、扰力矩和竖向扰力的偏心作用下（图 6-2-2），竖向振动位移、水平向振动位移、固有圆频率和固有周期，可按下列公式计算：

$$u_{z\phi}=u_z+(u_{\phi1}+u_{\phi2})l_x \tag{6-2-5}$$

$$u_{x\phi}=u_{\phi1}(h_1+\rho_{\phi1})+u_{\phi2}(h_1-\rho_{\phi2}) \tag{6-2-6}$$

$$u_{\phi1}=\frac{0.9M_{\phi1}}{(J_\phi+m\rho_{\phi1}^2)\omega_{n\phi1}^2}\cdot\eta_{1max} \tag{6-2-7}$$

$$u_{\phi2}=\frac{0.9M_{\phi2}}{(J_\phi+m\rho_{\phi2}^2)\omega_{n\phi2}^2}\cdot\eta_{2max} \tag{6-2-8}$$

$$\omega_{n\phi1}^2=\frac{1}{2}\left[(\omega_{nx}^2+\omega_{n\phi}^2)-\sqrt{(\omega_{nx}^2-\omega_{n\phi}^2)^2+\frac{4mh_2^2}{J_\phi}\omega_{nx}^4}\right] \tag{6-2-9}$$

$$\omega_{n\phi2}^2=\frac{1}{2}\left[(\omega_{nx}^2+\omega_{n\phi}^2)+\sqrt{(\omega_{nx}^2-\omega_{n\phi}^2)^2+\frac{4mh_2^2}{J_\phi}\omega_{nx}^4}\right] \tag{6-2-10}$$

$$\omega_{nx}^2=\frac{K_x}{m} \tag{6-2-11}$$

$$\omega_{n\phi}^2=\frac{K_\phi+K_xh_2^2}{J_\phi} \tag{6-2-12}$$

$$M_{\phi1}=M_\phi+F_{vx}(h_1+h_0+\rho_{\phi1})+F_{vz}e_x \tag{6-2-13}$$

$$M_{\phi2}=M_\phi+F_{vx}(h_1+h_0-\rho_{\phi2})+F_{vz}e_x \tag{6-2-14}$$

$$\rho_{\phi1}=\frac{\omega_{nx}^2h_2}{\omega_{nx}^2-\omega_{n\phi1}^2} \tag{6-2-15}$$

$$\rho_{\phi2}=\frac{\omega_{nx}^2h_2}{\omega_{n\phi2}^2-\omega_{nx}^2} \tag{6-2-16}$$

式中 $u_{z\phi}$——基础顶面控制点在水平扰力 F_{vx}、扰力矩 M_ϕ 及竖向扰力 F_{vz} 偏心作用下的竖向振动位移（m）；

$u_{x\phi}$——基础顶面控制点在水平扰力 F_{vx}、扰力矩 M_ϕ 及竖向扰力 F_{vz} 偏心作用下的水平向振动位移（m）；

$\omega_{n\phi1}$——基组水平回转耦合振动第一振型的固有频率（rad/s）；

$\omega_{n\phi2}$——基组水平回转耦合振动第二振型的固有频率（rad/s）；

$M_{\phi1}$——绕通过第一振型转动中心 $o_{\phi1}$ 并垂直于回转面的总扰力矩（kN·m）；

$M_{\phi2}$——绕通过第二振型转动中心 $o_{\phi2}$ 并垂直于回转面的总扰力矩（kN·m）；

η_{1max}——第一振型有阻尼动力系数，可按现行国家标准《动力机器基础设计标准》GB 50040 附录 D 的规定确定；

η_{2max}——第二振型有阻尼动力系数，可按现行国家标准《动力机器基础设计标准》GB 50040 附录 D 的规定确定。

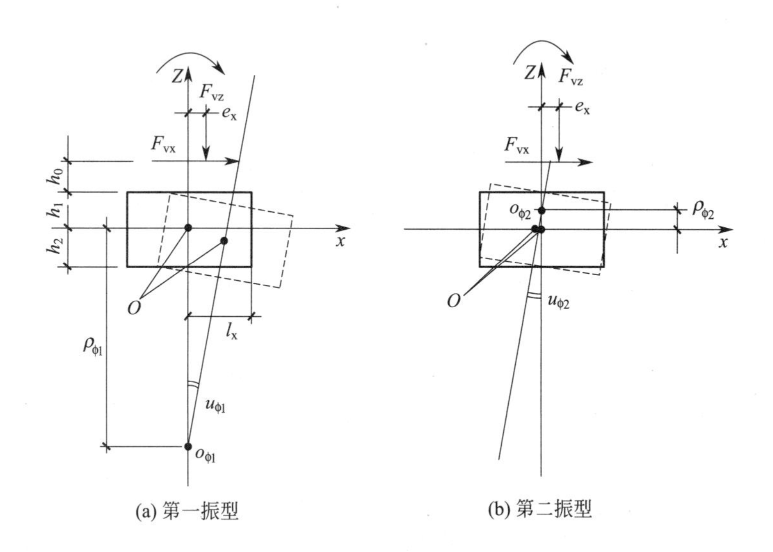

图 6-2-2　基组振型

热模锻压力机的锻压阶段，基组的竖向振动位移应按下列公式计算：

$$u_z=1.2\frac{F_H}{K_z}\cdot\frac{\omega_{nz}^2}{\omega_{nm}^2-\omega_{nz}^2} \quad (6\text{-}2\text{-}17)$$

$$\omega_{nm}^2=\frac{K_1}{m_1} \quad (6\text{-}2\text{-}18)$$

$$m_1=m_u+m_m+0.5m_c \quad (6\text{-}2\text{-}19)$$

式中　F_H——压力机公称压力（kN）；

ω_{nm}——压力机上部质量 m_1 与立柱组成体系的固有圆频率（rad/s）；

K_1——压力机各立柱竖向刚度之和（kN/m）；

m_1——压力机上部质量（t）；

m_u——压力机立柱以上各部件的质量（t）；

m_m——最重一套模具的上模质量（t）；

m_c——各立柱质量之和（t），当为装配型压力机时，应包括拉杆螺栓的质量。

螺旋压力机的锻压阶段，基组的扭转振动角位移可按下式计算：

$$u_\psi=0.6\frac{M_\psi}{K_\psi}\cdot\eta_{\psi max} \quad (6\text{-}2\text{-}20)$$

式中　M_ψ——螺旋压力机的扭转扰力矩（kN·m），可按现行国家标准《动力机器基础设计标准》GB 50040 的规定确定；

K_ψ——基组的抗扭刚度（kN·m）；

$\eta_{\psi max}$——动力系数，可按现行国家标准《动力机器基础设计标准》GB 50040 附录 D 的规定确定。

第三节 构造要求

一、一般构造要求

压力机基础的混凝土强度等级不应低于C30，对于地坑式基础，当有地下水时，应采用防水混凝土。

热模锻压力机和通用机械压力机基础侧壁和底板的厚度应按计算确定，侧壁厚度不应小于200mm，底板厚度不应小于300mm。对公称压力为20000kN及以上的压力机基础，侧壁和底板的厚度应适当增加。

压力机基础施工时应沿水平方向连续浇灌混凝土，并振捣密实，不允许有竖向接缝和施工缝。

压力机底座混凝土二次灌浆层的厚度由设备生产厂家根据设备需要确定，一般情况下，可取50～200mm，混凝土必须在机器安装就位初调后浇灌并振捣密实，不宜采用机械振捣。

地坑式基础的侧壁外侧应涂冷底油一度及热沥青二度防潮。基坑四周回填必须选用不含有机杂质的黏土或粉质黏土，并分层夯实。基础经常接触机油的部位必须采取防油措施。

二、配筋构造要求

压力机基础的钢筋应采用HRB400、HRB500、HRBF400、HRBF500、HRB335、RRB400钢筋。

热模锻压力机和通用机械压力机基础侧壁内外侧、底板上下部以及台阶顶面和侧面，应配置间距为150mm的钢筋网，对公称压力20000kN及以下的压力机基础，钢筋直径可采用12mm；公称压力大于20000kN的压力机基础，钢筋直径不宜小于14mm。

在孔、坑及开口等被削弱部位应设置必要的加强钢筋。

螺旋压力机大块式基础钢筋直径不宜小于12mm。

在地脚螺栓套筒下端应加设一层钢筋网增加锚固力。

当地坑深度不大于1m、地面荷载不大于10kPa时，也可以不配钢筋或只配构造钢筋。

第四节 工程实例

一、压力机非隔振基础实例

1. 项目概况

2010年某公司投资建设铸锻中心项目，其中锻造热处理二期工程万吨线车间为单层钢结构厂房（图6-4-1）。厂房结构采用排架结构和梯形钢屋架，焊接格构式钢柱，屋面选用1.5m×6m预应力混凝土屋面板，结构横向跨度24m，纵向柱距6m，纵向长度198m。屋架下弦21.00m处设有一台G_n=100/20t，S=22.5m桥式吊车，轨顶标高17.00m，一台G_n=10t，S=21.4m桥式吊车，轨顶标高11.60m。车间内设有三台大型热模锻压力机，公称压力规格分别为125MN、80MN和63MN。

2. 工程地质条件

在勘察范围内，场地地层由第四系冲洪积层组成，地表不均匀分布近期人工填土，工程场地土层分布及性状描述见表 6-4-1。

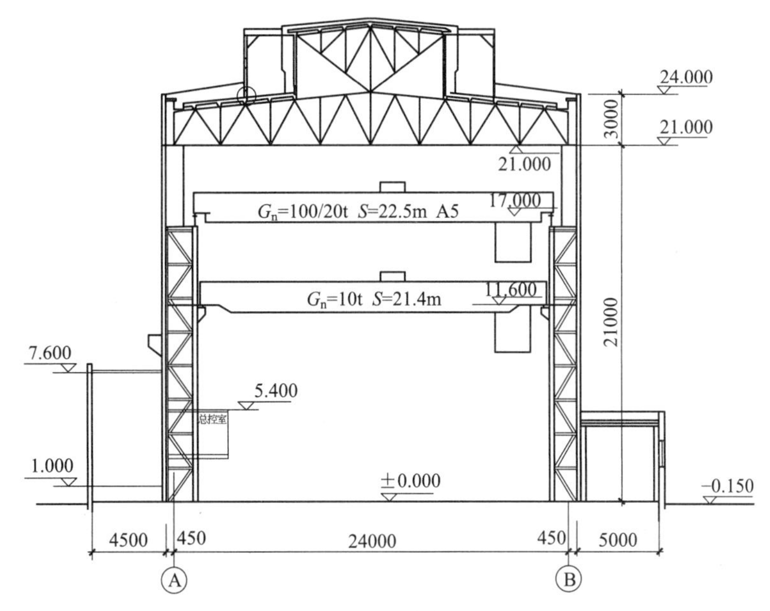

图 6-4-1 厂房剖面图

工程场地土层分布及性状描述 **表 6-4-1**

土层编号	名称	密实状态	特征描述	土层厚度
1	人工填土	松散～稍密	黄褐色，稍湿，主要成分为黄土状土	4.00～5.30m
2	黄土状粉质黏土	硬塑～坚硬	黄褐色，局部可塑	0.50～1.00m
3	黄土状粉土	稍密～中密	褐黄色，稍湿	1.00～6.90m
4	粉质黏土	可塑	黄褐色，无摇振反应	4.90～6.50m
5	粉质黏土	可塑	褐黄色～浅棕黄色	5.10～9.70m
6	粉质黏土	可塑～硬塑	浅棕黄色～棕黄色	4.10～4.80m
7	黏土	硬塑	浅棕红色～棕红色	2.10～4.10m
8	粉质黏土	可塑～硬塑	浅棕黄色	7.20～8.00m
9	黏土	硬塑～坚硬	浅棕红色	2.80～5.00m

3. 设备资料

大型热模锻压力机设备及设备制造厂家提供的加载过程振动荷载时程曲线如图 6-4-2、图 6-4-3 所示。设备启动阶段同时出现了竖向力、水平力和力矩三个振动荷载作用且均在时程初始时段振动荷载最大，属冲击振动，呈后峰齿型脉冲，可按照该振动荷载作为控制作用设计基础。

启动阶段的竖向扰力峰值：$F_{vz0}=2370.0$kN

启动阶段的水平向扰力峰值：$F_{vx0}=-1269.1$kN

启动阶段的扰力矩峰值：$M_{\phi0}=2241.0\text{kN}\cdot\text{m}$

竖向力偏心距：$e_x=0.875\text{m}$

水平力至设备底面距离：$h_0=8.28\text{m}$

脉冲振动荷载持续时间：$t_0=0.0147\text{s}$

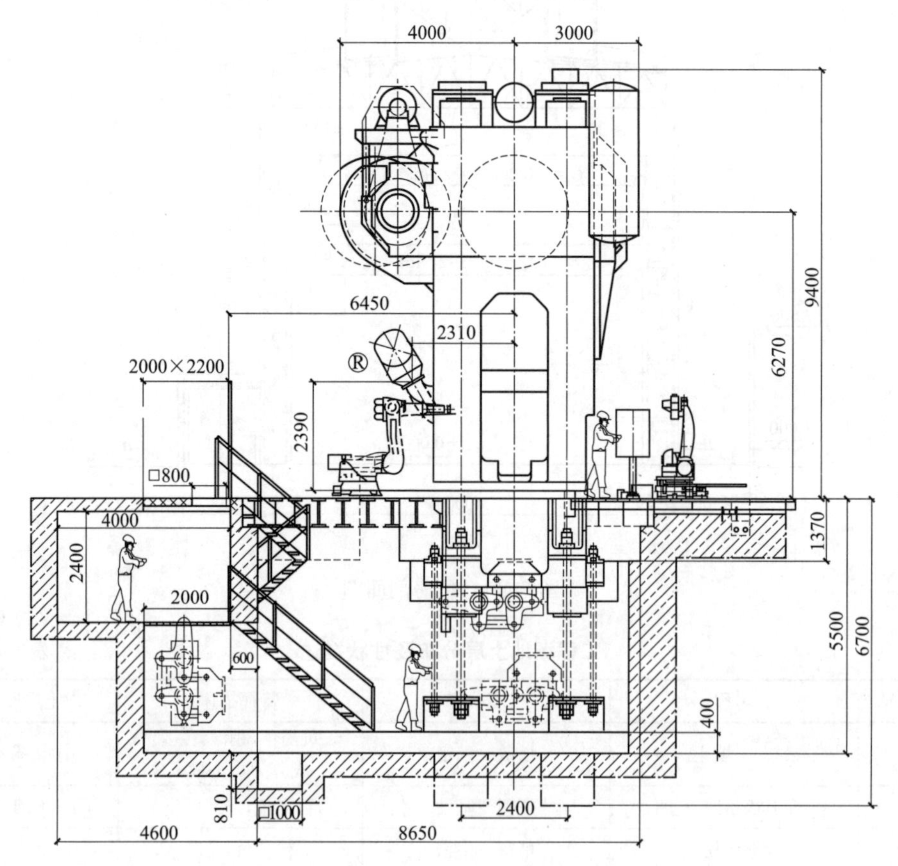

图 6-4-2　125MN 热模锻压力机

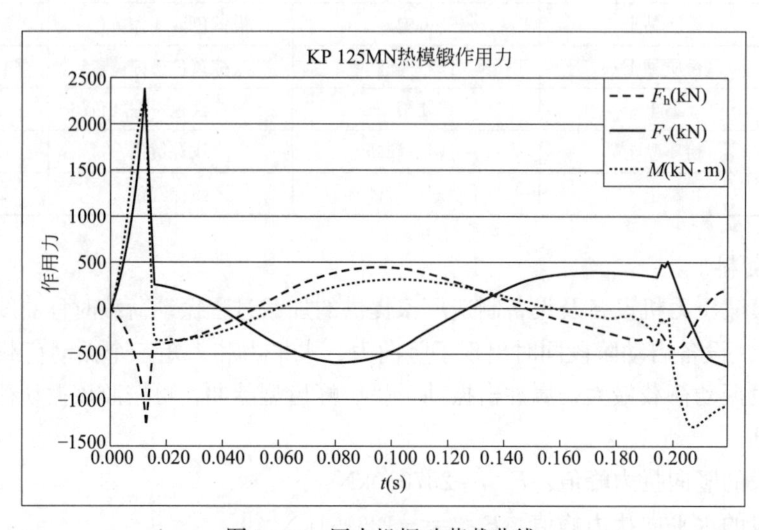

图 6-4-3　压力机振动荷载曲线

4. 基础方案

根据工程地质勘探报告的技术条件和热模锻压力设备的安装要求，拟定桩基加坑式基础形式。桩基布置及基坑剖面如图 6-4-4、图 6-4-5 所示。

基础材料：C30 防水混凝土，抗渗等级 P6，防水等级二级，垫层 C15。钢筋保护层厚度：底板 40mm，侧壁 35mm，顶板 15mm，顶板梁 25mm。

本工程属大体积混凝土，施工时应采取有效措施降低水化热的不利影响。此外，根据施工需要，基础底板设置马凳筋，侧壁两层钢筋网之间按梅花状布设直径为 8mm 的拉筋，双向布置，间距均不大于 600mm，并应符合施工规范要求。

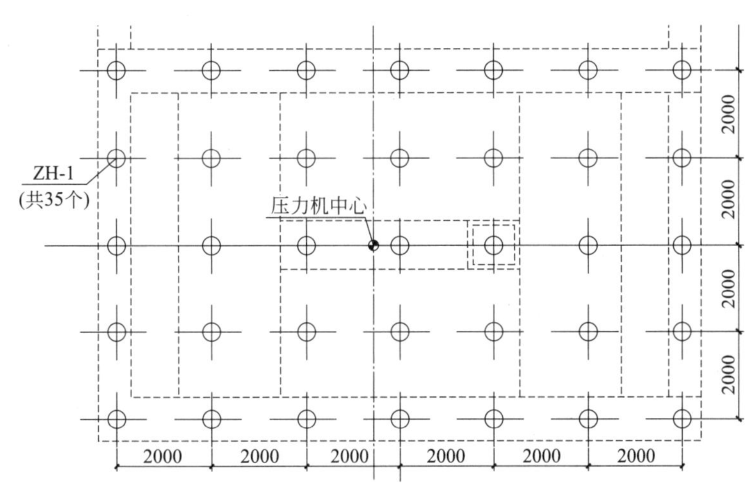

图 6-4-4　桩基布置平面图

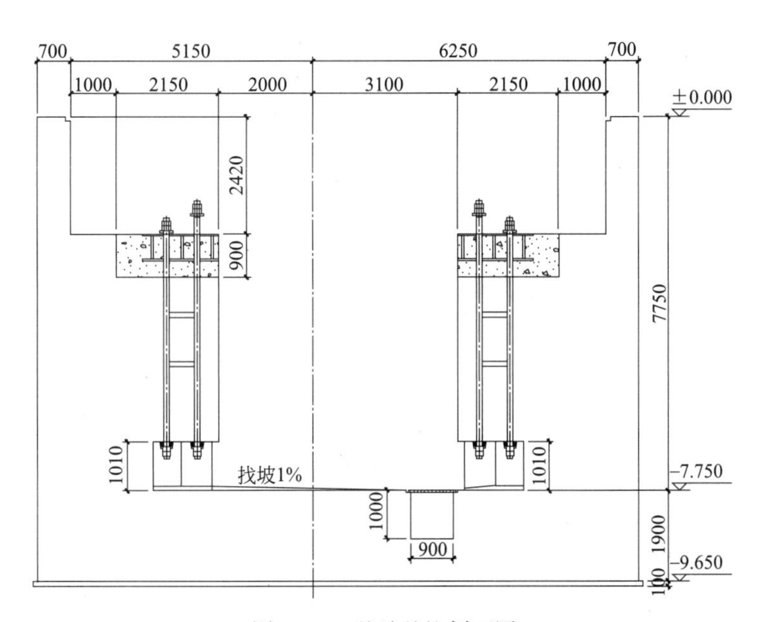

图 6-4-5　基础基坑剖面图

地脚螺栓开口的中心距离允许误差，应符合表 6-4-2 的要求。

安装精度要求　　表 6-4-2

长度 L(m)	$L\leqslant0.1$	$0.1<L\leqslant1.0$	$1.0<L\leqslant4.0$	$4.0<L\leqslant10.0$	$L>100.0$
允许误差(mm)	4	6	10	20	30

安装设备的埋件顶面角度和高度允许误差：

偏离水平线的角度允许误差：0.5mm/m

高度允许误差：0.5mm

5. 动力计算

(1) 基本参数计算

该压力机基础下设置桩基，桩数为 5×7=35 根。根据标准进行基础动力计算，计算得到的基本动力参数为：

桩基总抗压刚度为：$K_{pz}=19287450\text{kN/m}$

桩基总抗剪刚度为：$K_{px}=14237576\text{kN/m}$

桩基绕 y 轴抗弯刚度为：$K_{p\phi}=154299600\text{kN/m}$

桩基竖向阻尼比为：$\zeta_{pz}=0.162$

桩基水平回转耦合第一振型阻尼比为：$\zeta_{px}=0.097$

基组竖向总质量：$m_{pz}=3538\text{t}$

基组基础水平和回转振动质量：$m_{px}=3239\text{t}$

基组对 y 轴的转动惯量：$J_{p\phi}=102073\text{t}\cdot\text{m}^2$

基组重心至基础顶面的距离：$h_1=3.50\text{m}$

基组重心至基础底面的距离：$h_2=6.15\text{m}$

基组重心至基础长边端部的距离：$l_x=4.5\text{m}$

(2) 竖向振动位移计算

$$\omega_{nz}=\sqrt{\frac{K_{pz}}{m_{pz}}}=\sqrt{\frac{19287450}{3538}}=73.83\text{rad/s}$$

$$f_{nz}=\frac{\omega_{nz}}{2\pi}=\frac{73.83}{2\pi}=11.75\text{Hz}$$

$$T_{nz}=\frac{2\pi}{\omega_{nz}}=\frac{2\pi}{73.83}=0.0851\text{s}$$

$$\frac{t_0}{T_{nz}}=0.173$$

查《动力机器基础设计标准》GB 50040 附录 D 中的表可知：

$$\eta_{zmax}=0.4163$$

$$u_z=\frac{0.6F_{z0}}{K_z}\eta_{zmax}=\frac{0.6\times2370.0}{19287450}\times0.4163=0.0307\text{mm}<0.3\text{mm}$$

满足设计要求。

(3) 水平回转振动位移计算

$$\omega_{nx}=\sqrt{\frac{K_{px}}{m_{px}}}=\sqrt{\frac{14237576}{3239}}=66.30\text{rad/s}$$

$$f_{nx}=\frac{\omega_{nx}}{2\pi}=\frac{66.30}{2\pi}=10.55\text{Hz}$$

$$T_{nx}=\frac{2\pi}{\omega_{nx}}=\frac{2\pi}{66.30}=0.0948\text{s}$$

$$\frac{t_0}{T_{nx}}=0.155$$

$$\omega_{n\phi}=\sqrt{\frac{K_{p\phi}+K_{px}h_2^2}{J_{p\phi}}}=\sqrt{\frac{154299600+14237576\times 6.15^2}{102073}}=82.39\text{rad/s}$$

$$f_{n\phi}=\frac{\omega_{n\phi}}{2\pi}=\frac{73.67}{2\pi}=13.11\text{Hz}$$

$$T_{n\phi}=\frac{2\pi}{\omega_{n\phi}}=\frac{2\pi}{73.67}=0.0763\text{s}$$

$$\frac{t_0}{T_{n\phi}}=0.193$$

$$\omega_{n\phi1}^2=\frac{1}{2}\left[(\omega_{nx}^2+\omega_{n\phi}^2)-\sqrt{(\omega_{nx}^2-\omega_{n\phi}^2)^2+\frac{4m_{px}h_2^2}{J_{p\phi}}\omega_{nx}^4}\right]=629.934$$

$$\omega_{n\phi2}^2=\frac{1}{2}\left[(\omega_{nx}^2+\omega_{n\phi}^2)+\sqrt{(\omega_{nx}^2-\omega_{n\phi}^2)^2+\frac{4m_{px}h_2^2}{J_{p\phi}}\omega_{nx}^4}\right]=10553.868$$

$$\omega_{n\phi1}=25.098\text{rad/s}$$

$$\omega_{n\phi2}=102.732\text{rad/s}$$

$$T_{n\phi1}=\frac{2\pi}{\omega_{n\phi1}}=0.250\text{s}$$

$$T_{n\phi2}=\frac{2\pi}{\omega_{n\phi2}}=0.061\text{s}$$

$$\frac{t_0}{T_{n\phi1}}=\frac{0.0147}{0.250}=0.0588$$

$$\frac{t_0}{T_{n\phi2}}=\frac{0.0147}{0.061}=0.2410$$

$$\eta_{1\max}=0.1360$$

$$\eta_{2\max}=0.6329$$

$$\rho_1=\frac{\omega_{nx}^2h_2}{\omega_{nx}^2-\omega_{n\phi1}^2}=7.178\text{m}$$

$$\rho_2=\frac{\omega_{nx}^2h_2}{\omega_{n\phi2}^2-\omega_{nx}^2}=4.390\text{m}$$

振动荷载作用，可按下列公式计算：

$$M_{\phi1}=M_{\phi}+F_{vx}(h_1+h_0+\rho_{\phi1})+F_{vz}e_x=28374.348\text{kN/m}$$

$$M_{\phi2}=M_{\phi}+F_{vx}(h_1+h_0-\rho_{\phi2})+F_{vz}e_x=13693.399\text{kN/m}$$

两振型回转角位移，可按下列公式计算：

$$u_{\phi1}=\frac{0.9M_{\phi1}}{(J_{p\phi}+m_{p\phi}\rho_1^2)\omega_{n\phi1}^2}\eta_{1\max}=0.0205\text{mm}$$

$$u_{\phi1}=\frac{0.9M_{\phi2}}{(J_{p\phi}+m_{p\phi}\rho_2^2)\omega_{n\phi2}^2}\eta_{2\max}=0.0045\text{mm}$$

顶面控制点的竖直和水平方向位移分别为：

$$\begin{aligned}u_{z\phi}&=u_z+(u_{\phi1}+u_{\phi2})l_x\\&=0.0307+(0.0205+0.0045)\times6.4=0.191\text{mm}<0.3\text{mm}\end{aligned}$$

$$\begin{aligned}u_{x\phi}&=u_{\phi1}(\rho_1+h_1)+u_{\phi2}(h_1-\rho_2)\\&=0.0205\times(7.178+3.5)+0.0045\times(3.5-4.39)=0.215\text{mm}<0.3\text{mm}\end{aligned}$$

综上可得，热模锻压力机基础竖向和水平向振动均小于现行国家标准《动力机器基础设计标准》GB 50040的容许振动值，满足使用要求。

6. 结论

大型热模锻压力机属于冲击振动设备，由于振动荷载非常大，基础设计时需要从安全性、适用性、经济性和可实施性等方面综合考虑。

通过设置桩基加基坑的设计方案来控制启动阶段的基础振动位移，结果表明该方案能够满足容许振动标准要求。根据荷载时程曲线，锻压阶段振动荷载较小，不起控制作用。本项目热模锻压力机自投产至今已十余年，隔振效果良好。

二、压力机隔振基础实例

1. 项目概况

为减小压力机工作时引起的环境振动，保护压力机、降低其故障率及维修费用和停产损失，同时保护基础并降低基础费用，某400t压力机采用弹簧隔振基础。

2. 隔振方案

冲压压力机通常采用直接支承的隔振方式，即隔振器直接安装在压力机的四个地脚之下，每个地脚下方安装一组弹簧隔振器。隔振设计时，需根据压力机吨位大小、客户对隔振效果的要求以及地质条件，确定最适合的隔振方案。当压力机吨位大、隔振效果要求高、工程场地地质条件差时，应采用竖向刚度较低的隔振器，隔振器的竖向刚度越低，隔振系统的固有频率也就越低，隔振效果就越好。同时，必须保证采取隔振措施后，压力机运行时的动态位移不影响其正常工作。

本工程为中小型压力机，附近没有精密加工和检测设备及敏感建筑，采用隔振系统固有频率为6Hz左右的隔振方案。

3. 隔振系统设计

隔振系统设计需要如下输入条件：

（1）压力机（含送料机）的重量；

（2）压力机的最大模具重量；

（3）压力机的竖向运动重量；

（4）压力机的连续工作冲次；

（5）压力机的行程。

根据上述输入条件进行计算，确定隔振系统的主要参数：

（1）隔振系统固有频率为 6Hz，对应弹簧隔振器的静态压缩量为 7mm；

（2）对于普通的冲压压力机，隔振系统的最佳阻尼比通常为 10%。

4. 隔振器选型

（1）隔振器要有足够的承载能力，保证其具有足够长的使用寿命。

（2）隔振器要有合适的竖向刚度值，满足隔振系统固有频率为 6Hz 的要求。

（3）隔振器要有合适的竖向阻尼系数，满足隔振系统阻尼比为 10%的要求。

（4）隔振器要有合适的外形尺寸，适合与压力机地脚配合，不可以伸出压力机地脚太多。

（5）隔振器需要用固定螺栓或防滑垫板与压力机地脚和基础进行固定。

5. 相关计算

弹簧隔振器的静态压缩量，按下式计算：

$$\delta=\frac{m_{s}g}{K_{1}}=7\text{mm}$$

式中　m_s——隔振器上部的总质量，为 140t；

K_1——隔振器的竖向总刚度，为 196kN/mm。

采用弹簧隔振器的隔振体系竖向固有频率，按下式计算：

$$f_{v}=\frac{5}{\sqrt{0.1\delta}}=5.98\text{Hz}$$

对于曲柄机构驱动的低速冲压压力机，压力机工作时运动部件惯性力引起的竖向动态位移，按下式计算：

$$u_{d}=F/K_{1}=0.2\text{mm}$$

式中　F——竖向惯性力，$F=mr\omega^2=38.5\text{kN}$；

m——竖向运动质量，为 26t；

r——半行程，为 0.15m；

ω——滑块连续往复运动的角速度，$\omega=2\pi f=3.14\text{rad/s}$；

f——滑块连续往复运动的频率，为 0.5Hz。

6. 隔振基础布置

（1）隔振基础布置，应满足压力机安装、运行和维护的要求。

（2）隔振基础布置，应满足隔振器就位、调平、固定、检查和维护保养的要求。

（3）隔振器应尽可能布置在远离压力机中心的位置，以便压力机获得最大的动态稳定性。

（4）隔振器应尽可能布置在标高较高的位置，以避免基础坑底部的水和油等异物进入隔振器。

隔振基础布置如图 6-4-6 所示。

7. 项目效果

项目顺利实施之后，压力机和隔振器工作正常，装备隔振效果和压力机的竖向动态位移等各方面均满足相关要求。

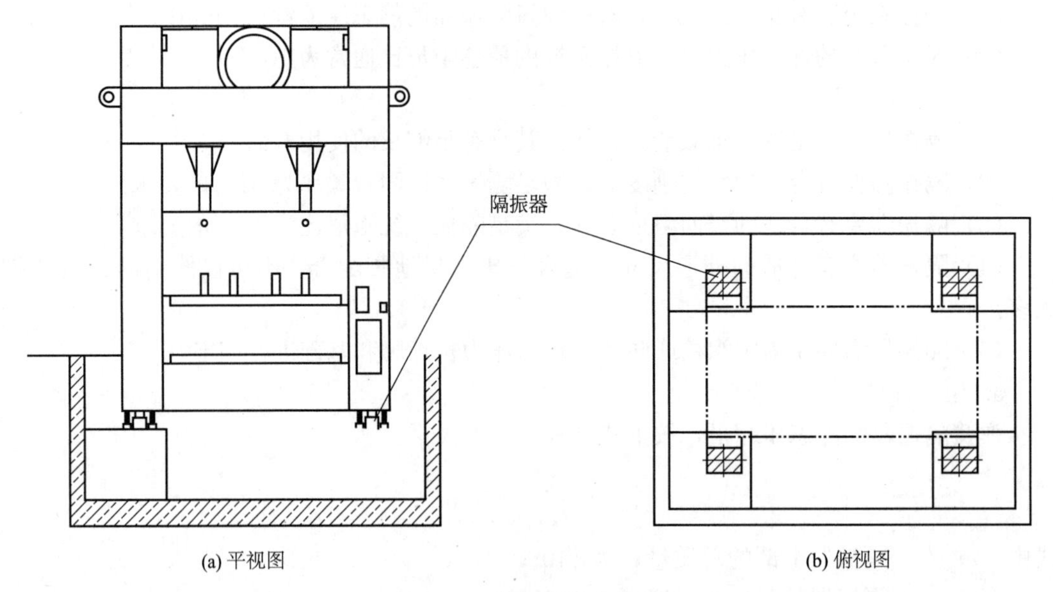

(a) 平视图　　(b) 俯视图

图 6-4-6　隔振基础布置图

第七章　破碎机和磨机基础

第一节　破碎机基础

一、一般规定

破碎机是矿山、电力和建材等行业广泛应用的动力机器，设备运行过程中会产生很大的振动，振动机理和振动特性与破碎机的结构类型、破料方式密切相关。基础设计时，需根据破碎机的振动特点选择合适的基础形式，并进行必要的振动计算和采取相应的构造措施，以保障机器工作的可靠性和安全性。

1. 破碎机的分类

破碎机根据自身的结构特点、破料机理，可分为颚式、圆锥式、冲击式和辊式四种类型，它们的工作方式和振动特点各不相同。

（1）颚式破碎机

颚式破碎机又称“老虎口”，是模仿老虎大口嚼碎骨头的构造而设计，可分为复摆颚式(图 7-1-1）和简摆颚式(图 7-1-2）两种结构形式。

颚式破碎机破碎物料的工作原理：在偏心轴的驱动下，动颚板周期性地压向固定颚板，施以巨大的咬合挤压力和错动剪切力（简摆式无错动剪切力），将夹在其中的物料破碎。破碎物料的力是机器的内力，非振动荷载，但它会激发机器自身振动，传给基础，为随机振动。主要的振动荷载是动颚及其联动机构运转过程中的惯性力，包括飞轮或带轮等旋转运动部件的离心力，动颚摆动的振动荷载频率与偏心轴转速相对应。简摆式与复摆式的动颚运动轨迹略有区别；简摆式的动颚下部在推力板受偏心轴和连杆的驱动下，围绕上端悬挂轴作小幅摆动，运动机构的振动荷载是动颚摆动的惯性力、偏心轴带动连杆的旋转运动离心力和连杆带动推力板的水平往复运动惯性力；复摆式动颚的运动轨迹类似于往复式机器连杆的运动，其振动荷载可以通过对动颚运动的动力学分析获得。颚式破碎机的动颚粗大笨重，动平衡性能较旋转式机器和往复式机器差很多，转速也不均匀。颚式破碎机的振动以动颚运动的惯性力激振为主，基础振动主要为竖向振动和动颚摆动方向的水平回转振动；与转速对应的频率为振动主频率，具有多谐次及随机振动的特征。

（2）圆锥式和旋回式破碎机

圆锥式破碎机（图 7-1-3）和旋回式破碎机（图 7-1-4）的结构特点与颚式破碎机不同，但破料原理相同，且工作效率更高。从结构和破料工作原理上看，圆锥式与旋回式可视为同一种类型的破碎机，都是动齿板固定在内圆锥上，固齿板固定在外圆锥上，通过内圆锥的旋回摇动周期性地将夹在内外圆锥之间的物料压碎。主要区别是：圆锥式的内锥在下、外锥在上，内、外锥间的料腔喇叭口斜向上，不适宜破大料；而旋回式的内锥与外锥高度平置，料腔喇叭口正向上，适宜破大料；资料显示，进料的最大尺寸可达 2m。

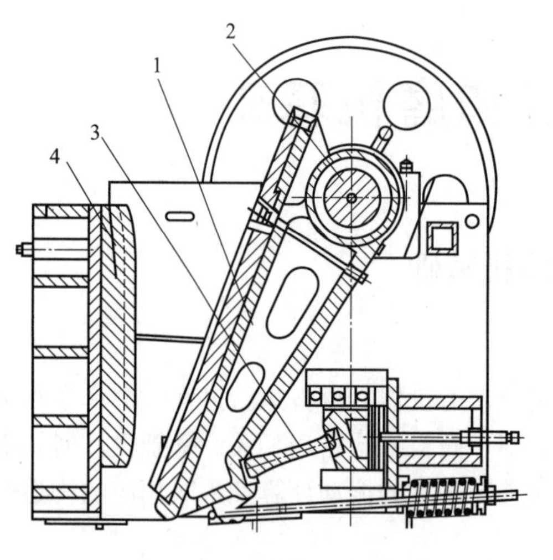

图 7-1-1　复摆颚式破碎机结构简图
1—动颚；2—偏心轴；3—推力板；4—定颚

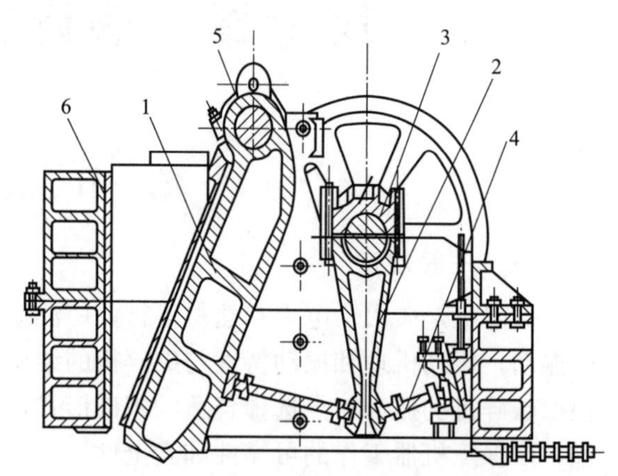

图 7-1-2　简摆颚式破碎机结构简图
1—动颚；2—连杆；3—偏心轴；4—推力板；
5—悬挂轴；6—定颚

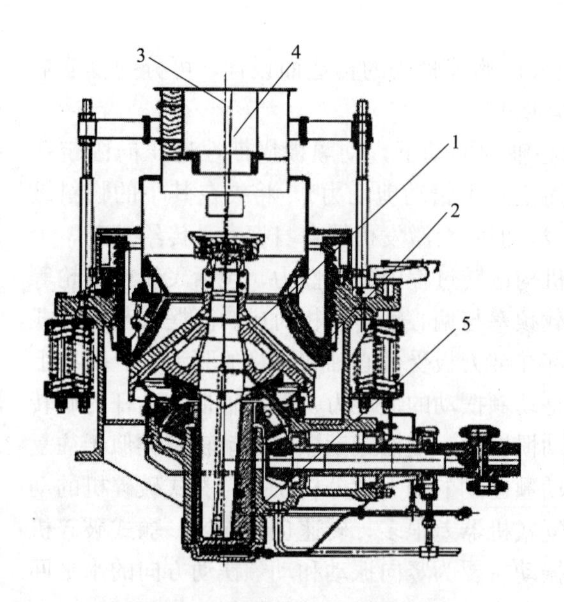

图 7-1-3　圆锥式破碎机结构图
1—定锥；2—动锥；3—主轴中心线；
4—定锥中心线；5—偏心轴套

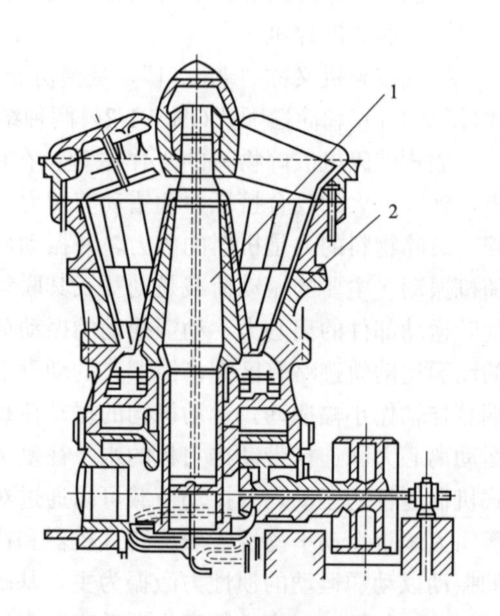

图 7-1-4　旋回式破碎机结构图
1—动锥；2—定锥

圆锥式和旋回式破碎机运转时的转速低、扭矩大，对基础激振的主要振动荷载是动锥摇摆产生的水平向离心力和旋回力矩，其次是破料激发的机器随机振动传给基础。此类破碎机基础的振动特点是全方位的水平摇摆振动为主，竖向振动和扭转振动较小；由于以低频激振为主，采用大底面的基础有利，因此应谨慎采取基础隔振。

（3）冲击式破碎机

冲击式是锤击式和反击式的统称，是利用固定在转子上的硬质锤头或板锤快速旋转的冲击作用，击碎硬而脆的矿石或物料的破碎机（图 7-1-5）。

锤击式与反击式的区别为：反击式是在锤击式基础上增加了反击板，物料被锤击后撞到反击板上再回弹，被锤头和反击板轮番撞击而多次破碎（图 7-1-6）；锤击式破碎机没有反击板，多了入料口挡板（图 7-1-7）。

(a) 锤头结构　　(b) 板锤结构

图 7-1-5　转子结构图

图 7-1-6　反击式破碎机

1—转子部；2—中腔体部；3—上腔体转臂焊合部；4—反击块前支架部；5—悬吊部；6—反击块后支架部；7—下腔体部

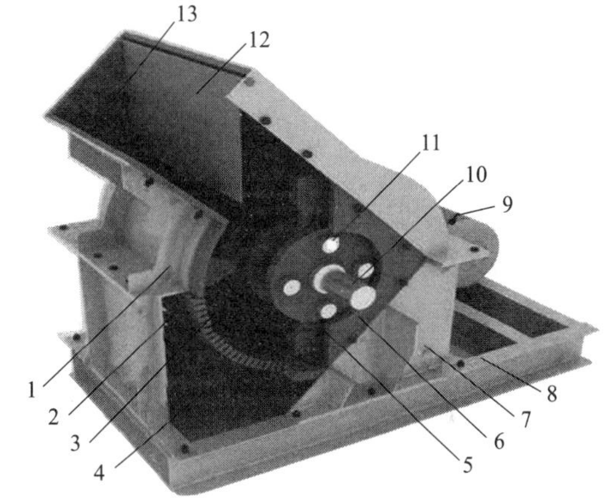

图 7-1-7　锤式破碎机

1—上机体；2—蓖条板；3—锤盘；4—出料口；5—锤头；6—侧衬板；7—下机体；8—支座；9—驱动电机；10—传动轴；11—锤头；12—入料口挡板；13—衬板

冲击式破碎机还有两种变种形式：笼式破碎机是将锤头改装为沿转子周边布置的长条（图 7-1-8），常用于破碎软而碎的材料（如煤矸石、炉渣、脆性垃圾等），设备振动较小；双转子锤式破碎机增加了对称转子，可反向朝中间旋转击打矿石（图 7-1-9），双转子可上下错开成斜线布置，二次击碎物料。

冲击式破碎机高速旋转的锤头带有很大的动能，该动能与物料碰撞的冲击力可使破碎机进料的最大尺寸达到 1.8m，其破料能力强且振动强烈，冲击式破碎机作用到基础的振动荷载主要包括：

1）锤头或板锤撞击矿石的反作用力，它沿锤头旋转方向形成对旋转轴的切向力和对轴心的力矩，通过轴承传给基础，是主要的振动荷载，该荷载远高于转速对应频率的随机振动荷载；

图 7-1-8　笼式破碎机

图 7-1-9　双转子锤式破碎机

2）被锤头或板锤击碎的矿石撞击反击板或箅条板的冲击力通过机身传给基础，形成远高于转速对应频率的随机振动荷载；

3）锤头和转子及带轮旋转运动离心力。冲击式破碎机的振动大，随机振动频率远高于转速对应频率，采用隔振基础会取得好的效果（不排除其他基础形式）。

（4）辊式破碎机

辊式破碎机以对辊式为代表，对辊的主轴反向旋转从中间破碎物料。根据破料的方式和结构特点，可划分为撕碎机［图 7-1-10(a)］和齿辊破碎机［图 7-1-10(b)］。撕碎机刀片串联固定在旋转（辊）轴上，以锐利刀口剪切、撕裂作用破碎韧性的金属、塑料、橡胶轮胎、韧性垃圾等；齿辊破碎机靠固定在转子（辊轴）上的齿挤碎较硬的脆性物料（如煤、石料、脆性垃圾等），根据物料的性质不同，有长条齿、斜方齿、狼牙齿、方波浪齿等多种齿形供选择。

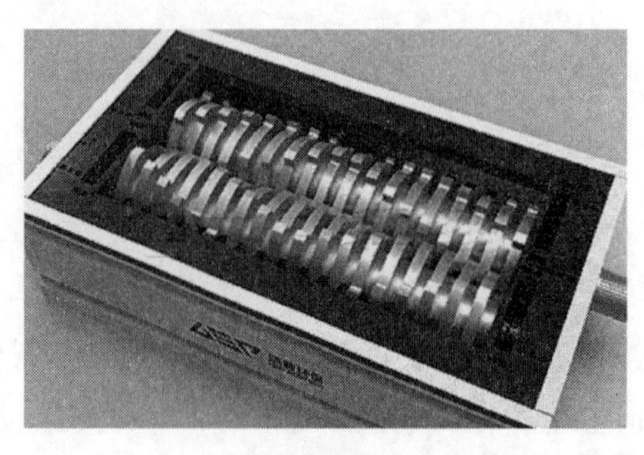

(a) 撕碎机

(b) 齿辊式破碎机

图 7-1-10　撕碎机和齿辊式破碎机

辊式破碎机破碎物料的作用力为机器的内力，对辊式破碎机作用到基础上激发基础振动的振动荷载，主要为辊子及其联动部分（如带轮）旋转运动离心力的合力和力矩；当辊式破碎机在一个轴上采用了弹簧或液压弹性让位装置时，产生与之相应的水平振动作用力；辊式破碎机基础的振动比颚式破碎机和冲击式破碎机小。

2. 破碎机基础的特点

(1) 一般情况下，破碎机是生产线上的设备，与上下游生产设备关联密切，上有进料口、下有出料口，进料、出料的传动装置多数也支承在基础上，基础设计计算基组总质心位置时，应当注意不要遗漏设计荷载。

(2) 因排料需要，破碎机在基础上所处位置较高，多数采用短柱型框架式基础，大块式基础一般也需设柱墩或矮墙支承破碎机，同时破碎机较大的水平向振动荷载易激发基础产生较大的水平回转振动。

(3) 当破碎机工作轴对应的转速有可能落在破碎机基组的固有频率范围时，基础设计应严格控制基组的固有频率，避免发生共振。

(4) 破碎机使用环境的粉尘较大，尤其当处于野外环境时，极易增大运转部件的磨损和振动。

3. 基础设计需要的资料

破碎机基础设计的原始资料是基础地基承载力计算、振动计算和振动控制所需要的，包括机器自身和工程项目的资料。

(1) 机器自身及其配套设备的资料

1) 破碎机的型号、外形尺寸、质量和运行质量，颚式、冲击式和辊式破碎机的轴心高度；

2) 破碎机与驱动电机和基础上其他设备的质量、质心位置，进出料口与联动机构的位置关系；

3) 基础外形尺寸和地脚螺栓位置及构造图；

4) 破碎机的工作转速、振动荷载大小、作用方向及其作用位置；

5) 驱动电机的转速及传动方式，振动荷载大小；

6) 机器基础的容许振动值及对应的控制点位置。

(2) 工程项目的资料

1) 工艺、建筑、结构施工图中破碎机的位置及与周边的关系；

2) 岩土工程勘察报告的破碎机基础处土层性质、承载力特征值、土动力计算参数；

3) 由于破碎机涉及类别、型号较多，振动荷载较为复杂且变化较大，因此，破碎机的振动荷载和容许振动值应以机器制造厂提供的指标为主，当不能提供时，振动荷载可按现行国家标准《建筑振动荷载标准》GB/T 51228 确定；机器的容许振动值可按现行国家标准《建筑工程容许振动标准》GB 50868 取值。

4. 基础选型原则

破碎机一般采用大块式基础，在基础顶面设柱墩支承破碎机，或在基础顶面设凹槽排料，其他基础形式是根据破碎机的用途、设置高度以及场地地质条件和环境特点变化综合确定。当破碎机需要设置在较高位置时，可采用墙式或框架式基础，一般多为短柱框架式；当场地的地质条件不好、天然地基不适合作为破碎机地基持力层时，可进行地基处理或采用桩基础；当场地为较好的基岩，且具备现行国家标准《动力机器基础设计标准》GB 50040 中附录 A 锚桩（杆）基础条件时，可以采用锚桩（杆）基础；当两台或多台破碎机布置距离较近时，宜采用联合基础；当破碎机基础振动可能导致环境振动超标时，应采用隔振基础或在破碎机机座下连接基础处采取隔振措施；当破碎机设置在楼层中时，可以采用周边与楼盖完全脱离的框架式基础，并进行隔振或减振处理；实际工程中，应根据具体情况通过多种方案比较后选定。

需要注意的是，破碎机基础振动较大，应避免设置在可能引起滑坡的场地边缘。此外，设置在台地边缘的破碎机基础，要考虑对周边环境振动的不利影响。

二、地基承载力验算及稳定性控制

破碎机为振动较大的动力设备，易使基础产生不均匀沉降，这与地基土的稳定性有关。以往工程中，一般采用破碎机振动荷载的3～4倍与静力荷载叠加，或取破碎机重量乘动力系数与静荷载叠加验算地基承载力的方法，上述方法可以继续沿用；但在控制沉降时，不适合按等效静荷载进行计算。破碎机的基础设计，主要是控制基础避免因振动产生过大沉降和不均匀沉降，进而影响机器正常使用。一般说来，除确有设计经验或特殊情况外，下列地基不宜作为破碎机基础的天然地基，应进行地基处理：

1. 可液化砂土和松散的砂土：与地震作用不同，破碎机的振动是经常性的，与按地震判别土的可液化有所区别。因此，凡可液化砂土和松散的砂土都不能作为破碎机基础的地基。工程经验表明，松散的砂土对振动很敏感，不需要很大的振动就可能引起基础不均匀沉降和错位，影响破碎机正常使用；当无法避免时，上述两种地基均应进行地基处理，否则不得作为破碎机基础的持力层。

2. 软土和特殊土：承载力偏低的软土，如淤泥、淤泥质土、湿陷性黄土、未经压实的回填土、季节性冻土、不均匀地基等，一般不宜作为破碎机基础的地基，需要进行地基处理。

选择地基处理方案时，应结合项目场地特点和当地施工经验进行多方案比较，对桩基和复合地基等方案进行多方案优化，复合地基是否可以用于破碎机、磨机等动力机器基础，需要进一步开展试验研究。

三、振动计算

破碎机基础振动计算主要解决三个问题：一是静力平衡计算，使基组质心处于地基反力刚心铅垂线上，满足振动计算基本假定并使地基应力均匀，避免产生不均匀沉降；二是避免基础与设备的主要振动频率发生共振；三是将基础的振动控制在容许范围内，以满足机器正常工作和安全的要求。

1. 大块式基础

大块式基础可按下列方法进行振动计算：

（1）计算基组总质量、质心和转动惯量：破碎机和所有支承在破碎机基础上的设备、基础、支承基础的地基或隔振装置，统称为基组。振动计算首先要根据重力落到破碎机基础上的所有机器设备、管道以及基础自身的质量、质心位置，计算基组的总质量和总质心位置，然后转换为以基组总质心为原点的新坐标系，计算基组的转动惯量。

（2）计算地基刚度：基组总质心应位于地基总刚度中心铅垂线上，需据此确定基础的尺寸及与设备的位置关系，并计算地基总刚度和刚度中心坐标，并按本指南第二章的有关规定计算地基刚度。

（3）计算基组固有圆频率：大块式破碎机基础在竖向、x向水平回转、y向水平回转、扭转方向都可能产生振动和共振，因此需要计算六个自由度方向的固有圆频率。

（4）计算基组在振动荷载作用下产生的振动位移：破碎机振动荷载作用下的振动位移响应按本指南第四章的有关规定计算，先计算单一振动方向、振动频率作用下的质心位移，然后计算振动控制点的振动位移，最后计算振动位移峰值叠加，其中的振动控制点应取振动最大的基础角点。当需要计算多个频率振动荷载作用下的振动速度或加速度时，需按单一频率换算后再叠加。

当大块式基础为联合基础时，应先计算单台工作时振动控制点的振动位移，然后再按平方和开方叠加计算最大振动值。如两台破碎机型号相同，对称设置在联合基础上时，可只计算一台工作时振动控制点的振动位移和在另一台对称点处的振动位移，然后取两值相加。

2. 墙式基础

破碎机采用的墙式基础一般采用厚墙，承受破碎机重力的顶板也要求具有较大厚度，顶板的变形要求小。墙顶在破碎机水平荷载作用下的变形位移，主要由墙式基础筏板下地基的回转刚度控制，墙侧向刚度的变形控制可以忽略不计，可按大块式基础计算。但因水平振动荷载作用位置抬高，基础振动比大块式基础要大。

3. 框架式基础

破碎机通常采用框架式基础，为适应破碎机的工作高度和振动频率需要，框架一般较矮、框架柱粗短，比旋转式压缩机和电机采用的框架侧向刚度大很多，但振动计算方法相同。因此，可按现行国家标准《动力机器基础设计标准》GB 50040 第 4.3 节电机的框架式基础规定计算；一般情况下，可只计算和控制框架顶部的水平振动，当需要确定基础振动对外界环境的影响时，应计算传出方向筏板边缘的振动位移值。

4. 联合基础

大块式联合基础，应首先计算各台破碎机单独作用时控制点的振动位移，再进行叠加。框架式联合基础，当上部框架各自独立、框架底部都落在同一筏板上时，可只计算本台破碎机工作时顶板水平振动响应值，当需要考虑相邻破碎机振动的相互影响时，可根据经验乘以略大于 1 的放大系数。

四、构造措施

破碎机基础构造措施主要是保证基础在振动条件下的整体性和变形控制，以及减小破碎机和基础振动对建筑物和周边环境的影响。

1. 大块式基础

破碎机采用的大块式基础要满足进料、出料的要求，基础顶面往往需要设置突出的短柱、矮墙或凹槽，造成破碎机支承处的局部削弱，设计时需根据工程具体情况，局部增设钢筋网片，避免振裂，其余构造要求可按一般动力机器基础和混凝土设计构造要求执行。

2. 框架式基础

破碎机与高转速、频率单一的压缩机和电机不同，破碎机框架式基础的框架应低矮、刚性大，以避开主要振动频率，避免产生共振。破碎机的水平振动荷载大，圆锥式（含旋回式）破碎机的水平 x、y 两个方向的振动相近，其他类型水平向虽以某单一方向为主，但另一方向也存在振动作用。从抑制共振和框架整体受力方面考虑，框架须双向设置；从传力和减小振动角度考虑，破碎机宜直接支承在框架柱和框架梁上。当采用较大的框架柱间距且不能直接支承在框架梁柱上时，可采用类似墙式基础的顶板做法，利用厚板将破碎机动、静荷载可靠转换到框架梁上。

当破碎机需要设置的位置较高或可能产生共振时，可根据工程特点，采取框架节点处加腋、加刚性支撑等提高框架侧向刚度的方法避开共振区，也可采用加阻尼支撑抑制共振，破碎机框架式基础如图 7-1-11 所示。

图 7-1-11　破碎机框架式基础

3. 墙式基础和锚桩（杆）基础

破碎机采用墙式基础的构造，可参考磨机基础。当破碎机设置在矿石或石料的野外生产场地，且设置破碎机基础处的岩石整体性较好，符合现行国家标准《动力机器基础设计标准》GB 50040 中附录 A. 0. 1 条规定时，采用锚桩（杆）基础是较为经济合理的选择，但须严格按附录 A 采取基础抗裂和锚杆抗拉的各项构造措施。天然岩石虽有利于减小振动，但当存在节理、裂隙、夹层等不良现象时，也会影响基础在振动状况下的整体性，对抗振抗裂不利；需要根据岩石的实际情况和破碎机的振动大小，消除裂缝、裂隙对基础和锚桩（杆）的不利影响，保障基础抗振需要的整体性。

4. 构造措施

破碎机易对邻近建筑结构造成振动危害，基础设计需预先估计振动的影响并采取相应的控制措施。

（1）与厂房基础紧贴或相交叠合时，机器基础与厂房柱、墙基础宜调整到同一标高，密切接合或叠合的破碎机基础应避让厂房柱基础，预留 50～100mm 的缝隙，采用泡沫塑料等柔性材料隔开。

（2）应避免与结构构件和其他设备连接，并隔离 30～50mm 的缝隙；当无法隔离时，连接处可采取柔化处理，且对毗邻建筑结构或设备的振动影响，应控制在容许范围之内。

（3）设置在厂房内的破碎机基础，周边宜设置隔振沟，隔振沟内可充填泡沫塑料类柔性材料，以减小破碎机基础对周边区域的振动影响。

（4）破碎机基础振动较大时，应考虑对相邻厂房柱基础和屋面结构的影响。

五、工程实例

某破碎机工程用于机制砂石破碎，石块从破碎机顶部进料，基础紧贴露天矿山边缘设置，成品通过输送带与生产线连接。

1. 设计资料

（1）破碎机制造厂提供的基础设计原始数据

1）破碎机型号：PXF5065 旋回式破碎机，给料口宽度 1270mm，排料口宽度 150mm，产量 2545t/h，最大给料粒度 1100mm，动锥底部直径 1651mm，动锥行程 38（2 倍偏心距离），动锥摆动速度 175r/min。

2）配套主电动机：额定功率 400kW，额定转数 600r/min，传动轴距离基础顶面高 0.600m。

3）作用到基础上的破碎机、主电机和传动部分等设备相互位置关系见图 7-1-12。

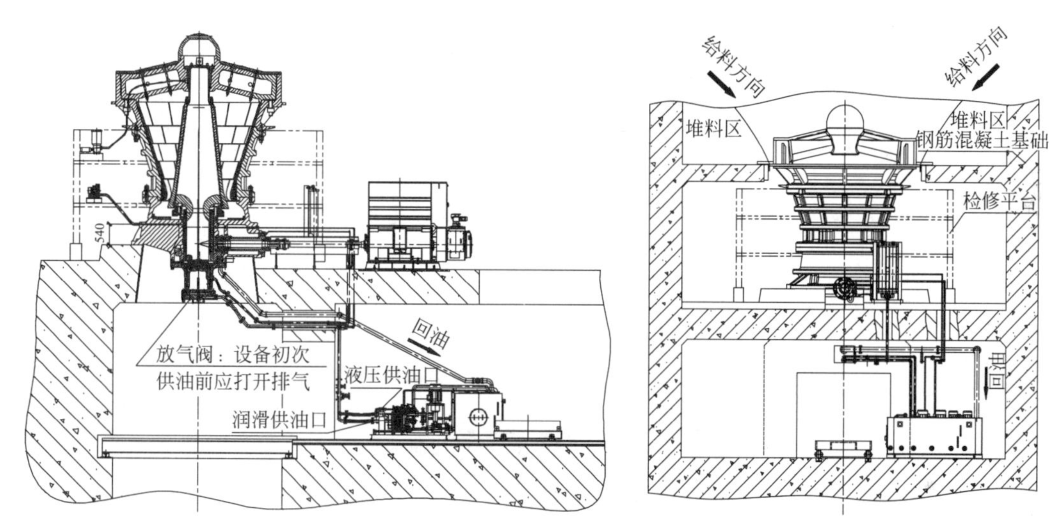

图 7-1-12　基础上设备布置相互位置关系

4）破碎机及其装置部分总质量 240t，驱动主电机及其传动装置部分总质量 9t，润滑站 5t，液压站 3t。设备传至基础上的重力分布、螺栓孔分布见图 7-1-13，地脚螺栓做法见图 7-1-14，地脚螺栓由破碎机制造厂提供。

5）设备制造厂家提供的荷载见表 7-1-1。

设备荷载　　表 7-1-1

静荷载		动荷载	
名称	作用力	名称	作用力
破碎机重力	2400kN	破碎机动荷载水平力	58kN
平衡缸重力	3kN		
电机重力	90kN	破碎机动荷载水平力矩	270kN·m
润滑站重力	50kN		
液压站重力	30kN	主电机最大扭矩	15kN·m

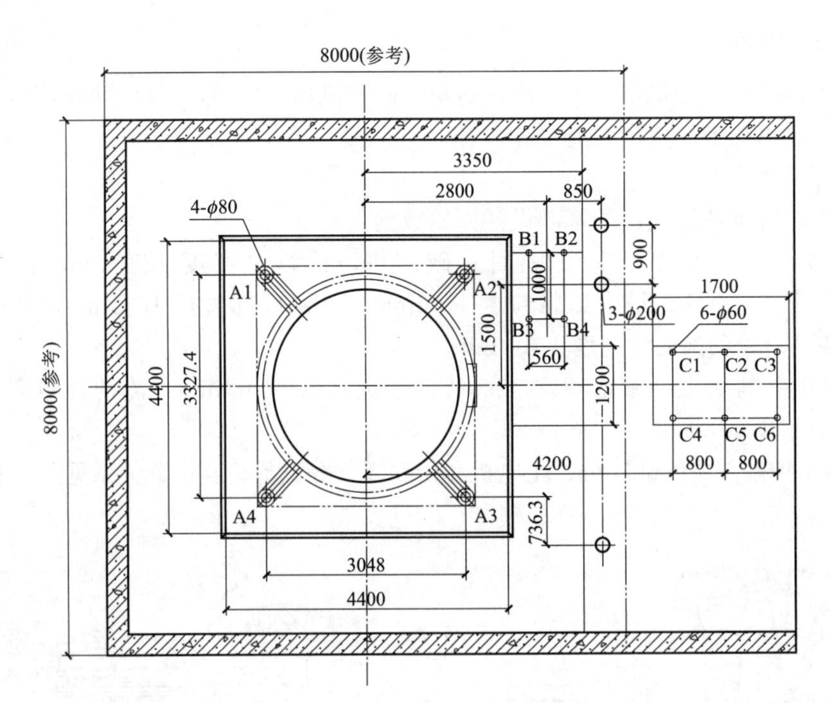

图 7-1-13 设备重力分布及地脚螺栓孔平面位置

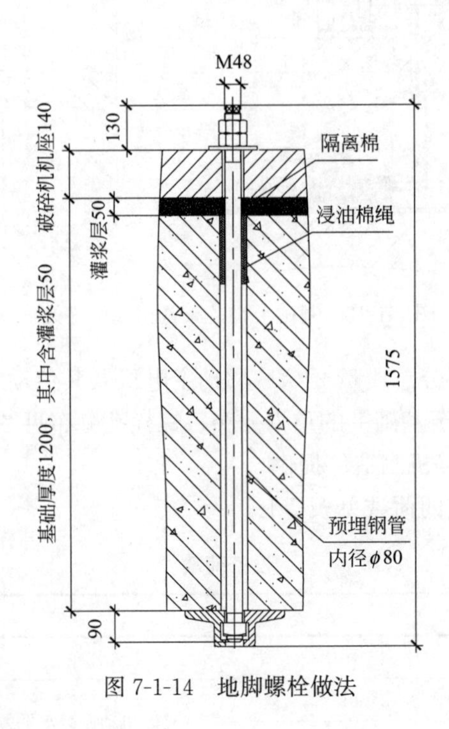

图 7-1-14 地脚螺栓做法

（2）基础设计原始数据

1）工艺设备布置图（略）。

2）根据场地地勘报告，基础持力层位于第③层碎石，地基承载力特征值 $f_{ak}=200kPa$，第④层为强风化泥灰岩，地基承载力特征值 $f_{ak}=300kPa$。基础影响深度 h_d 取至碎石层底，天然地基抗压刚度系数 C_z 近似取为 40000kN/m^3；

3）本工程建设处于空旷室外，周边环境无振动控制要求。根据现行国家标准《建筑工程容许振动标准》GB 50868 的规定，取本工程水平容许振动位移峰值为 0.25mm。

2. 基础选型及方案设计图

根据工艺要求和工程场地特点，破碎机采用半地下两层墙式混凝土基础，±0.000 设在破碎机下的操作兼维修层地面，破碎机和电机支承在一层顶板（标高 4.00m）上，破碎后的石料从负一层通过输送带排出（图 7-1-15）。筏板基础上的墙四面设置，后墙顶矿山边缘，前墙首层开洞供破碎机操作和维修进出，负一层开洞运送成品料，筏板顶标高 −5.300m。为满足进料要求，墙式基础顶板以上墙减小厚度后延伸到进料口。

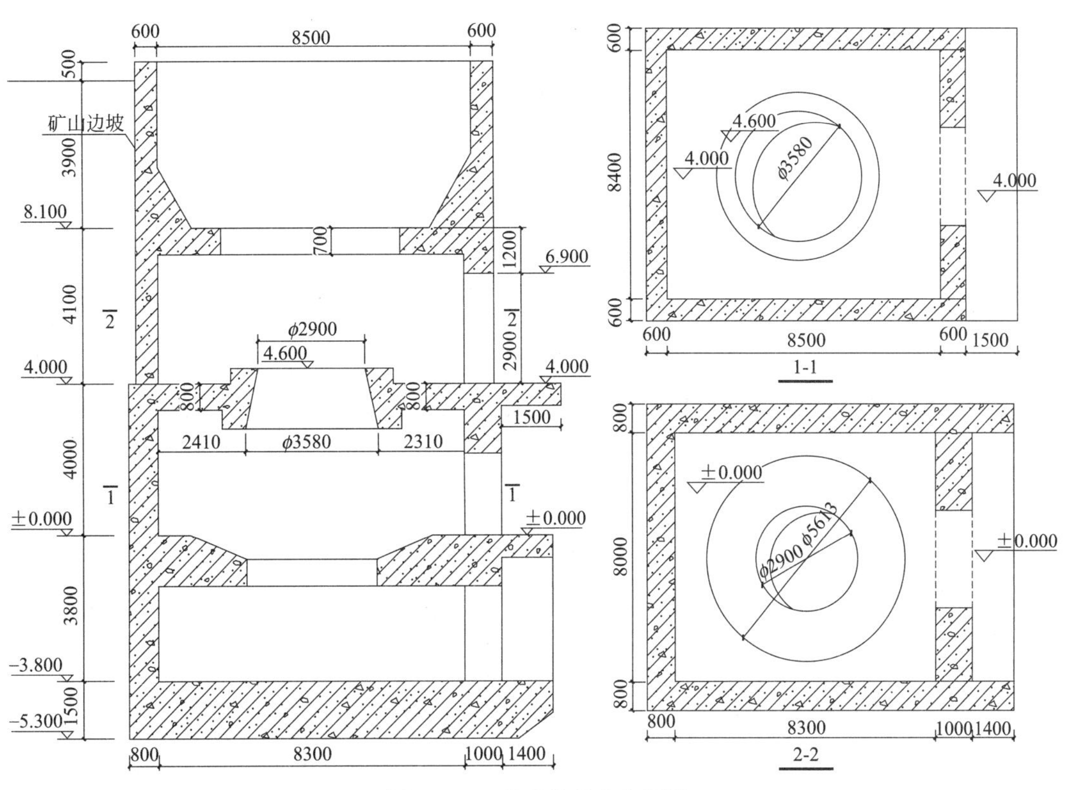

图 7-1-15　破碎机基础布置图

3. 结构振动计算

（1）基组体系平衡和总质心位置计算

取基组基础的左下角点为坐标原点，参考坐标为 $o'x'y'z'$，基组各部分外形尺寸、质量和质心坐标及总质心位置计算见表 7-1-2。

基组各部分质量和质心位置　　表 7-1-2

序号	部件名称	部件质量 m_i(t)	x_i'(m)	y_i'(m)	z_i'(m)	$m_i x_i'$(t·m)	$m_i y_i'$(t·m)	$m_i z_i'$(t·m)
1	破碎机	240	5.200	4.800	11.275	1248.000	1152.000	2706.000
2	基础	2826	5.619	4.800	7.790	15879.264	13564.800	22014.54
3	电机	9	10.500	4.800	9.050	94.500	43.200	81.450

续表

序号	部件名称	部件质量m_i(t)	x_i'(m)	y_i'(m)	z_i'(m)	m_ix_i'(t·m)	m_iy_i'(t·m)	m_iz_i'(t·m)
4	润滑站	5	9.750	2.200	0.950	48.750	11.000	4.750
5	液压站	3	9.750	7.300	0.800	29.250	21.900	2.400

总质心点在参考坐标系中的坐标如下：

$$x_0'=\frac{\sum m_ix_i'}{m}=5.611\text{m};y_0'=\frac{\sum m_iy_i'}{m}=4.798\text{m};z_0'=\frac{\sum m_iz_i'}{m}=8.047\text{m}$$

基组的总重心与基础底面形心偏心距：0.139/11.500＝1.21%＜5%，满足偏心距要求。

（2）基组部件转动惯量计算见表 7-1-3。

基组部件转动惯量计算 **表 7-1-3**

序号	部件名称	质心坐标(m)			转动惯量(t·m^2)					
		x_i	y_i	z_i	J_{xi}	J_{yi}	J_{zi}	$m_i(y_i^2+z_i^2)$	$m_i(x_i^2+z_i^2)$	$m_i(x_i^2+y_i^2)$
1	破碎机	−0.411	0.002	3.228	1083.58	1083.58	794.81	2500.678	2541.286	40.611
2	基础	0.008	0.002	−0.257	161099.74	166510.90	80225.93	147.380	147.503	0.138
3	电机	4.889	0.002	1.003	5.95	10.13	5.95	9.053	224.143	215.090
4	润滑站	4.139	−2.598	−7.097	1209.32	2284.28	2284.28	285.596	337.485	119.396
5	液压站	4.139	2.502	−7.247	486.00	918.00	918.00	176.337	208.946	70.162

基组转动惯量：

$$J_\theta=\sum J_{xi}+\sum m_i(y_i^2+z_i^2)=167003.64\text{t}\cdot\text{m}^2$$

$$J_\varphi=\sum J_{yi}+\sum m_i(x_i^2+z_i^2)=174266.25\text{t}\cdot\text{m}^2$$

$$J_\psi=\sum J_{zi}+\sum m_i(x_i^2+y_i^2)=84674.36\text{t}\cdot\text{m}^2$$

（3）天然地基刚度和阻尼比计算

抗压刚度：$K_z=10557038.592\text{kN/m}$

抗剪刚度：$K_x=K_y=14218496.409\text{kN/m}$

抗弯刚度：$K_\theta=335394007.988\text{kN/m}$

抗弯刚度：$K_\varphi=1163449973.917\text{kN}\cdot\text{m}$

抗扭刚度：$K_\psi=591334712.910\text{kN}\cdot\text{m}$

竖向阻尼比：$\zeta_z=0.344$

水平回转向阻尼比：$\zeta_{h1}=0.237$

扭转向阻尼比：$\zeta_\psi=0.237$

（4）基组各振型固有圆频率及振型分解对应参数计算

$$\omega_{nx}^2=\frac{K_x}{m}=4611.903(\text{rad/s})^2;\omega_{n\varphi}^2=\frac{K_\varphi+K_xh_2^2}{J_\varphi}=11959.616(\text{rad/s})^2$$

$$\omega_{ny}^2=\frac{K_y}{m}=4611.903(\text{rad/s})^2;\omega_{n\theta}^2=\frac{K_\theta+K_yh_2^2}{J_\theta}=7521.402(\text{rad/s})^2$$

水平摇摆解耦固有圆频率及对应计算参数计算见表 7-1-4。

水平摇摆解耦固有圆频率及对应计算参数计算 **表 7-1-4**

振动方向	振动第一振型		振动第二振型	
	$\omega_{n1}^2(rad/s)^2$	$\rho_1(m/rad)$	$\omega_{n2}^2(rad/s)^2$	$\rho_2(m/rad)$
x-φ	2132.430	14.968	14439.089	3.776
y-θ	818.589	9.784	11314.716	5.537

（5）质心点振动响应计算

1）水平向振动作用力 F_{vx} 作用下，横向水平摇摆振动响应计算见表 7-1-5。

F_{vx} 作用下横向水平摇摆振动计算 **表 7-1-5**

振动荷载			1 振型	2 振型	振动位移幅值
$F_{vx}(kN)$	$h_1(m)$	$\omega(rad/s)$	$u_{\varphi1}\times10^{-3}(rad)$	$u_{\varphi2}\times10^{-3}(rad)$	$u_{\varphi x}\times10^{-3}(m)$
58	0.953	18.37	0.000693	0.00000478	0.01101

2）回转力矩 M_{vy} 作用下，纵向水平摇摆振动响应计算见表 7-1-6。

M_{vy} 作用下纵向水平摇摆振动计算 **表 7-1-6**

振动荷载		1 振型	2 振型	振动位移幅值
$M_{vy}(kN\cdot m)$	$\omega(rad/s)$	$u_{n\theta1}\times10^{-3}(rad)$	$u_{n\theta2}\times10^{-3}(rad)$	$u_{x\phi}\times10^{-3}(m)$
270	18.37	0.000169	0.0000875	0.00245

3）水平向振动作用力 F_{vy} 作用下，纵向水平摇摆振动响应计算见表 7-1-7。

F_{vy} 作用下横向水平摇摆振动计算 **表 7-1-7**

振动荷载			1 振型	2 振型	振动位移幅值
$F_{vy}(kN)$	$h_1(m)$	$\omega(rad/s)$	$u_{\theta1}\times10^{-3}(rad)$	$u_{\theta2}\times10^{-3}(rad)$	$u_{y\theta}\times10^{-3}(m)$
58	0.953	18.37	0.00320	0.000193	0.03349

4）回转力矩 M_{vx} 作用下，横向水平摇摆振动响应计算见表 7-1-8。

M_{vx} 作用下纵向水平摇摆振动计算 **表 7-1-8**

振动荷载		1 振型	2 振型	振动位移幅值
$M_{vx}(kN\cdot m)$	$\omega(rad/s)$	$u_{n\theta1}\times10^{-3}(rad)$	$u_{n\theta2}\times10^{-3}(rad)$	$u_{y\theta}\times10^{-3}(m)$
270	18.37	0.00108	0.0000937	0.01125

（6）振动值叠加，振动控制点振动位移和振动速度计算

取振动控制验算点基础角点（坐标为：－5.611，4.798，0.953），各振动荷载作用下，该点振动水平位移见表 7-1-9。

验算点振动水平位移 **表 7-1-9**

序号	振动荷载	振动位移(mm)	
		水平 x 向	水平 y 向
1	F_{vx}:58kN	0.01101	—

续表

序号	振动荷载	振动位移(mm)	
		水平 x 向	水平 y 向
2	F_{vy}:58kN	—	0.03349
3	M_{vx}:270kN·m	—	0.01125
4	M_{vy}:270kN·m	0.00245	—

验算点最大振动位移：

$$u_{xmax}=0.01346\text{mm} \qquad u_{ymax}=0.04615\text{mm}$$

$u_{max}=\sqrt{0.01346^2+0.04615^2}=0.0481\text{mm}<0.25\text{mm}$，满足要求。

4. 构造做法

设计施工图中采取了下列构造措施：

（1）墙底基础筏板属于大体积混凝土，应按大体积混凝土基础施工；

（2）双向布置混凝土墙，墙洞口周边设置暗柱和暗梁；

（3）墙式基础顶板、墙体、筏板厚度均不小于标准的要求；

（4）墙式基础顶板配筋按强度计算确定，墙与底板、顶板连接处，适当增加构造配筋；

（5）卸料仓设置间距 200mm 的防护钢轨。

第二节　磨机基础

一、一般规定

1. 磨机的分类及特点

根据磨机的结构和工作原理、振动特点可分为卧式磨机、立式磨机和风扇磨三种类型，了解各类装备的特点，可以有针对性地进行磨机基础的隔振设计。

（1）卧式磨机

卧式磨机是对物料进行粉碎和超细粉碎的关键设备，应用十分广泛，其结构由两端支承和旋转卧式筒体组成，一端进料，另一端出料。一般情况下，卧式磨机靠电机输出端经减速后通过大小齿轮副驱动筒体旋转，从而对滚筒内的研磨体进行粉碎。卧式磨机的结构如图 7-2-1 所示。

卧式磨机分自磨机、半自磨机和球磨机三种，研磨介质和被研磨原料合称研磨体。筒内只装入矿石，靠矿石在筒内滚动的自磨作用进行自我粉碎的称为自磨机，其工作原理如图 7-2-2 所示；加入少量研磨介质（如研磨体 10%～15%的钢球）增强研磨作用的称为半自磨机；装入大量钢球或钢段作研磨介质（>研磨体的 45%），靠研磨介质进行粉碎的称为球磨机，其工作原理如图 7-2-3 所示。研磨介质也可以采用钢棒，采用钢棒时称棒磨机；加隔板分仓，各仓分别装入钢棒、钢球或钢段的称为棒球磨机。

卧式磨机根据筒体的长径比可进一步划分为：短磨机（长径比 1.5～2.0）、长磨机（长径比 3.0 左右）和管磨机（长径比不小于 4.0）。中长磨机和管磨机可以分成 2～4 个仓，前后仓装入研磨介质的形状或直径一般有所区别，用以对物料进行多次分级磨研，得到更细的成品。

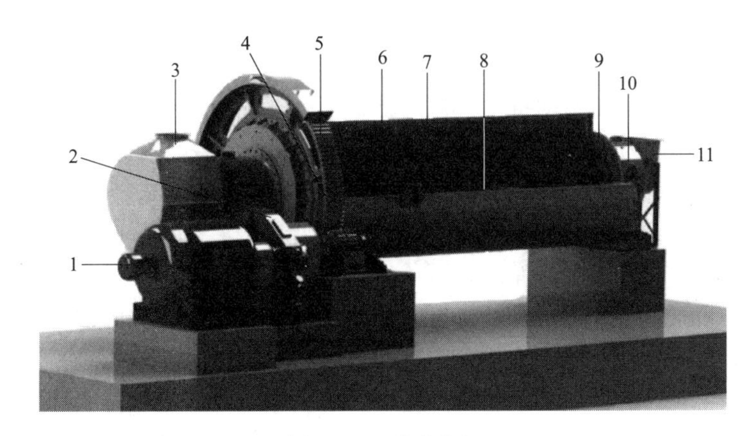

图 7-2-1　卧式磨机

1—电机；2—减速机；3—出料口；4—小齿轮；5—大齿轮；6—旋转筒体；7—衬板；8—隔仓板；9—中空轴；10—主轴承；11—进料口

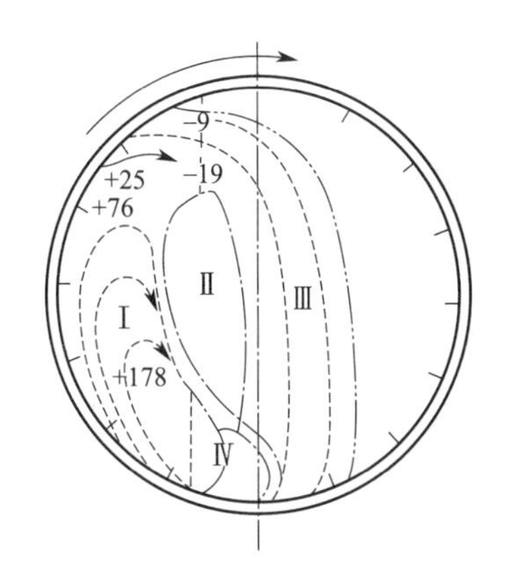

图 7-2-2　自磨机工作原理图

Ⅰ—研磨区；Ⅱ—泻落区；Ⅲ—瀑落区；Ⅳ—破碎区

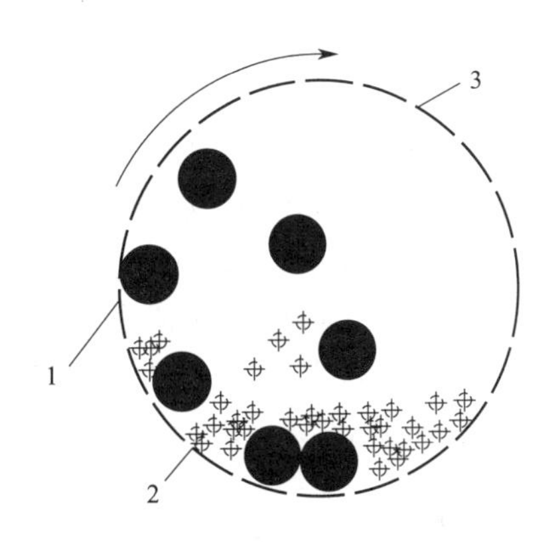

图 7-2-3　球磨机工作原理图

1—研磨介质；2—研磨原料；3—旋转筒体

卧式磨机在端部大齿轮驱动下低转速旋转，在离心力作用下，将研磨介质和被研磨原料卷起后抛落和滑落，靠研磨介质或大矿石被抛落的冲击力和研磨介质与被研磨原料之间或矿石之间揉搓的挤压力，达到破碎和粉碎原料的目的。由于研磨体主要分布在筒内的 5～10 点区域，在磨机运转过程中，其重力产生功率消耗较大的偏心扭矩，该扭矩依靠控制原料（自磨机）和研磨介质（球磨机）的充填率以及在抛落区的反向冲击力来达到平衡；而其质量则随着筒体的旋转产生较大的且接近恒定方向和恒定量值的离心力，通过两端轴承传给基础。该离心力的水平分力因所处位置较高，将对基础形成较大的倾覆力矩。

卧式磨机转速一般为 15～25r/min，属低转速磨机，滚筒（包括大齿轮和附属旋转运动部件）及筒内研磨体产生的不平衡离心力及其在旋转轴上产生离心力矩，振动对基础的传递率接近 1.0，激发基础低频振动，对磨机工作和环境振动影响甚微；主要振动荷载为研磨过程中激发的随机振动，包括研磨介质抛落的冲击力和研磨体之间相互挤压、揉搓过程中作用于筒壁的力；还有驱动电机的旋转运动离心力及齿轮联动机构的振动，这部分振动对基础的影响较小。因此，卧式磨机采用大块式基础时，可不作振动计算。

（2）立式磨机及结构和振动特性类似的磨机

代表性的立式磨机为立磨机（图 7-2-4），也是应用很广泛的一种磨机，电厂中常用来磨煤。根据立磨机磨辊与磨盘匹配构造不同，可分为辊—盘式、辊—碗式、辊—环式（MPS）和辊—环式。立磨机的结构和工作原理是顶部进料，底部电机通过齿轮减速驱动竖向轴和磨盘公转、带动磨辊在弹性施压条件下被动自转，对物料进行粉碎。粉料需要干燥时，立磨机从下部侧向鼓吹热风，将研磨好的粉料从周边侧面吹向顶部选粉机，粉碎好的产品从顶部排出，未粉碎好的物料从中间落回磨盘，重新研磨。

立磨机的磨辊改用钢球并在上面弹性施压，也叫球磨机，但与卧式球磨机是完全不同的两种类型。与立磨机结构、工作原理类似，主要运动部件绕竖向旋转轴转动，带动磨盘或磨辊粉碎物料的还有雷蒙磨和柱磨机，暂且也归属到立式磨机这一类型。

雷蒙磨是一种摆式磨机（图 7-2-5），它与立磨机的区别在于：电机通过齿轮副不是驱动磨盘旋转，而是驱动主轴顶部的梅花架旋转。梅花架上均匀悬挂多个磨辊，磨机的外环与磨辊对应位置设置磨环，通过铲刀将底盘上的研磨料铲起推送到磨辊与磨环交接处，磨辊在离心力的作用下对磨料进行研磨粉碎。

柱磨机的结构和工作原理与旋回式破碎机类似，其结构主要由工作腔、锥盘、主轴、辊轮、衬板等部件组成。传动系统位于磨机上部，由电机带动减速系统使磨机旋转。磨机下部为静止壳体，壳内为工作腔，工作腔内有碾压物料的辊轮和高耐磨的合金钢衬板，辊轮与衬板之间留有间隙。柱磨机工作时，辊轮既自转又公转，而衬板静止不动。当物料从上部给入后，物料下滑的过程中经辊轮反复碾压成粉，粉磨后的产品从机体下部排出。

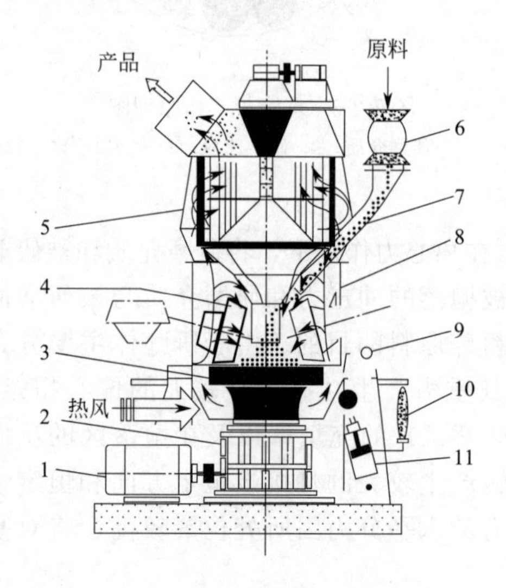

图 7-2-4　立磨机结构图

1—主电机；2—减速机；3—磨盘；4—磨辊；5—选粉机；6—锁风阀；7—溜槽；8—中壳体；9—摇臂；10—蓄能装置；11—液压装置

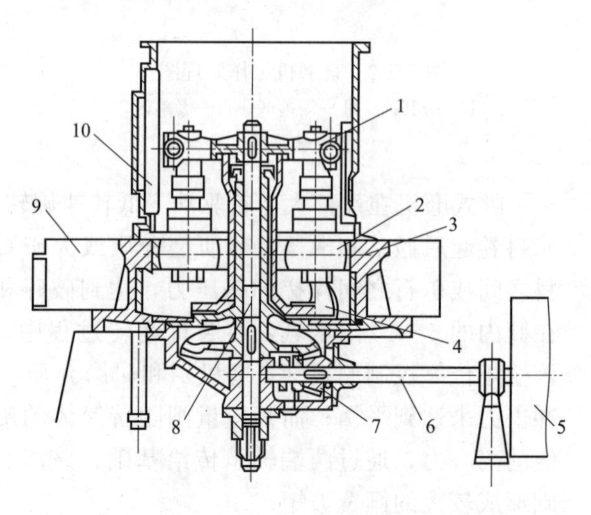

图 7-2-5　雷蒙磨结构图

1—梅花架；2—磨辊；3—磨环；4—铲刀；5—带轮；6—传动轴；7—齿轮副；8—旋转主轴；9—返回风箱；10—给料口

立式磨机的特点是：主轴旋转转速多数在 50～300r/min 之间，属中转速磨机；主要运动部件的旋转运动离心力在 x 向和 y 向的振动荷载相同，主要激发基础的水平回转四个振型的水平摇摆振动，对墙式基础激振较大，应给予重视。

（3）风扇磨

风扇磨主要用于电厂磨煤，其结构与离心风机类似，由工作叶轮和蜗壳形外罩组成，叶轮上装有 8～12 片叶片，称为冲击板，蜗壳内壁装有护甲，磨煤机出口为煤粉分离器（图 7-2-6）。叶轮的工作转速范围为 500～1500r/min，属于高转速磨机，会对基础产生较大的不平衡离心力和激振作用。其工作原理：煤吸入风扇磨后，靠叶轮叶片旋转的离心力将煤高速（约 80m/s）甩向蜗壳内壁护甲，并将其粉碎。

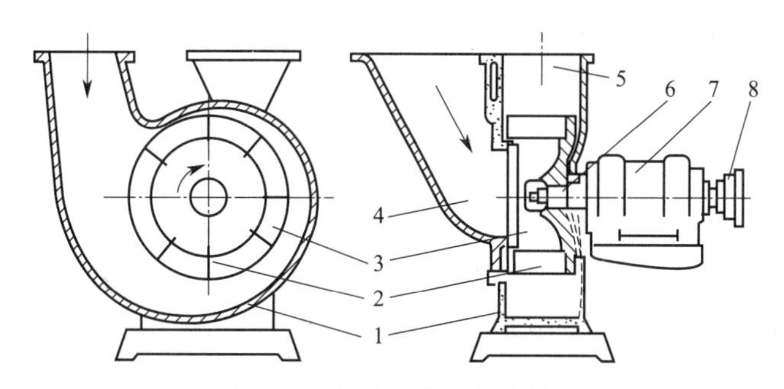

图 7-2-6　风扇磨煤机结构简图

1—机壳；2—冲击板；3—叶轮；4—进料口；5—出料口；6—旋转轴；7—轴承箱；8—联轴节

2. 基础设计需要的原始资料

磨机基础的设计资料可分为机器自身资料和工程项目资料。

（1）机器自身及其配套设备的资料

1）磨机的型号、外形尺寸、运行质量，卧式磨机的研磨体质量，卧式磨机和风扇磨的轴心高度；

2）磨机与驱动电机和基础上其他设备的质量、质心位置，进出料口与联动机构的位置关系；

3）基础外形尺寸和地脚螺栓位置及做法图；

4）磨机的工作转速、振动荷载大小、作用方向及其作用位置；

5）驱动电机的转速及传动方式；

6）机器基础的容许振动值及对应的控制点位置。

（2）工程项目的资料

1）工艺、建筑、结构施工图中磨机的位置及与周边建筑、结构和设备的关系；

2）岩土工程勘察报告的磨机基础处土层性质、承载力特征值、土层动力计算参数；

3）磨机行业的分类繁多、振动荷载复杂，本指南简要按其结构和振动特点梳理分为卧式、立式和风扇磨三类，但每一台磨机的振动大小和方向等均有其自身的特点，普通磨机基础设计人员难以明确。因此，设计时磨机的振动荷载和容许振动值应由机器制造厂家提供，当无法提供时，振动荷载可按现行国家标准《建筑振动荷载标准》GB/T 51228 取值；当标准中没有规定的或采用其他计算方法计算的，应由机器制造厂家认可后方可使用。机器自身要求的容许振动值可按现行国家标准《建筑工程容许振动标准》GB 50868

取值，标准中没有规定的，由工艺专业或机器制造厂家提供。磨机基础的振动虽然没有破碎机大，但对周边环境仍然会有较大的影响，产生振动的原因，除磨机振动特性外，还有设计人员对磨机基础振动特点认识不足等原因。因此，设计人员应根据工程项目的特点和磨机的振动特性进行方案论证、基础计算和采取构造措施；当对振动控制要求较高时，还需要根据磨机基础的设计进行方案优化。

3. 基础选型原则及注意事项

磨机通常采用大块式基础，并在基础顶面设柱墩或短矮墙支承磨机；当磨机需要设置在较高位置时，一般采用墙式基础；当场地的地质条件不好，天然地基不适合作磨机地基持力层时，可以进行地基处理或采用桩基础；当场地为较好的基岩，具备现行国家标准《动力机器基础设计标准》GB 50040 附录 A 锚桩（杆）基础条件时，可以采用锚桩（杆）基础；当两台或多台磨机布置距离很近时，宜采用联合基础，减小对基础的振动影响。生产线上的磨机往往与附属或匹配的物料传输、料仓连接在一起，可以共用基础，共用基础的质量和基底面积较大，可以减小振动，但磨机位置宜设置在基底中心区域，以避免磨机偏置造成对基础的附加振动和沉降。当磨机基础振动可能导致环境振动超标时，中低转速磨机基础宜增大基础质量、提高地基刚度，采用减振基础减小振动的输出；当采用隔振基础隔离随机振动的输出时，隔振体系的固有频率应高于低转速磨机工作转速对应频率的 2 倍以上，以避开该转速对应频率的共振区；高转速磨机宜采用隔振基础或在磨机的地脚螺栓处采取隔振措施。磨机基础隔振应采用三向大阻尼且能适应工厂环境的三维隔振器。

二、地基承载力验算及稳定性控制

磨机基础的地基承载力验算与其他动力设备具有明显的区别，卧式磨机的研磨体在磨机旋转运动中产生的恒定离心力对基础作用较为特殊，该离心力的水平向分力对磨机基础产生的倾覆力矩（现行国家标准《动力机器基础设计标准》GB 50040 规定取研磨体质量的 15%），需要计算其对基底持力层的影响；基础的剪力和竖向分力对基础的正压力影响均较小，可不作计算。验算地基承载力时，可采用磨机重量乘动力系数与静荷载叠加；磨机振动荷载作用下的基础沉降，可采用破碎机相同的方法进行控制。

三、振动计算

磨机基础振动计算可根据磨机的转速和基础形式分为三种情况处理。

1. 低转速磨机

低转速磨机的转速在 50r/min 以下（卧式磨机转速 15～25r/min），其主要振动荷载对应扰力频率小于 1Hz，远小于基础的固有频率，虽有部分高于此频率的随机振动传至基础，一般不影响基础的正常使用；但需计算基组的总质心位置，并据此确定基础底面的形心位置，以满足刚度中心在基组总质心铅垂线之下，其最大偏移值可控制在该方向基础边长的 5%以内。若采用墙高大于 3m 的墙式基础或在大块式基础上设置片墙支承磨机时，宜计算基础的固有频率，并控制其不低于磨机转速对应频率的 2 倍，避免激发磨机支承处产生过大的水平振动。

2. 中转速磨机

中转速磨机的转速在 50～300r/min 之间，多数立式磨机属于此类。运动部件产生的主要振动荷载对应扰力频率在 0.83～5.0Hz 之间，远离大块式基础的固有频率，虽有高于此频率的随机振动传给基础，对基础的正常使用影响不大，因此可以不作振动计算。当采用墙式基础或在大块式基础上设较高的片墙、支墩支承磨机时，应计算基础的固有频率，并须严格控制水平回转向的振动，避免与磨机转速对应的频率产生共振，或使磨机支承处产生过大的水平振动。

3. 高转速磨机

高转速磨机的转速在 500r/min 以上，旋转运动不平衡离心力为主要振动荷载，应进行振动计算并满足容许振动值要求。

四、构造措施

本部分主要阐述墙式基础和大型磨机深基础的构造措施，以及磨机基础的特有构造，其余均可按破碎机基础构造措施执行。

1. 墙式基础

磨机一般具有重量大、转速低等特点，以低频振动为主，水平摇摆振动大。墙式基础将磨机的水平振动荷载作用位置大大提高，不利于基础抗水平摇摆的振动控制。因此，保证墙体的侧向刚度、墙与顶板及与下部筏板连接的整体性，是墙式基础振动控制的关键。因此，现行国家标准《动力机器基础设计标准》GB 50040 对墙式基础的构造、墙的布局和尺寸、顶板和筏板的构造尺寸，都提出了比较严格的要求。墙式基础的墙高和侧向刚度，顶板和顶板上设备的总质量与墙下筏板的质量之比，对墙式基础的振动影响较大；一般情况下，底部筏板的质量可取不小于其上部质量的 2 倍，对于顶板在单位水平力作用下的侧向变形而言，墙侧向刚度的贡献率远小于筏板回转刚度的贡献率。

2. 深基础配筋

当大型磨机采用深基础时，由于深基础的厚度较大，在水化热和混凝土收缩共同作用下极易产生内部裂隙，磨机振动作用将使基础裂缝进一步扩展。因此，现行国家标准《动力机器基础设计标准》GB 50040 要求当磨机基础厚度超过 3m 时，需在基础内部按高度方向 1.5～2.0m 间距配置抗裂构造钢筋网片（图 7-2-7），该措施比普通建筑物基础要求更为严格。

3. 基础局部削弱处加强

卧式磨机配置的减速机往往需要在基础上做凹槽，该构造导致小齿轮支座处局部削弱，进而大小齿轮组成的齿轮副在运转时产生的振动极易将薄弱处振裂。因此，标准要求在该薄弱处需配双向钢筋网片进行加强。

五、工程实例

本实例为某卧式球磨机的基础设计。

1. 设计资料

（1）磨煤机制造厂提供的基础设计原始数据

1）磨机型号：MGS3854 双进双出钢球磨煤机（卧式磨机），筒体有效直径 3750mm，有效长度 5540mm，最大出力 45t/h，正常运行出力 34.5t/h，磨煤机转速 17r/min，旋转轴中心线距离基础顶面（±0.000）高 3.400m；

2）配套主电动机型号：YTM630-6 鼠笼型异步电动机，额定功率 1120kW，额定转

图 7-2-7　大型磨机深基础内部配筋

速 985r/min，传动轴距离基础顶面高 2.331m；

3）磨煤机、主电机和传动部分及其进料、排料装置等设备相互位置关系如图 7-2-8、图 7-2-9 所示；

4）磨煤机及其进料、排料装置部分总质量 535t，驱动主电机及其传动装置部分总质量 35t，传至基础上的重力分布、基础轮廓尺寸和地脚螺栓孔分布见图 7-2-10、图 7-2-11，地脚螺栓由磨机制造厂提供。

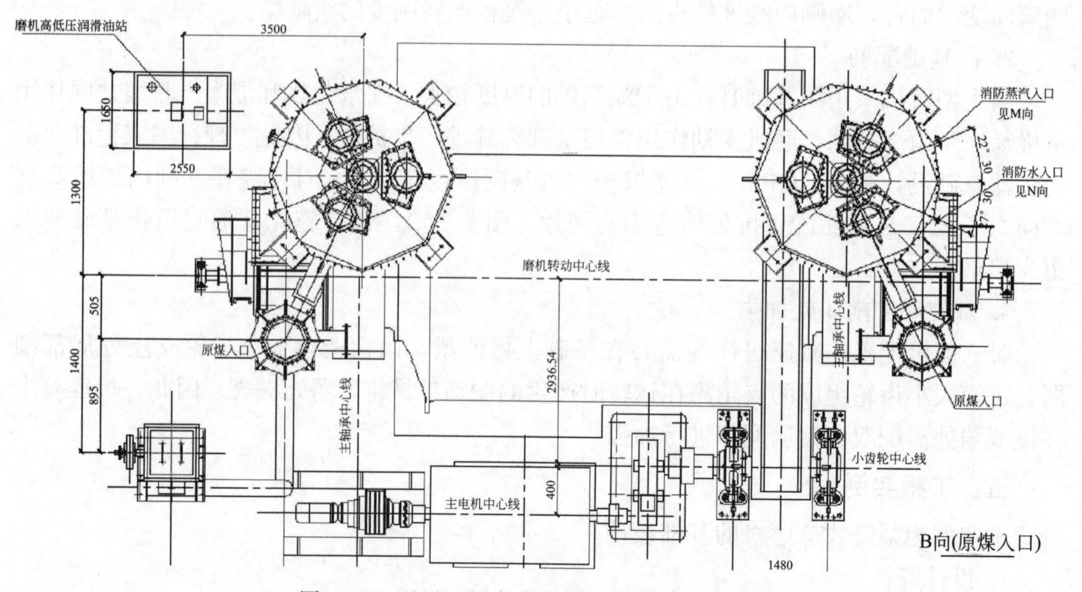

图 7-2-8　基础上设备布置相互位置关系平面图

（2）工程项目的基础设计原始数据

1）工艺设备布置图和建筑平行作业图（略）；

2）地质勘测报告，含磨机基础处钻孔柱状图，持力层为中粗砂，承载力特征值 230kPa，无不良地质条件和软弱下卧层，适宜作磨机基础的天然地基；

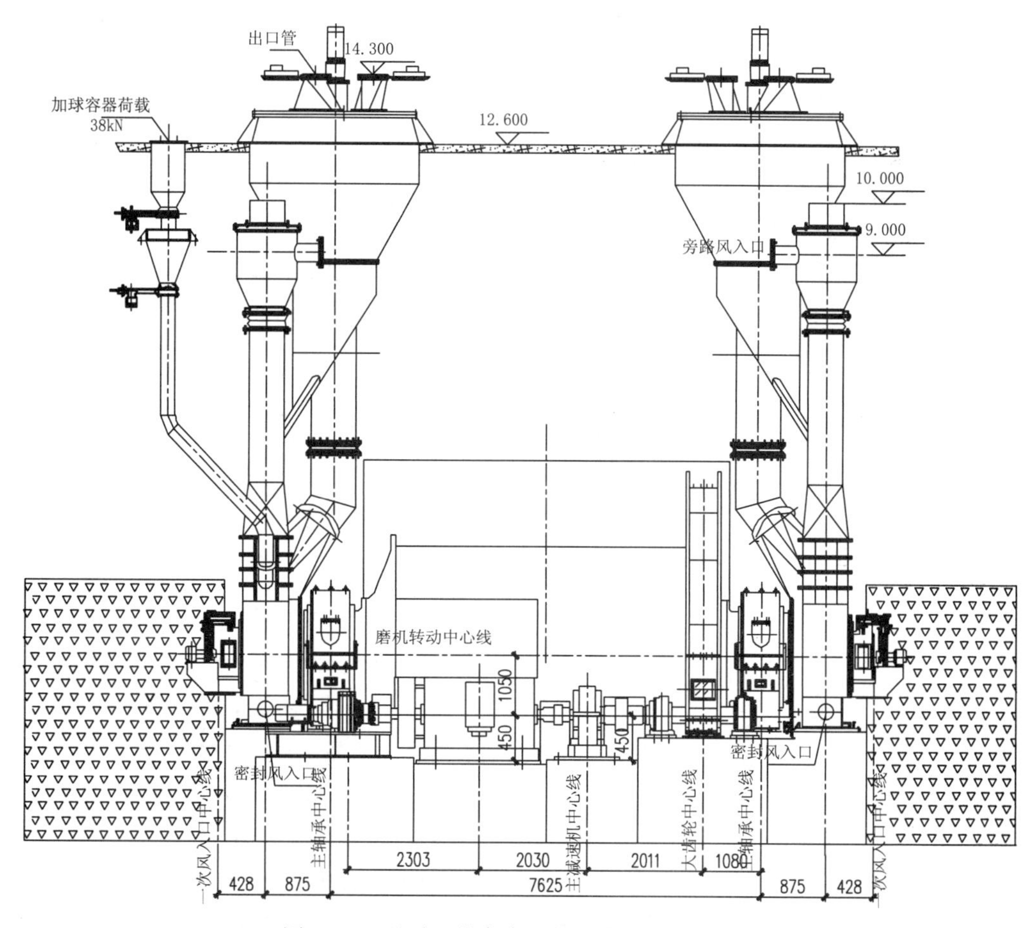

图 7-2-9　基础上设备布置相互位置关系立面图

3）周边环境无振动控制要求。

2. 基础选型及方案设计图

根据本工程工艺要求和岩土工程勘察报告，磨煤机采用大块式混凝土基础，以磨机制造厂提供的基础外形尺寸图设计，平面旋转 180°摆放，磨机基础埋深 5.0m，比厂房框架柱基础略深，将相邻柱基础加深至与磨机基础持平并与磨机基础隔离，磨机基础设计如图 7-2-12～图 7-2-14 所示。

磨机基础与柱基础有部分重叠，采用磨机基础做凹槽避开柱基础，基础间预留 100mm 间隙，用 100mm 厚泡沫塑料板隔离（图 7-2-15）。

3. 结构和振动计算

磨煤机为低转速磨机，根据现行国家标准《动力机器基础设计标准》GB 50040 第 8.2.4 条规定，可不作振动计算。磨机运转时，研磨体质量取 70t，其产生的水平力为：

$$F_x = 0.15 \times 700 = 105\text{kN}$$

该水平力对基础底产生的倾覆力矩为：

$$M_y = 105 \times 8.4 = 882\text{kN/m}$$

该力矩产生的基底应力对地基承载力影响甚微，地基承载力验算略。

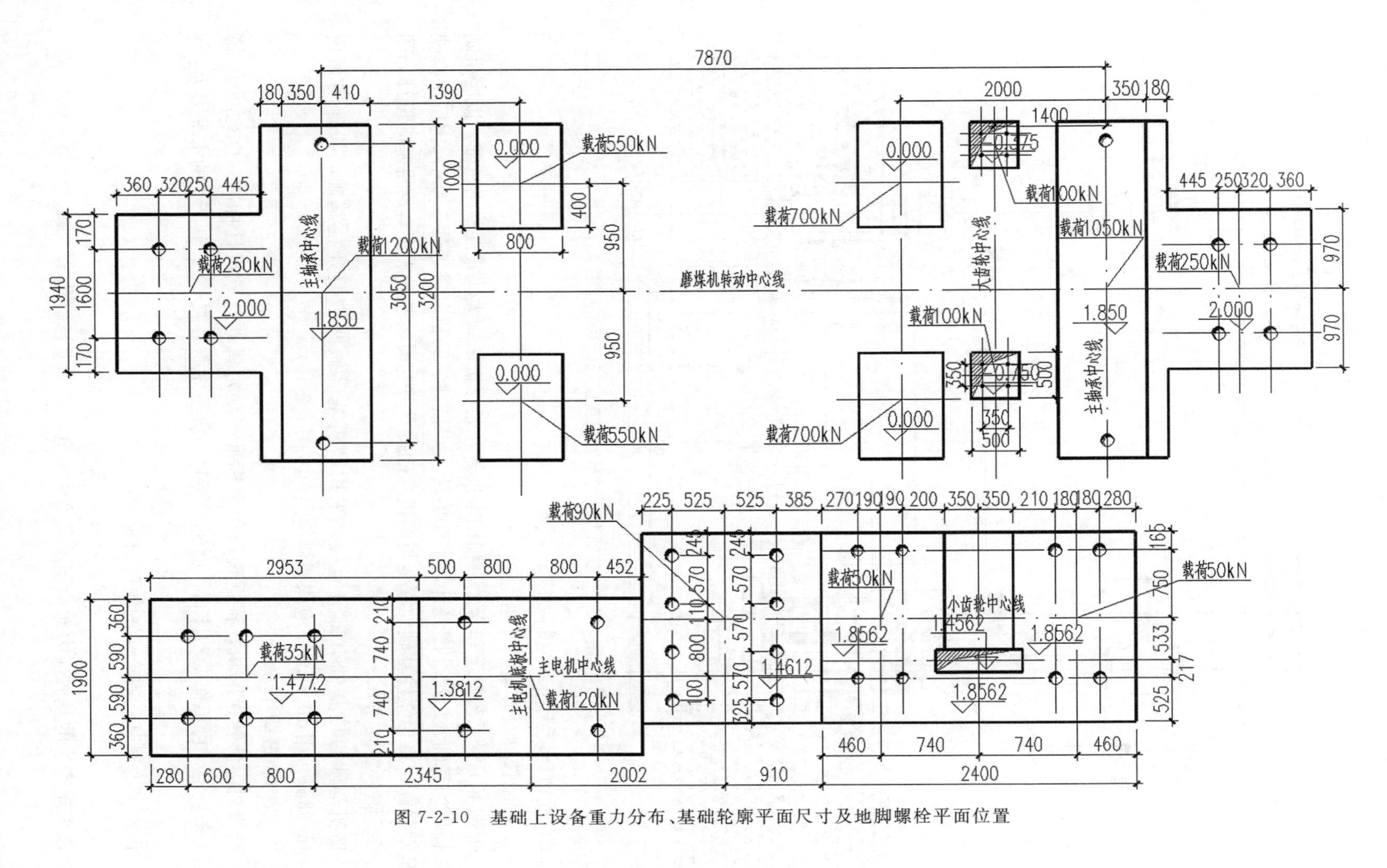

图 7-2-10 基础上设备重力分布、基础轮廓平面尺寸及地脚螺栓平面位置

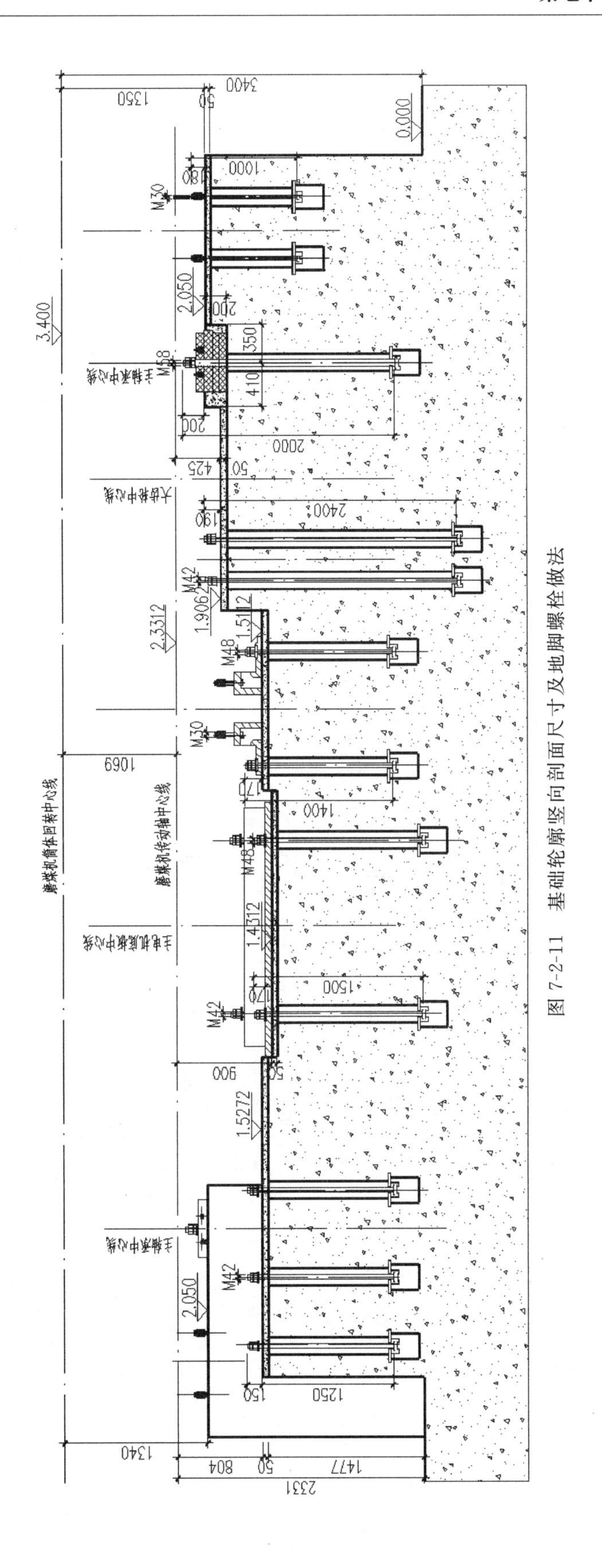

图 7-2-11　基础轮廓竖向剖面尺寸及地脚螺栓做法

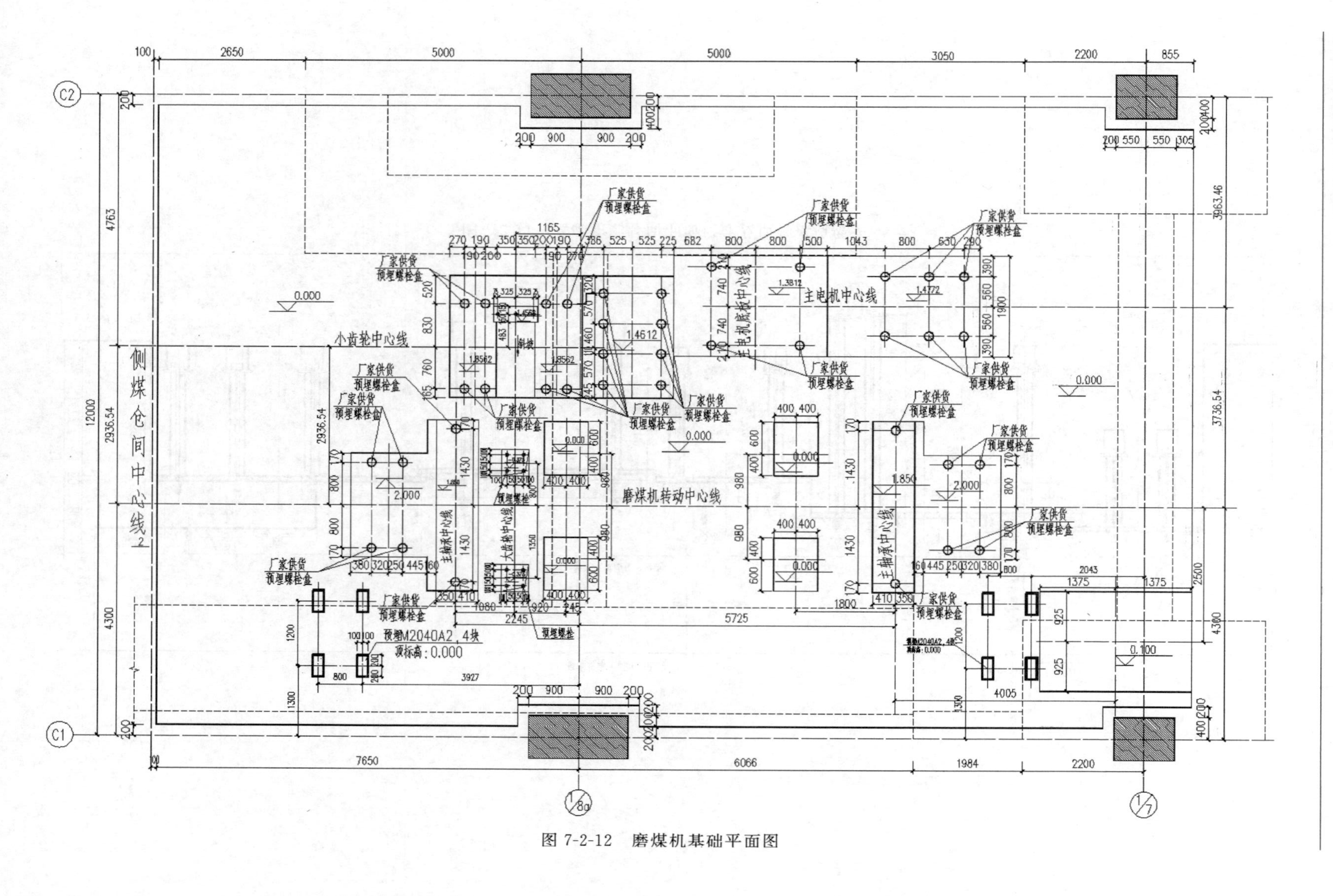

图 7-2-12 磨煤机基础平面图

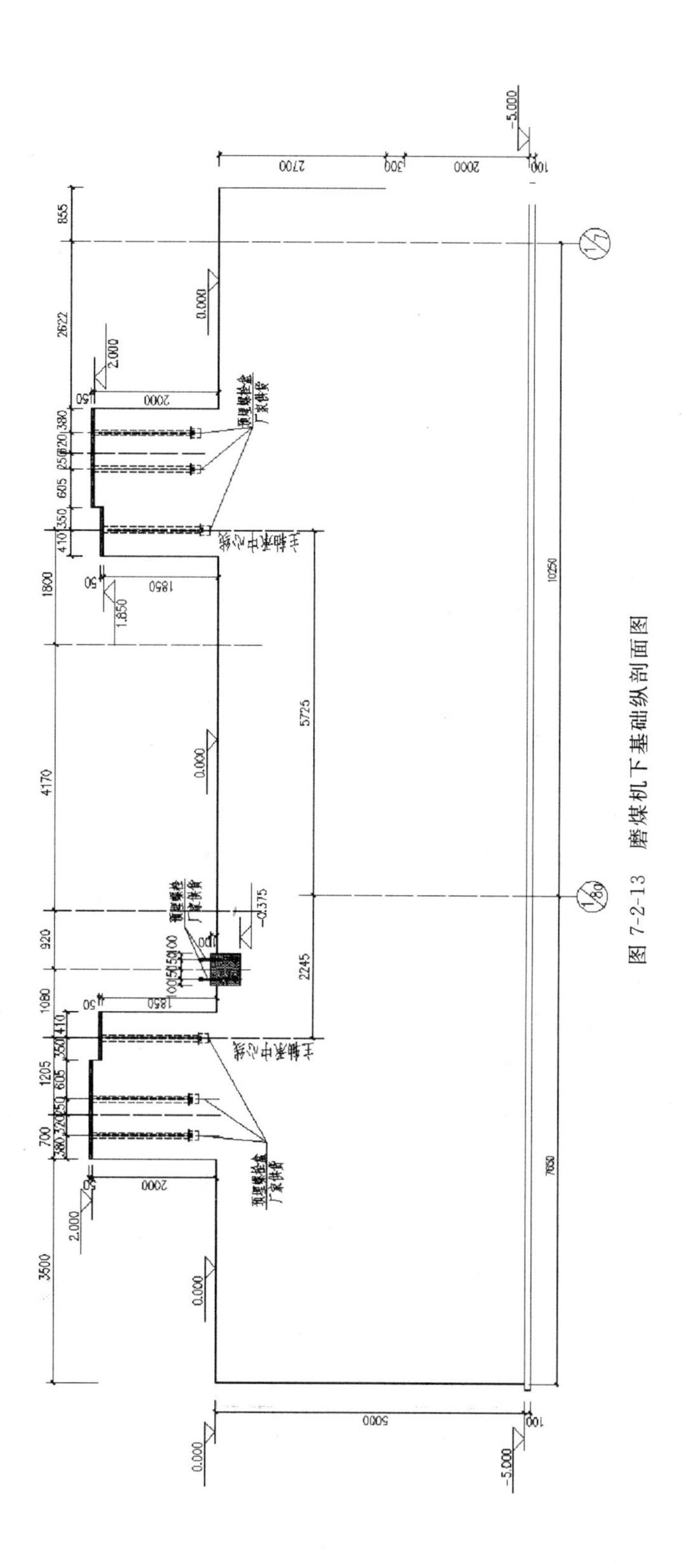

图 7-2-13　磨煤机下基础纵剖面图

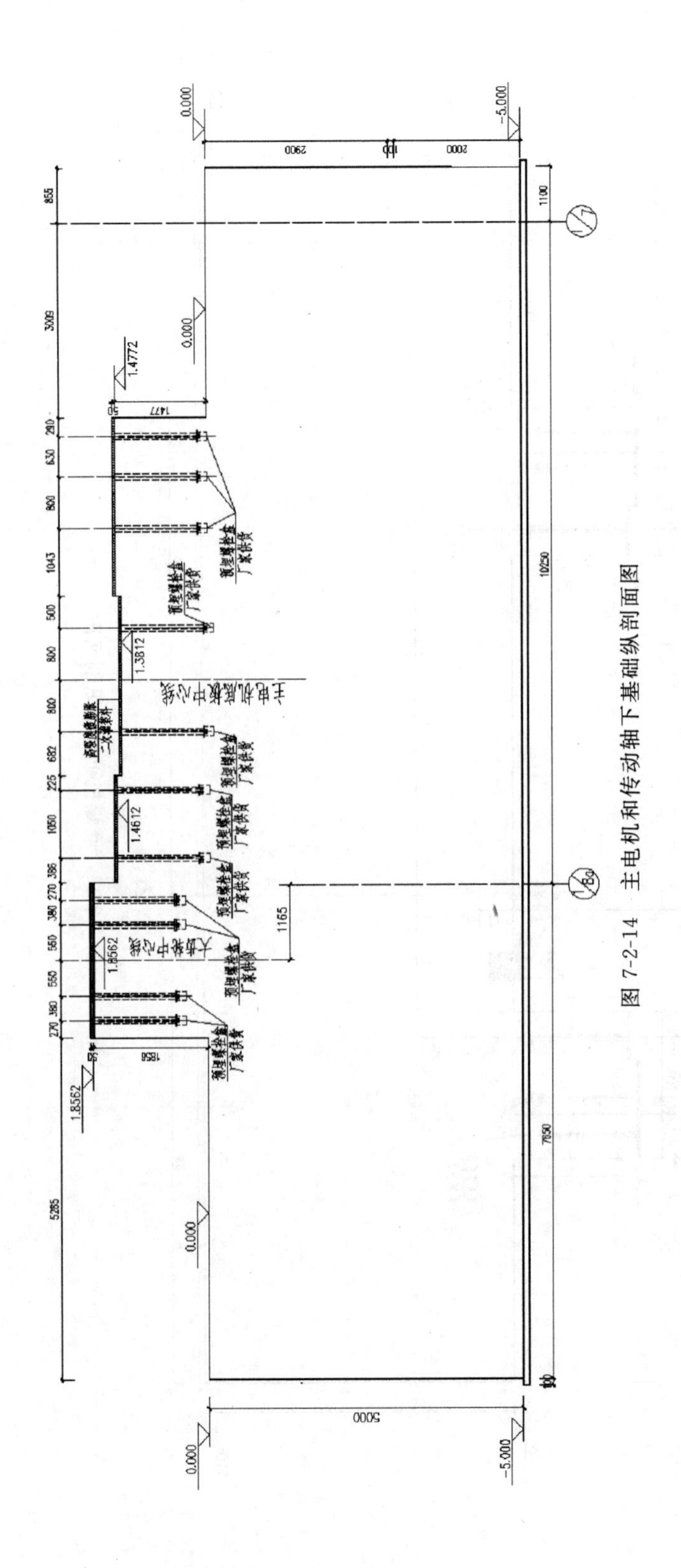

图 7-2-14 主电机和传动轴下基础纵剖面图

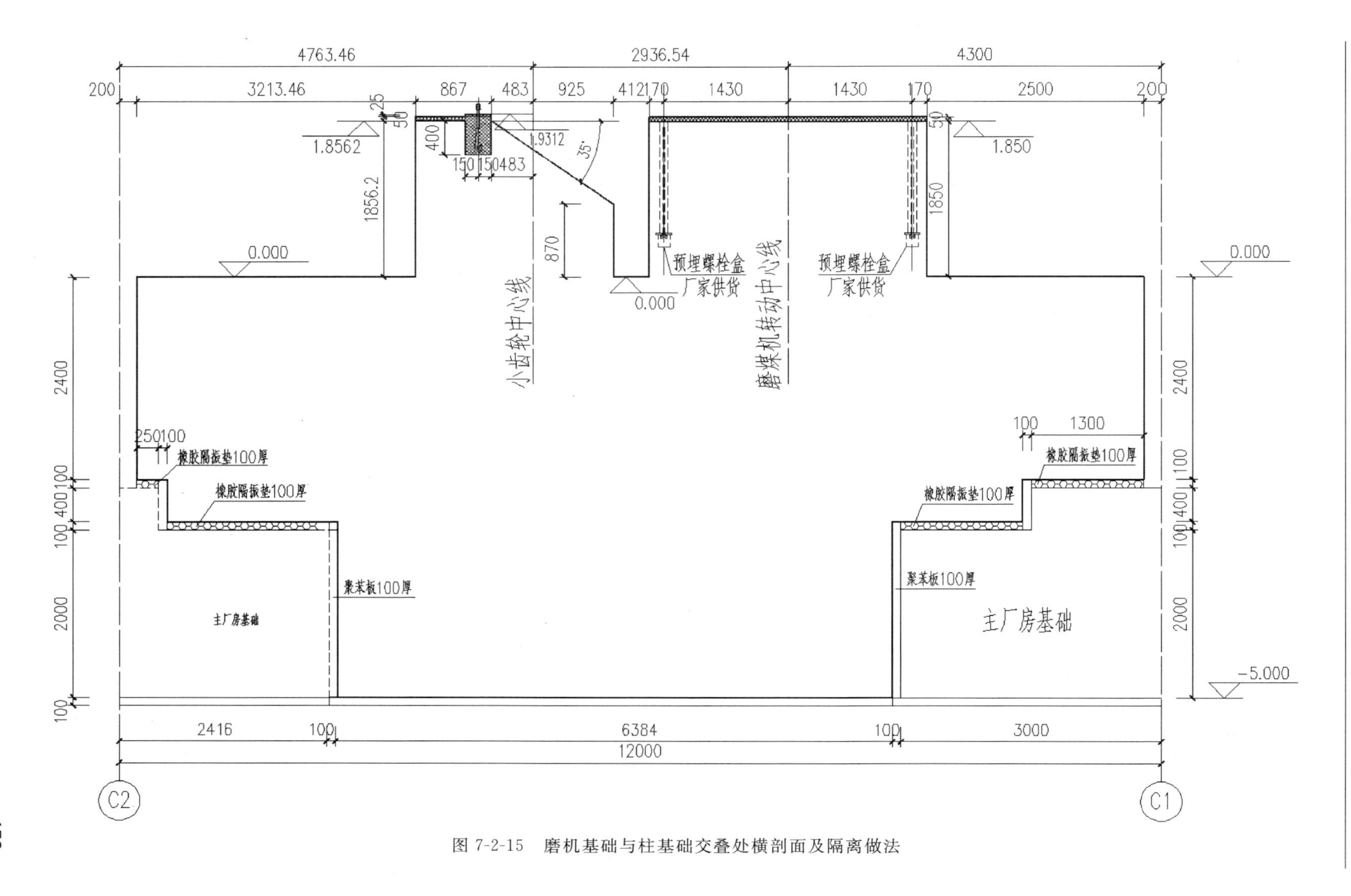

图 7-2-15　磨机基础与柱基础交叠处横剖面及隔离做法

4. 构造措施

除上述基础设计方案采取的隔离做法外，设计中采取了下列构造措施：

(1) 本工程深基础属大体积混凝土，施工时要按照大体积混凝土基础施工有关规定执行。

(2) 按动力机器基础设计通用性要求，基础外表面以及突出和凹进部位，均配置 ϕ16@200 钢筋网片。

(3) 按现行国家标准《动力机器基础设计标准》GB 50040 大型磨机深基础要求，基础内按等间距配置 2 层 ϕ12@300 混凝土抗裂钢筋网片。

(4) 小齿轮支座处顶面，在 ϕ16@200 钢筋网片的钢筋之间增加 ϕ12@200 钢筋网片，增强抗裂措施。

第八章　振动试验台基础

第一节　液压振动台

液压振动试验装置广泛应用于机械、电子、车辆、航天、航空、建筑、医疗、材料等工业领域，是工程技术研究与产品开发中的重要试验装置。

液压振动试验台是大激振力、动力开式加载的试验装置，试验过程中振动试验台的基础需要稳定和坚固。液压振动试验装置的振动激振力较大，激振力通常可达几十吨，激振频率主要在 0.1～100Hz 之间，是以低频、大激振力为主的试验装置。为确保振动设备的正常使用和振动模拟的试验精度，试验装置基础设计时，需综合考虑其结构安全和动力性能等要求。

一、一般规定

液压振动台基础的材料和连接，应符合下列规定：

（1）振动试验台基础宜采用整体块式混凝土结构。

（2）振动台基础混凝土强度等级不应低于 C30；二次灌注材料应采用比基础混凝土高一级强度等级的微膨胀混凝土或专用灌浆料；垫层厚度不宜小于 100mm，垫层混凝土强度等级不宜低于 C15。

（3）受力钢筋应采用 HRB400、HRB500、HRBF400 和 HRBF500 钢筋。

（4）混凝土块状基础内应设置三向分布钢筋，钢筋直径不宜小于 14mm，间距不宜大于 500mm；振动试验台基础侧面、顶面及底面应设置双向分布钢筋，钢筋直径不宜小于 14mm，间距不宜大于 200mm。

（5）混凝土保护层厚度不宜小于 40mm，并应符合现行国家标准《混凝土结构设计规范》GB 50010 的有关规定。

（6）振动台基础周边应设置宽度不小于 50mm 的防振缝，防振缝可采用聚苯乙烯泡沫板、沥青麻丝等柔性材料填充。

（7）振动台基础宜与设备管沟分开，可设置不小于 50mm 的防振缝，防振缝可采用橡胶板、挤型板、聚苯板、沥青麻丝等柔性材料填充，并应作相应的防水处理。

（8）振动台基础宜与建筑物基础、上部结构以及混凝土地面分开。

（9）当管道与振动台连接产生较大振动时，管道与振动台连接宜采用柔性连接。

二、振动计算

1. 振动台振动荷载的确定，应符合下列要求：

（1）振动台基础设计时的振动荷载，应取作动器或激振器作用在基础上的激振力；振动荷载应满足包络条件并应覆盖试验频率范围。

（2）振动荷载计算时应按被试对象的动力特性计入动力放大系数，放大系数应符合下列规定：

1）轮胎耦合道路模拟试验机，放大系数可取 1.25；

2）对于质量较大且动力特性复杂的被试对象，振动荷载应根据试验过程中试件共振响应大小计入相应的动力放大系数；

3）当被试对象重心较高且水平激振作用时，应计入试件水平运动过程中产生的倾覆力矩。

2. 液压振动台基础设计时，应验算下列情况下基础的振动：

（1）竖向激振力作用在基础重心上，基础产生竖向振动，简化模型如图 8-1-1（a）所示。

（2）扭转力矩绕基础竖向 z 轴作用时，基础产生横摆振动，简化模型如图 8-1-1（b）所示。

（3）竖向偏心激振力和水平激振力同时作用在基础上，基础产生俯仰或侧倾和平动的耦合振动，简化模型如图 8-1-1（c）、（d）所示。

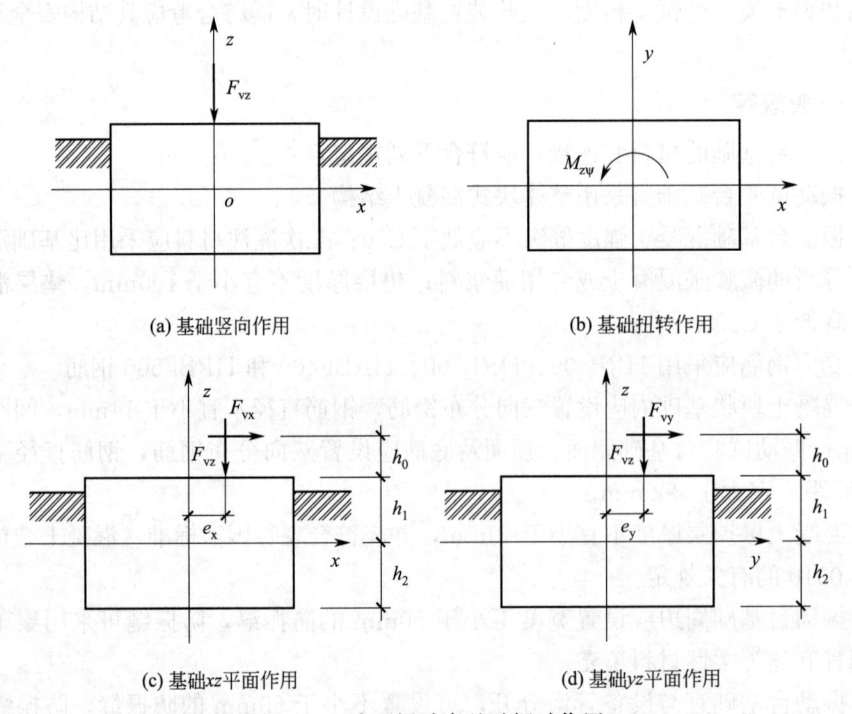

图 8-1-1　液压振动台基础振动作用

3. 竖向扰力沿基础重心作用时［图 8-1-1(a)］，液压振动台基础的竖向振动位移，可按下列公式计算：

$$u_{zz}=\frac{F_{vz}}{K_z}\cdot\frac{1}{\sqrt{\left(1-\frac{\omega^2}{\omega_{nz}^2}\right)^2+4\zeta_z^2\frac{\omega^2}{\omega_{nz}^2}}} \tag{8-1-1}$$

$$\omega_{nz}=\sqrt{\frac{K_z}{m}} \tag{8-1-2}$$

$$m=m_f+m_m+m_s \tag{8-1-3}$$

式中　u_{zz}——基础顶面控制点由于竖向振动产生的沿 z 轴竖向振动位移（m）；
F_{vz}——机器的竖向扰力（kN）；
K_z——天然地基的抗压刚度（kN/m），当为桩基时应采用 K_{pz}；
ω——机器的扰力圆频率（rad/s）；
ω_{nz}——基组的竖向振动固有圆频率（rad/s）；
ζ_z——天然地基的竖向阻尼比，当为桩基时应采用 ζ_{pz}；
m——天然地基上基组的质量（t），当为桩基时应采用 m_{pz}；
m_f——基础的质量（t）；
m_m——基础上机器及附属设备的质量（t）；
m_s——基础底板上回填土的质量（t）。

4. 在水平扭转力矩绕基础竖向 z 轴作用时［图 8-1-1(b)］，液压振动台基础产生横摆振动，基础顶面控制点处沿 x、y 轴的水平振动位移，基础绕 z 轴的水平摆动角位移（图 8-1-2），可按下列公式计算：

$$u_{x\psi}=u_{\psi}\cdot l_y \tag{8-1-4}$$

$$u_{y\psi}=u_{\psi}\cdot l_x \tag{8-1-5}$$

$$u_{\psi}=\frac{M_{\psi}+F_{vx}e_y}{K_{\psi}\sqrt{\left(1-\frac{\omega^2}{\omega_{n\psi}^2}\right)^2+4\zeta_{\psi}^2\frac{\omega^2}{\omega_{n\psi}^2}}} \tag{8-1-6}$$

$$\omega_{n\psi}=\sqrt{\frac{K_{\psi}}{J_{\psi}}} \tag{8-1-7}$$

式中　$u_{x\psi}$——基础顶面控制点由于扭转振动产生的沿 x 轴的水平振动位移（m）；
$u_{y\psi}$——基础顶面控制点由于扭转振动产生的沿 y 轴的水平振动位移（m）；
u_{ψ}——基组绕 z 轴的扭转振动角位移（rad）；
l_x、l_y——基础顶面控制点至 z 轴的距离分别在 x、y 轴的投影长度（m）；
M_{ψ}——机器的扭转扰力矩（kN・m）；
F_{vx}——机器沿 x 轴的水平扰力（kN）；
e_y——机器水平扰力 F_{vx} 沿 y 轴向的偏心距（m）；
K_{ψ}——天然地基的抗扭刚度（kN・m），当为桩基时应采用 $K_{p\psi}$；
$\omega_{n\psi}$——基组的扭转振动固有圆频率（rad/s）；
ζ_{ψ}——天然地基的扭转振动阻尼比，当为桩基时应采用 $\zeta_{p\psi}$；
J_{ψ}——基组（天然地基）对扭转轴 z 轴的转动惯量（$t\cdot m^2$），当为桩基时，转动惯量应取 $J_{p\psi}$。

5. 基组在绕 x 轴的回转力矩 M 和沿 y 轴向偏心的竖向扰力 F_{vz} 作用下，简化模型如图 8-1-1（c）所示，液压振动台基础产生俯仰和平动耦合振动时，基础顶面控制点 x 向水平和竖向的振动位移（图 8-1-3），可按下列公式计算：

$$u_{z\phi}=(u_{\phi1}+u_{\phi2})\cdot l_x \tag{8-1-8}$$

$$u_{x\phi}=u_{\phi1}\cdot(\rho_{\phi1}+h_1)+u_{\phi2}\cdot(h_1-\rho_{\phi2}) \tag{8-1-9}$$

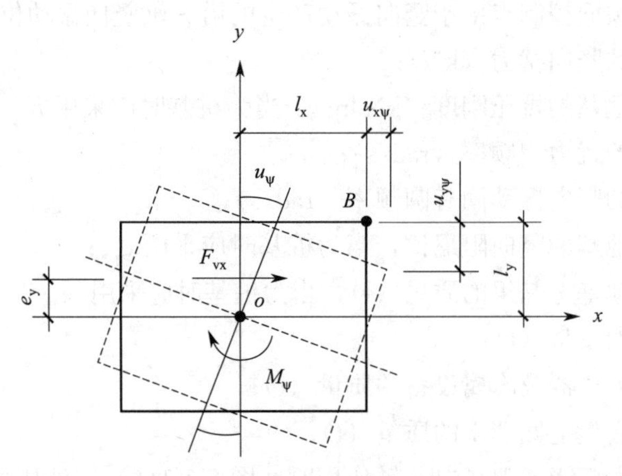

图 8-1-2　基组扭转振动

$$u_{\phi1}=\frac{M_{\phi1}}{(J_\phi+m\rho_{\phi1}^2)\cdot\omega_{n\phi1}^2}\cdot\frac{1}{\sqrt{\left(1-\frac{\omega^2}{\omega_{n\phi1}^2}\right)^2+4\zeta_{h1}^2\frac{\omega^2}{\omega_{n\phi1}^2}}} \tag{8-1-10}$$

$$u_{\phi2}=\frac{M_{\phi2}}{(J_\phi+m\rho_{\phi2}^2)\cdot\omega_{n\phi2}^2}\cdot\frac{1}{\sqrt{\left(1-\frac{\omega^2}{\omega_{n\phi2}^2}\right)^2+4\zeta_{h2}^2\frac{\omega^2}{\omega_{n\phi2}^2}}} \tag{8-1-11}$$

$$\omega_{n\phi1}^2=\frac{1}{2}\left[(\omega_{nx}^2+\omega_{n\phi}^2)-\sqrt{(\omega_{nx}^2-\omega_{n\phi}^2)^2+\frac{4mh_2^2}{J_\phi}\omega_{nx}^4}\right] \tag{8-1-12}$$

$$\omega_{n\phi2}^2=\frac{1}{2}\left[(\omega_{nx}^2+\omega_{n\phi}^2)+\sqrt{(\omega_{nx}^2-\omega_{n\phi}^2)^2+\frac{4mh_2^2}{J_\phi}\omega_{nx}^4}\right] \tag{8-1-13}$$

$$\omega_{nx}^2=\frac{K_x}{m} \tag{8-1-14}$$

$$\omega_{n\phi}^2=\frac{K_\phi+K_xh_2^2}{J_\phi} \tag{8-1-15}$$

$$M_{\phi_1}=F_{vx}\cdot(h_1+h_0+\rho_{\phi1})+F_{vz}e_x \tag{8-1-16}$$

$$M_{\phi_2}=F_{vx}\cdot(h_1+h_0-\rho_{\phi2})+F_{vz}e_x \tag{8-1-17}$$

$$\rho_{\phi1}=\frac{\omega_{nx}^2h_2}{\omega_{nx}^2-\omega_{n\phi1}^2} \tag{8-1-18}$$

$$\rho_{\phi2}=\frac{\omega_{nx}^2h_2}{\omega_{n\phi2}^2-\omega_{nx}^2} \tag{8-1-19}$$

式中　$u_{z\phi}$、$u_{x\phi}$——基础顶面控制点由于 x-ϕ 向耦合振动产生的沿 z 轴竖向、沿 x 轴水平向的振动位移（m）；

$u_{\phi1}$、$u_{\phi2}$——基组绕 y 轴耦合振动第一、第二振型的回转角位移（rad）；

$\rho_{\phi1}$、$\rho_{\phi2}$——基组绕 y 轴耦合振动第一、第二振型转动中心至基组重心的距离（m）；

$\omega_{n\phi1}$、$\omega_{n\phi2}$——基组绕 y 轴耦合振动第一、第二振型的固有圆频率（rad/s）；

ω_{nx}、$\omega_{n\phi}$——基组沿 x 轴水平、绕 y 轴回转振动的固有圆频率（rad/s）；

h_0——水平扰力 F_{vx} 作用线至基础顶面的距离（m）；

h_1——基组重心至基础顶面的距离（m）；

h_2——基组重心至基础底面的距离（m）；

e_x——机器竖向扰力 F_{vz} 沿 x 轴向的偏心距（m）；

J_ϕ——基组（天然地基）对基组坐标系 y 轴的转动惯量（t・m^2），当为桩基时应采用 $J_{p\phi}$；

$M_{\phi1}$、$M_{\phi2}$——基组 x-ϕ 向耦合振动中机器扰力绕通过第一、第二振型转动中心 $o_{\phi1}$、$o_{\phi2}$ 并垂直于回转面 z_{ox} 的轴的总扰力矩（kN・m）；

K_x——天然地基沿 x 轴的抗剪刚度（kN/m），当为桩基时应采用 K_{px}；

K_ϕ——天然地基绕 y 轴的抗弯刚度（kN・m），当为桩基时应采用 $K_{p\phi}$；

ζ_{h1}、ζ_{h2}——天然地基 x-ϕ 向耦合振动第一、第二振型阻尼比，当为桩基时应采用 ζ_{ph1}、ζ_{ph2}。当采用桩基时，式(8-1-10)～式(8-1-14) 中的 m 应取 m_{px}。

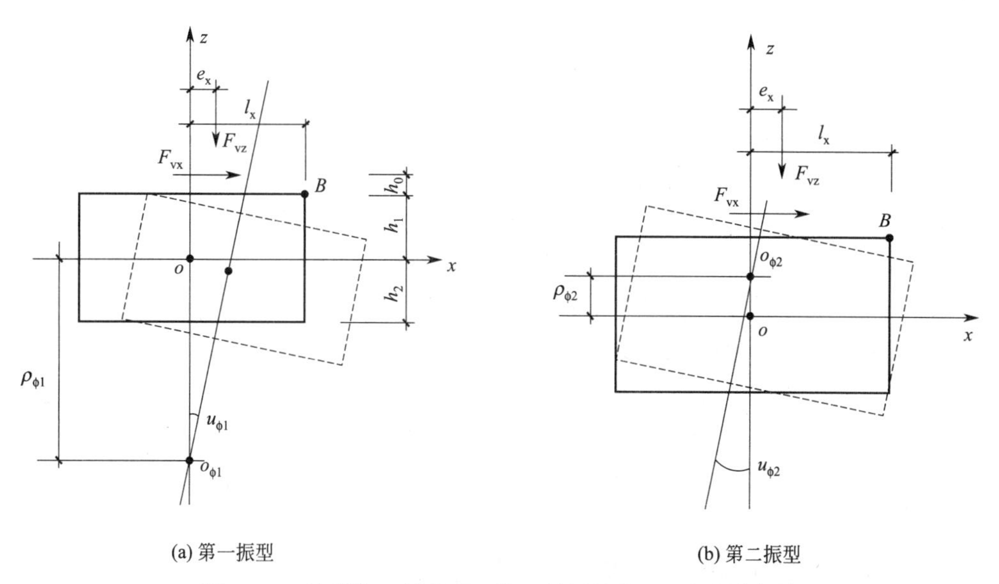

图 8-1-3　基础沿 x 轴水平、绕 y 轴回转的 x-ϕ 向耦合振动

6. 基组在绕 x 轴的回转力矩 M_θ 和沿 y 轴向偏心的竖向扰力 F_{vz} 作用下（图 8-1-4），基础顶面控制点沿 z 轴竖向和沿 y 轴水平向的振动位移，可按下列公式计算：

$$u_{z\theta}=(u_{\theta1}+u_{\theta2})\cdot l_y \tag{8-1-20}$$

$$u_{y\theta}=u_{\theta1}\cdot(\rho_{\theta1}+h_1)+u_{\theta2}\cdot(h_1-\rho_{\theta2}) \tag{8-1-21}$$

$$u_{\theta1}=\frac{M_{\theta1}}{(J_\theta+m\rho_{\theta1}^2)\cdot\omega_{n\theta1}^2}\cdot\frac{1}{\sqrt{\left(1-\frac{\omega^2}{\omega_{n\theta1}^2}\right)^2+4\zeta_{h1}^2\frac{\omega^2}{\omega_{n\theta1}^2}}} \tag{8-1-22}$$

$$u_{\theta2}=\frac{M_{\theta2}}{(J_\theta+m\rho_{\theta2}^2)\cdot\omega_{n\theta2}^2}\cdot\frac{1}{\sqrt{\left(1-\frac{\omega^2}{\omega_{n\theta2}^2}\right)^2+4\zeta_{h2}^2\frac{\omega^2}{\omega_{n\theta2}^2}}} \tag{8-1-23}$$

$$\omega_{n\theta1}^{2}=\frac{1}{2}\left[(\omega_{ny}^{2}+\omega_{n\theta}^{2})-\sqrt{(\omega_{ny}^{2}-\omega_{n\theta}^{2})^{2}+\frac{4mh_{2}^{2}}{J_{\theta}}\omega_{ny}^{4}}\right] \tag{8-1-24}$$

$$\omega_{n\theta2}^{2}=\frac{1}{2}\left[(\omega_{ny}^{2}+\omega_{n\theta}^{2})+\sqrt{(\omega_{ny}^{2}-\omega_{n\theta}^{2})^{2}+\frac{4mh_{2}^{2}}{J_{\theta}}\omega_{ny}^{4}}\right] \tag{8-1-25}$$

$$\omega_{ny}^{2}=\frac{K_{y}}{m} \tag{8-1-26}$$

$$\omega_{n\theta}^{2}=\frac{K_{\theta}+K_{y}h_{2}^{2}}{J_{\theta}} \tag{8-1-27}$$

$$M_{\theta1}=M_{\theta}+F_{vz}e_{y} \tag{8-1-28}$$

$$M_{\theta2}=M_{\theta1} \tag{8-1-29}$$

$$\rho_{\theta1}=\frac{\omega_{ny}^{2}h_{2}}{\omega_{ny}^{2}-\omega_{n\theta1}^{2}} \tag{8-1-30}$$

$$\rho_{\theta2}=\frac{\omega_{ny}^{2}h_{2}}{\omega_{n\theta2}^{2}-\omega_{ny}^{2}} \tag{8-1-31}$$

式中 $u_{z\theta}$、$u_{y\theta}$——基础顶面控制点由于 y-θ 向耦合振动产生的沿 z 轴竖向、沿 y 轴水平向的振动位移（m）；

$u_{\theta1}$、$u_{\theta2}$——基组 y-θ 向耦合振动第一、第二振型的回转角位移（rad）；

$\rho_{\theta1}$、$\rho_{\theta2}$——基组 y-θ 向耦合振动第一、第二振型转动中心至基组重心的距离（m）；

$\omega_{n\theta1}$、$\omega_{n\theta2}$——基组 y-θ 向耦合振动第一、第二振型的固有圆频率（rad/s）；

ω_{ny}、$\omega_{n\theta}$——基组沿 y 轴水平、绕 x 轴回转振动的固有圆频率（rad/s）；

e_{y}——机器竖向扰力 F_{vz} 沿 y 轴向的偏心距（m）；

J_{θ}——基组（天然地基）对基组坐标系 x 轴的转动惯量（$t \cdot m^2$），当为桩基时应采用 $J_{p\theta}$；

$M_{\theta1}$、$M_{\theta2}$——基组 y-θ 向耦合振动中机器扰力（矩）绕通过第一、第二振型转动中心 $o_{\theta1}$、$o_{\theta2}$ 并垂直于回转面 z_{oy} 的轴的总扰力矩（kN・m）；

M_{θ}——绕 x 轴的机器扰力矩（kN・m）；

K_{y}——天然地基沿 y 轴的抗剪刚度（kN/m），当为桩基时应采用 K_{py}；

K_{θ}——天然地基绕 x 轴的抗弯刚度（kN・m），当为桩基时应采用 $K_{p\theta}$；

ζ_{h1}、ζ_{h2}——天然地基 y-θ 向耦合振动第一、第二振型阻尼比，当为桩基时应采用 ζ_{ph1}、ζ_{ph2}。当采用桩基时，式(8-1-22)～式(8-1-26) 中的 m 应取 m_{py}。

7. 当液压振动台基础同时具有俯仰和侧倾振动时，式(8-1-3) 和式(8-1-4) 应分别计算俯仰和侧倾两个竖向位移分量，基础顶面控制点的竖向振动位移，宜按下式进行叠加：

$$u_{z}=\sqrt{u_{z\phi}^{2}+u_{z\theta}^{2}} \tag{8-1-32}$$

三、构造要求

作为激振装置的支承结构，液压振动试验台基础需要较好的动力性能。当激振力作用在基础质心上时，为确保振动模拟试验的精度，基础质量需足够大。一般道路模拟试验机

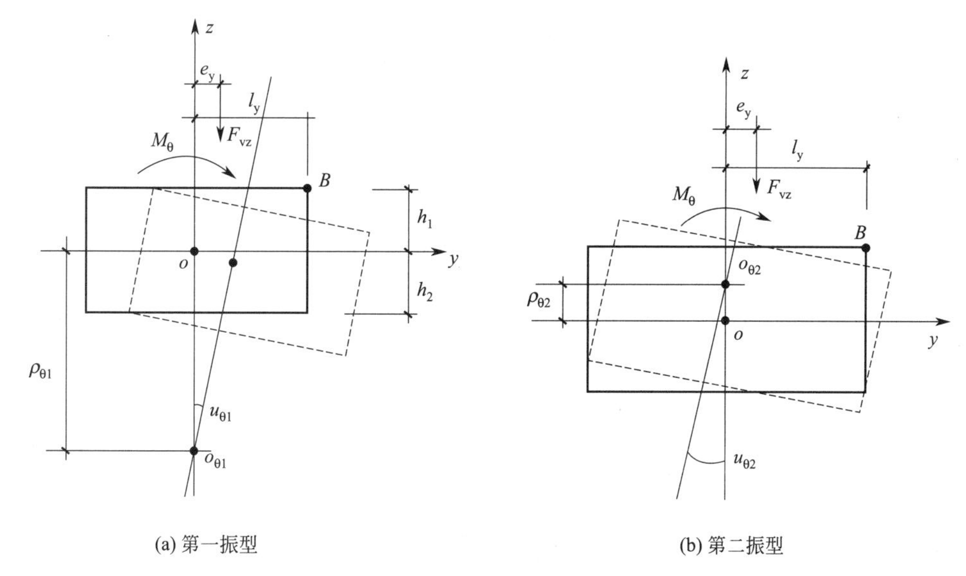

图 8-1-4　基础沿 y 轴水平、绕 x 轴回转的 y-θ 向耦合振动

基础的容许振动加速度标准为 1.0m/s^2。

如果振动试验台有偏心激振力或力矩作用，则需要增加地基基础的抵抗矩。此时需要适当增加基础的边长，亦即增加基础的基底面积。工程经验表明，当有力矩作用时，扁平式基础的动力性能优于高细式基础，如图 8-1-5 所示。

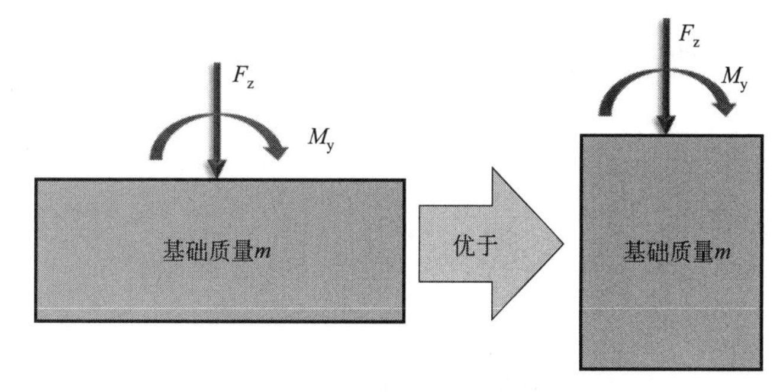

图 8-1-5　基础结构形式比较

为满足基础动力性能要求，液压振动台基础的构造应符合下列规定：

（1）振动台基础底面边长不应小于基础厚度；立柱式振动试验台基础底面长边与短边之比、厚度与短边之比均不宜大于 2.0；多轴向振动试验台基础底面长边与短边之比、厚度与短边之比均不应小于 1.5；基础厚度不宜小于 2.0m。

（2）对于道路模拟试验机等仅有竖向激振力作用的振动试验台基础，基础重量不应小于最大激振力的 10 倍；地震试验台和 MAST 振动台等多方向、多自由度激振振动试验台，基础重量不应小于最大总激振力的 15 倍。

（3）液压振动台不得直接设置在四类土上；当地基为四类土地基时，应采用人工地基。

四、工程实例

1. 工程概况

振动试验装置是模拟产品在制造、组装、运输及使用过程中所遭遇的各种振动环境，可以用来检验产品的环境振动耐受能力，适用于汽车、电子、机械、航空、航天、生物及土木工程等行业的产品研发、检验和制造。

某公司于2007年投资建设道路模拟振动试验室，包含多套振动试验装置，如：六立柱道路模拟试验机、12通道APB道路模拟试验装置、六自由度MAST振动试验台和多台零部件疲劳试验机等。本节以MAST振动试验台为例介绍液压振动台基础设计方法。

如图8-1-6所示，MAST振动试验台是一种多轴模拟振动试验台，是为了在室内条件下真实复现振动环境的试验装置，主要用于汽车零部件的振动、疲劳、舒适性和可靠性等质量性能检验。

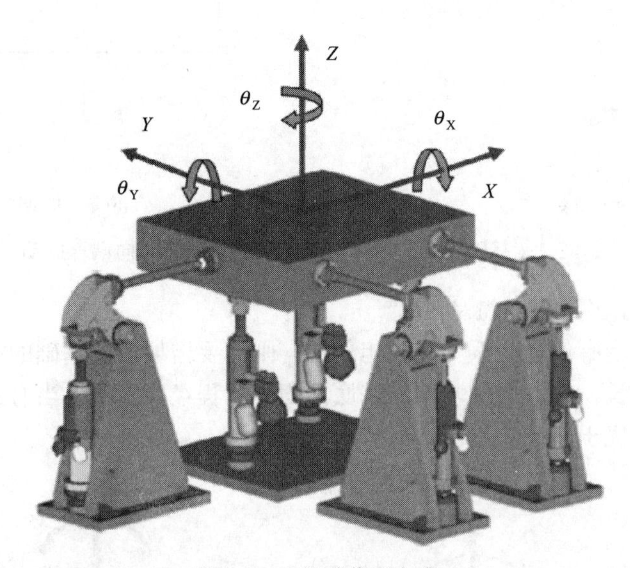

图8-1-6　振动作用方向

2. 试验台技术参数

MAST振动试验台（设备编号：YT03）主要技术参数如表8-1-1所示，设备运动方向的坐标见图8-1-6。

MAST振动试验台主要技术参数　　**表8-1-1**

项目	技术参数	项目	技术参数
试件载荷(kg)	800	垂向(Z)最大速度(m/s)	1.8
台面质量(kg)	545	侧向(X)最大速度(m/s)	1.4
台面尺寸(mm×mm)	2100×1800	径向(Y)最大速度(m/s)	1.4
运动角度(°)	+/−8	垂向(Z)最大行程(mm)	±125
垂向(Z)最大加速度(3个作动器)(m/s^2)	80	侧向(X)最大行程(mm)	±125
侧向(X)最大加速度(2个作动器)(m/s^2)	60	径向(Y)最大行程(mm)	±125
径向(Y)最大加速度(1个作动器)(m/s^2)	60	—	—

3. 地质条件

在勘察范围内，场地地层由第四系冲洪积层组成，地表不均匀分布人工填土，工程场地土层分布、性状描述及各层土承载力特征值见表8-1-2。

工程场地土层分布及性状描述　　表 8-1-2

土层编号	名称	密实状态	特征描述	土层厚度(m)	承载力特征值 f_{ak}(kPa)		
					土工试验	标贯试验	建议值
1	粉砂(Q_4^{1al+pl})	密	褐黄色,稍湿,以长石和石英为主	1.4～2.3	130	130	130
2	粉土(Q_3^{al+pl})	中密	褐黄色,稍湿	1.1～3.5	150	140	140
3	粉土(Q_3^{al+pl})	中密	褐黄色,稍湿	1.6～2.6	170	180	170
4	粉土(Q_3^{al+pl})	中密～密实	褐黄色,稍湿	3.4～4.8	220	240	220
5	粉土(Q_3^{al+pl})	密实	褐黄色,稍湿～湿	3.1～3.7	180	170	170
6	粉砂夹粉土(Q_3^{al+pl})	密实	褐黄色,稍湿～湿	5.0～6.3	210	200	200
7	粉质黏土(Q_3^{al+pl})	硬塑	褐黄色、棕黄色	3.8～4.5	230	230	230
8	粉土(Q_3^{al+pl})	密实	棕黄色,湿	—	200	210	200

4. 振动台基础设计

试验台有六个激振器，可使振动台产生六个自由度运动，振动台最大竖向激振力为200kN，工作频率为0.1～50Hz。振动控制技术要求振动台基础最大振动线位移不超过0.1mm，最大振动加速度不超过0.1g。

本工程采用钻孔灌注桩，桩端以第6层粉砂夹粉土作为持力层，桩端进入持力层不小于500mm，桩长不小于11m，基础桩布置及基础配筋如图8-1-7、图8-1-8所示。根据现行行业标准《建筑桩基技术规范》JGJ 94的有关规定，单桩承载力设计值应大于520kN。

基础混凝土：C30，纵筋HRB 335级钢，箍筋HPB 300级钢；保护层厚度：桩、承台50mm；二次浇灌层：C35细石混凝土；垫层混凝土：C15。

基础混凝土分层施工时每层厚度不超过1500mm，同时，基础大体积混凝土施工时应采取有效措施，降低水化热的影响，避免基础混凝土开裂，如采用低水化热水泥，掺入适量膨胀剂等。基础施工完后，周边回填土应分层压实，压实系数不小于0.95。

5. 振动荷载

振动试验台工作时，作用在地基基础上的振动荷载主要由试验装置运动部件和试验对象的惯性力引起。假设这些运动部件和被试验对象为刚体，其质量为m_t，在忽略了运动质量的附加动力特性后，振动荷载可以按照牛顿第二定律计算。

首先，此类试验装置低频部分为位移控制，作动器液压油缸行程限制了试验装置的最大位移；其次，中频部分为速度控制，试验装置的振动速度受到液压供油速度的制约；然后，高频部分为加速度控制，振动试验台附带有加速度限制装置；最后，为确保振动试验台运行安全，设有最大作用力限制。因此，振动试验装置的四个约束条件可确定振动荷载的四个基本参数，进而可得到振动试验装置在理想状态下的动力特性：

（1）低频部分的位移控制区段：$a_1=D_{max}\omega^2$

（2）中频部分的速度控制区段：$a_2=V_{max}\omega$

（3）高频部分的加速度控制区段：$a_3=A_{max}$

（4）高频部分的激振力控制区段：$a_4=F_{max}/m_t$

已知参数条件下振动荷载标准值可表示为：

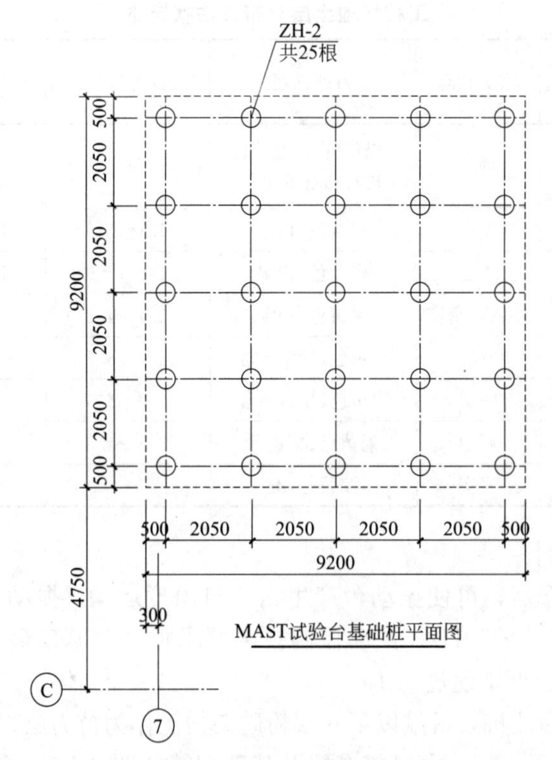

图 8-1-7 桩位布置图

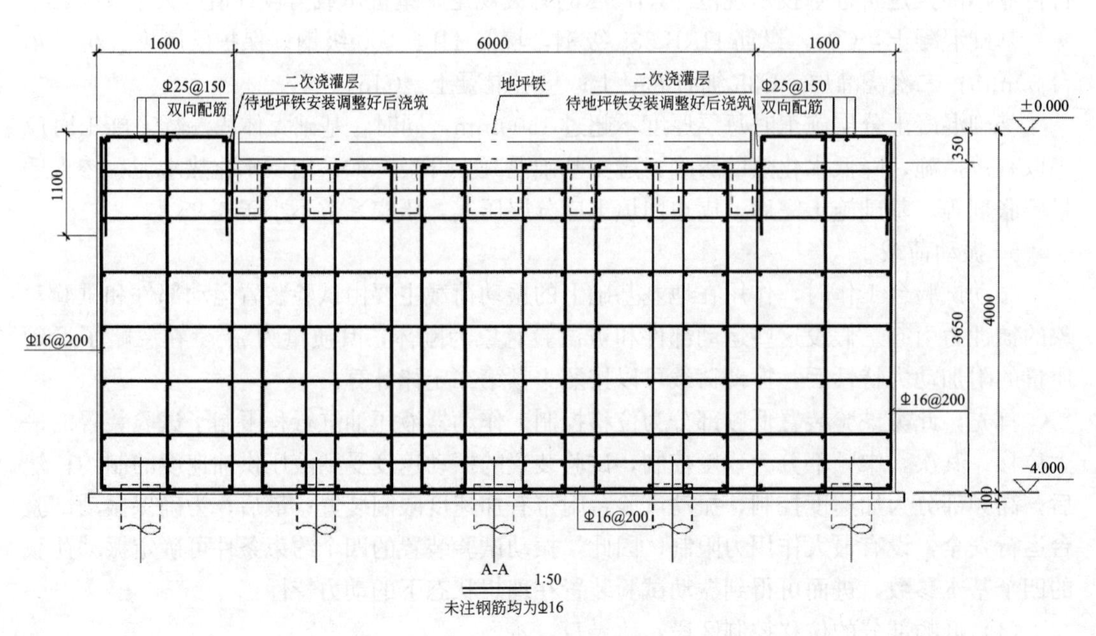

图 8-1-8 基础配筋图

$$F_{t}=m_{t}\cdot a(f)=m_{t}\cdot \min(a_{1},a_{2},a_{3},a_{4}) \tag{8-1-33}$$

由此可得四参数对数三折线振动荷载曲线（图 8-1-9）和 MAST 振动试验台三个方向的振动荷载曲线（图 8-1-10）。

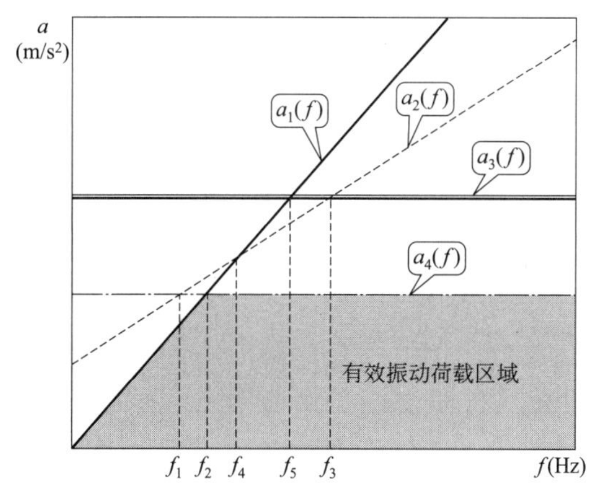

图 8-1-9　振动荷载原理图

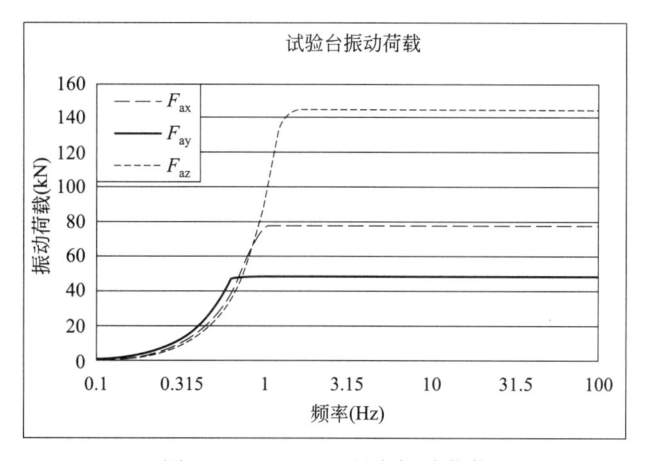

图 8-1-10　MAST 竖向振动荷载

6. 动力分析

针对 MAST 振动试验台基础的振动响应，可由式(8-1-1)～式(8-1-32) 计算，基础中点和角点的振动位移、速度、加速度如图 8-1-11～图 8-1-13 所示。

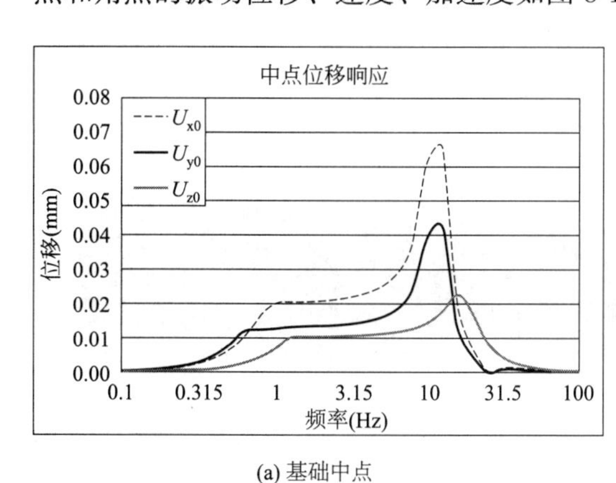

(a) 基础中点

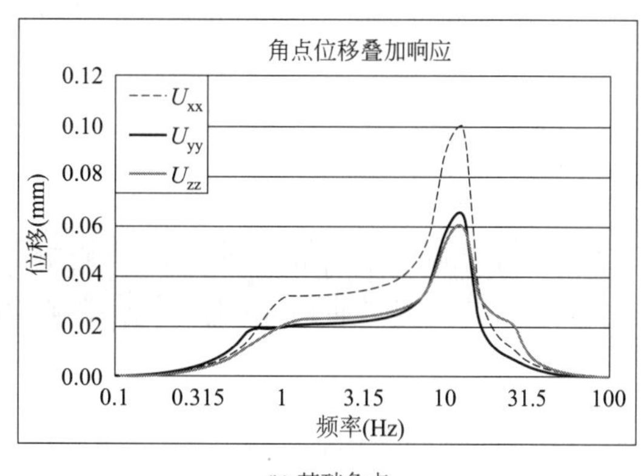

(b) 基础角点

图 8-1-11　基础振动位移

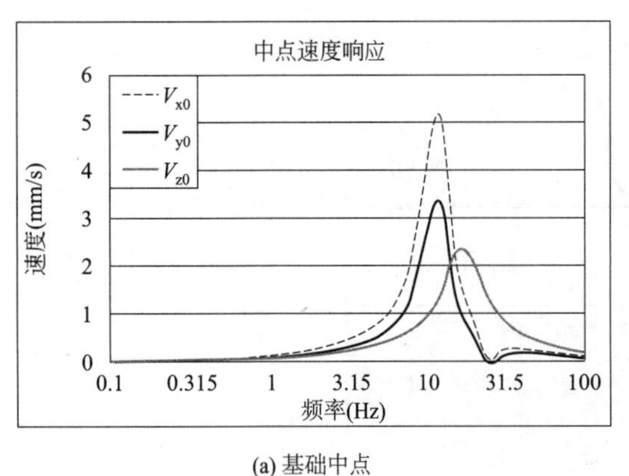

(a) 基础中点

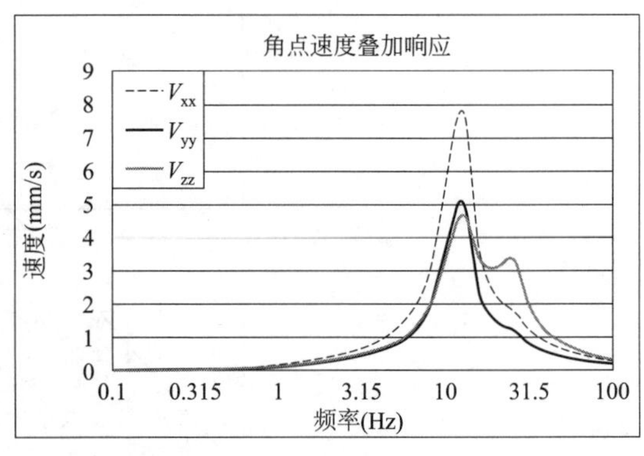

(b) 基础角点

图 8-1-12　基础振动速度

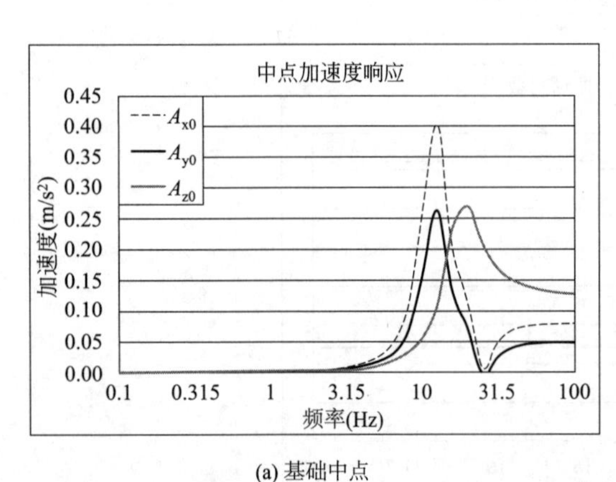

(a) 基础中点

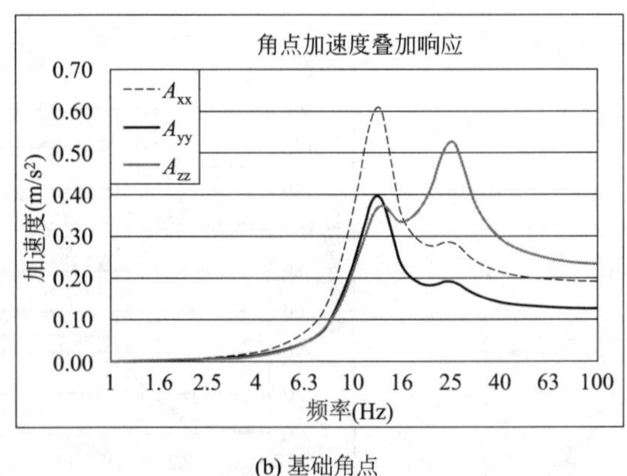

(b) 基础角点

图 8-1-13　基础振动加速度

7. 试验验证

针对 MAST 振动试验台基础进行振动测试，振动试验激励信号包括稳态振动、随机振动和扫频振动等，正弦扫频激励信号（图 8-1-14）、随机激励信号（图 8-1-15）以及测点布置（图 8-1-16）等振动测试工况见表 8-1-3。振动测试现场选取的测点为关键振动控制点，包括基础中心、角点和附近地坪区域等（图 8-1-17）。

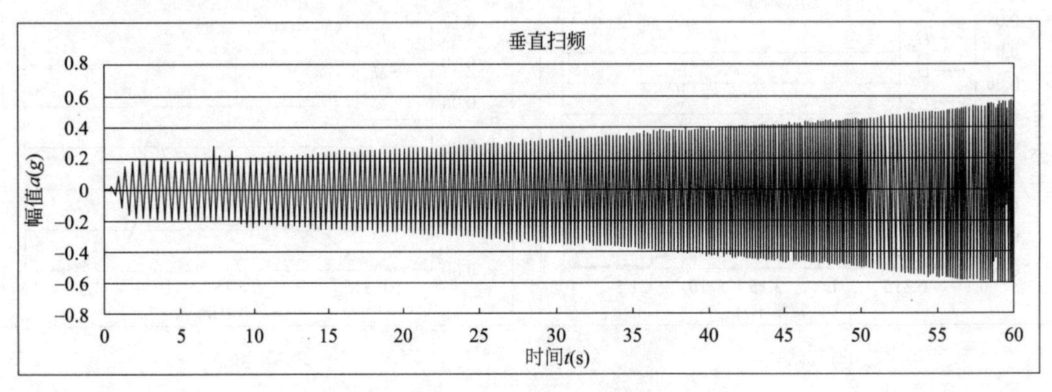

图 8-1-14　竖向扫频激励

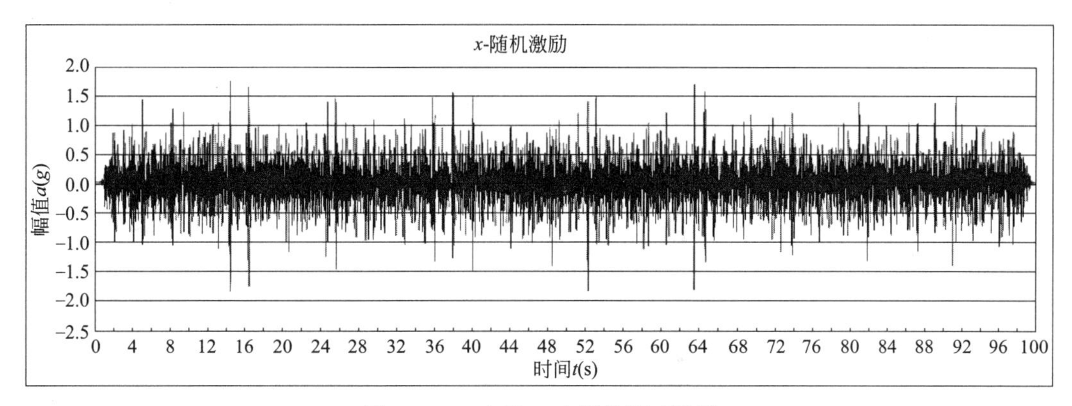

图 8-1-15　水平 X 向随机振动激励

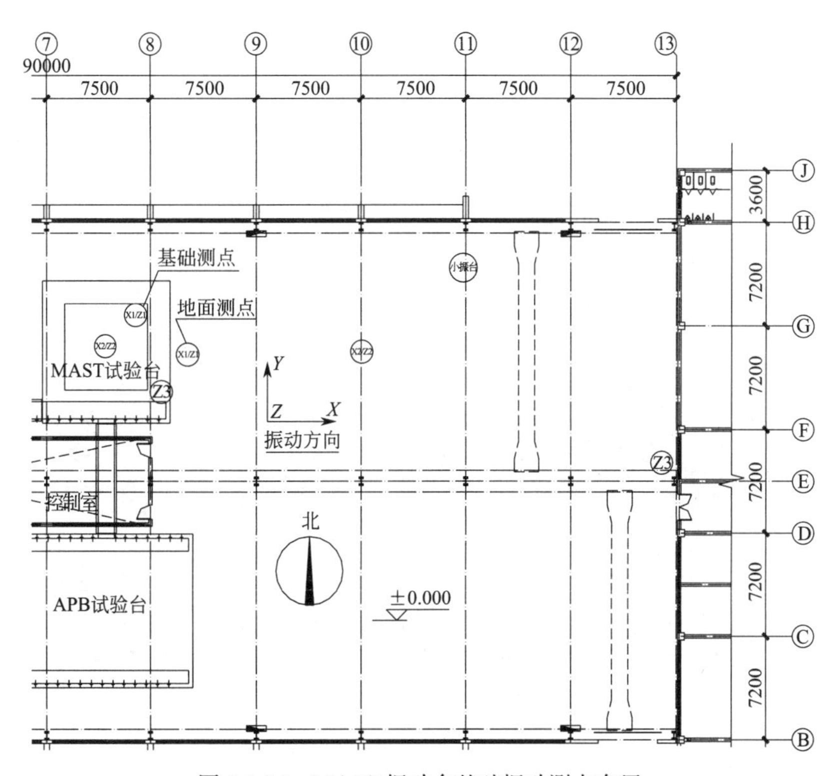

图 8-1-16　MAST 振动台基础振动测点布置

MAST 振动试验台基础振动工况　　　　表 8-1-3

工况	频率(Hz)	时间(s)	幅值	激振方向	备注
背景	33				电磁激振台
扫频	2～60	150		X,Z	MAST 基础
随机	1～80	100	$4g$,(max)	X,Z	MAST 基础
稳态	3	100	D=10mm	X	MAST 基础
稳态	8	100	D/a=2mm/0.5g	X	MAST 基础
稳态	10	100	D/a=2mm/0.9g	X	MAST 基础

续表

工况	频率(Hz)	时间(s)	幅值	激振方向	备注
稳态	15	100	D/a=1.0mm/1.0g	X	MAST 基础
稳态	20	100	D/a=0.5mm/1.2g	X	MAST 基础
稳态	15	100	D/a=1.2mm/1.4g	X	MAST 基础
稳态	15	100	D/a=0.6mm/0.7g	X	MAST 基础
随机	1～80	100	4g,(max)	X,Z	地面
稳态	15	100	D/a=0.6mm/0.7g	X	地面
稳态	15	100	D/a=1.0mm/1.0g	X	地面
稳态	15	100	D/a=1.2mm/1.4g	X	地面

振动测试的基础振动固有频率结果见表 8-1-4，基础竖向振动加速度结果见表 8-1-5。结果表明，计算结果与振动测试结果较为吻合。

图 8-1-17　振动试验现场

基础固有频率　　**表 8-1-4**

参数	固有频率(Hz)	
	计算值	实测值
f_{nx}	11.31	11.72
f_{nz}	17.62	16.80
$f_{ny\phi}$	21.27	20.52

基础竖向振动响应　　**表 8-1-5**

位置	振动加速度(m/s^2)	
	计算值	实测值
中点	0.0845	0.0726
角点	0.0226	0.0216

第二节　电动振动台

一、一般规定

电动振动台基础的材料和连接，宜符合下列规定：

（1）振动试验台基础宜采用整体块式混凝土结构。

（2）振动台基础混凝土强度等级不应低于C30，受力钢筋应采用HRB400、HRB500、HRBF400和HRBF500钢筋；二次灌注应采用比基础混凝土高一个等级的微膨胀混凝土或专用灌浆料。

（3）混凝土块状基础内应设置三向分布钢筋，钢筋直径不宜小于14mm，间距不宜大于500mm；振动试验台基础侧面、顶面及底面应设置双向分布钢筋，钢筋直径不宜小于14mm，间距不宜大于200mm。

（4）垫层厚度不宜小于100mm，垫层混凝土强度等级不宜低于C15。

（5）混凝土保护层厚度不宜小于40mm，并应符合现行国家标准《混凝土结构设计规范》GB 50010的有关规定。

（6）振动台基础周边应设置宽度不小于50mm的防振缝，防振缝可采用聚苯板、沥青麻丝等软性材料填充。

（7）振动台基础宜与设备管沟分开，设置不小于50mm的防振缝，防振缝可采用橡胶板、挤型板、聚苯板、沥青麻丝等软性材料填充，并应作相应的防水处理。

（8）振动台基础宜与建筑物基础、上部结构以及混凝土地面分开。

（9）当管道与振动台连接产生较大振动时，管道与振动台连接宜采用柔性连接。

二、动力计算

1. 电动振动台基础动力设计时，应验算下列情况下基础的振动：

（1）竖向激振力作用在基础重心上，基础产生的竖向振动［图8-2-1（a）］。

（2）竖向激振力作用点偏离基础重心，作用在通过平行于基础长边的对称轴上，基础产生俯仰和平动耦合振动［图8-2-1（b）］。

（3）水平激振力作用在基础上方，且平行于基础长边的对称轴，基础产生侧倾和平动耦合振动［图8-2-1（c）］。

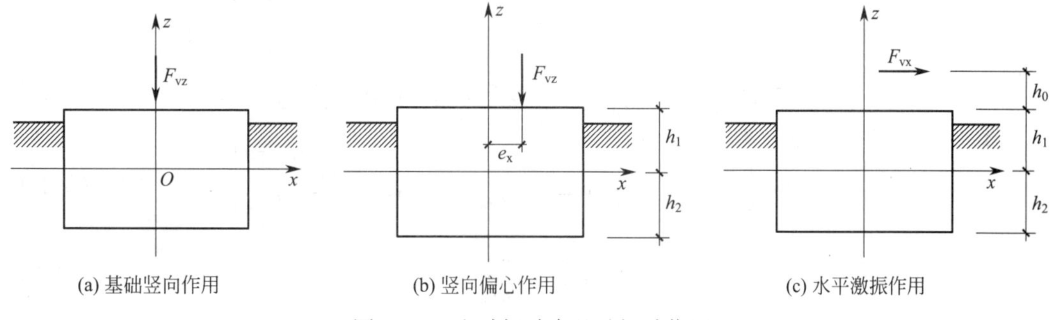

图8-2-1　电动振动台基础振动作用

2. 竖向扰力沿基础重心作用时［图8-2-1（a）］，基础的竖向振动位移，可按下列公式计算：

$$u_{zz}=\frac{F_{vz}}{K_z}\cdot\frac{1}{\sqrt{\left(1-\frac{\omega^2}{\omega_{nz}^2}\right)^2+4\zeta_z^2\frac{\omega^2}{\omega_{nz}^2}}} \tag{8-2-1}$$

$$\omega_{nz}=\sqrt{\frac{K_z}{m}} \tag{8-2-2}$$

$$m=m_f+m_m+m_s \tag{8-2-3}$$

式中 u_{zz}——基础顶面控制点由于竖向振动产生的沿 z 轴竖向振动位移(m)；

F_{vz}——机器的竖向扰力(kN)；

K_z——天然地基的抗压刚度(kN/m)，当为桩基时应采用 K_{pz}；

ω——机器的扰力圆频率(rad/s)；

ω_{nz}——基组的竖向振动固有圆频率(rad/s)；

ζ_z——天然地基的竖向阻尼比，当为桩基时应采用 ζ_{pz}；

m——天然地基上基组的质量(t)，当为桩基时采用 m_{pz}，可按式 $m_{pz}=m+m_0$ 计算，其中，m_0 为竖向振动时桩和桩间土参加振动的当量质量；

m_f——基础的质量(t)；

m_m——基础上机器及附属设备的质量(t)；

m_s——基础底板上回填土的质量(t)。

3. 在沿 x 向偏心的竖向扰力 F_{vz} 作用下［图 8-2-1 (b)］，电动振动台基础产生回转和平动耦合振动时，基础顶面控制点 x 向水平和竖向振动位移，可按下列公式计算：

$$u_{z\phi}=(u_{\phi1}+u_{\phi2})\cdot l_x \tag{8-2-4}$$

$$u_{x\phi}=u_{\phi1}\cdot(\rho_{\phi1}+h_1)+u_{\phi2}\cdot(h_1-\rho_{\phi2}) \tag{8-2-5}$$

$$u_{\phi1}=\frac{M_{\phi1}}{(J_\phi+m\rho_{\phi1}^2)\cdot\omega_{n\phi1}^2}\cdot\frac{1}{\sqrt{\left(1-\frac{\omega^2}{\omega_{n\phi1}^2}\right)^2+4\zeta_{h1}^2\frac{\omega^2}{\omega_{n\phi1}^2}}} \tag{8-2-6}$$

$$u_{\phi2}=\frac{M_{\phi2}}{(J_\phi+m\rho_{\phi2}^2)\cdot\omega_{n\phi2}^2}\cdot\frac{1}{\sqrt{\left(1-\frac{\omega^2}{\omega_{n\phi2}^2}\right)^2+4\zeta_{h2}^2\frac{\omega^2}{\omega_{n\phi2}^2}}} \tag{8-2-7}$$

$$\omega_{n\phi1}^2=\frac{1}{2}\left[(\omega_{nx}^2+\omega_{n\phi}^2)-\sqrt{(\omega_{nx}^2-\omega_{n\phi}^2)^2+\frac{4mh_2^2}{J_\phi}\omega_{nx}^4}\right] \tag{8-2-8}$$

$$\omega_{n\phi2}^2=\frac{1}{2}\left[(\omega_{nx}^2+\omega_{n\phi}^2)+\sqrt{(\omega_{nx}^2-\omega_{n\phi}^2)^2+\frac{4mh_2^2}{J_\phi}\omega_{nx}^4}\right] \tag{8-2-9}$$

$$\omega_{nx}^2=\frac{K_x}{m} \tag{8-2-10}$$

$$\omega_{n\phi}^2=\frac{K_\phi+K_xh_2^2}{J_\phi} \tag{8-2-11}$$

$$M_{\phi1}=F_{vz}e_x \tag{8-2-12}$$

$$M_{\phi2}=F_{vz}e_{x} \tag{8-2-13}$$

$$\rho_{\phi1}=\frac{\omega_{nx}^{2}h_{2}}{\omega_{nx}^{2}-\omega_{n\phi1}^{2}} \tag{8-2-14}$$

$$\rho_{\phi2}=\frac{\omega_{nx}^{2}h_{2}}{\omega_{n\phi2}^{2}-\omega_{nx}^{2}} \tag{8-2-15}$$

式中 $u_{z\phi}$、$u_{x\phi}$——基础顶面控制点由于 $x-\phi$ 向耦合振动产生的沿 z 轴竖向、沿 x 轴水平向的振动位移(m)；

$u_{\phi1}$、$u_{\phi2}$——基组绕 y 轴耦合振动第一、第二振型的回转角位移(rad)；

$\rho_{\phi1}$、$\rho_{\phi2}$——基组绕 y 轴耦合振动第一、第二振型转动中心至基组重心的距离(m)；

$\omega_{n\phi1}$、$\omega_{n\phi2}$——基组绕 y 轴耦合振动第一、第二振型的固有圆频率(rad/s)；

ω_{nx}、$\omega_{n\phi}$——基组沿 x 轴水平、绕 y 轴回转振动的固有圆频率(rad/s)；

h_{1}——基组重心至基础顶面的距离(m)；

h_{2}——基组重心至基础底面的距离(m)；

e_{x}——机器竖向扰力 F_{vz} 沿 x 轴向的偏心距(m)；

J_{ϕ}——基组(天然地基)对基组坐标系 y 轴的转动惯量($t\cdot m^{2}$)，当为桩基时应采用 $J_{p\phi}$；

$M_{\phi1}$、$M_{\phi2}$——基组 x-ϕ 向耦合振动中机器扰力绕通过第一、第二振型转动中心 $o_{\phi1}$、$o_{\phi2}$ 并垂直于回转面 zox 的轴的总扰力矩(kN·m)；

K_{x}——天然地基沿 x 轴的抗剪刚度(kN/m)，当为桩基时应采用 K_{px}；

K_{ϕ}——天然地基绕 y 轴的抗弯刚度(kN/m)，当为桩基时应采用 $K_{p\phi}$。

4. 在沿 x 方向水平扰力F_{vx} 作用下［图 8-2-1（c）］，电动振动台基础产生回转和平动的耦合振动时，基础顶面控制点 x 向水平和竖向振动位移，可按式（8-2-4）～式（8-2-15）计算，其中$M_{\phi1}$ 和$M_{\phi2}$ 可按下列公式计算：

$$M_{\phi1}=F_{vx}\ (h_{1}+h_{0}+\rho_{\phi1}) \tag{8-2-16}$$

$$M_{\phi2}=F_{vx}\ (h_{1}+h_{0}-\rho_{\phi2}) \tag{8-2-17}$$

式中 h_{0}——水平扰力 F_{vx} 作用线至基础顶面的距离（m）。

三、构造要求

电动振动台基础的构造，应符合下列规定：

（1）振动台基础底面边长均不应小于基础厚度，竖向激振的电动振动台基础底面长边与短边之比不宜大于 2.0，水平向激振的振动台基础底面沿激振方向的边长和厚度之比不应小于 1.5，基础厚度不宜小于 1.0m。

（2）带有隔振装置的电动振动台，基础重量不应小于激振力的 3.5 倍。

（3）电动振动台不宜直接设置在四类土上，当地基为四类土时，应采用人工地基。

四、工程实例

1. 工程概况

某车间检测中心振动室改造项目，在原建筑中增设一台 30kN 激振力的电动振动试验台，振动试验台基础尺寸长×宽×高为 2800mm×1280mm×1120mm，实验室平面如

图 8-2-2 所示。

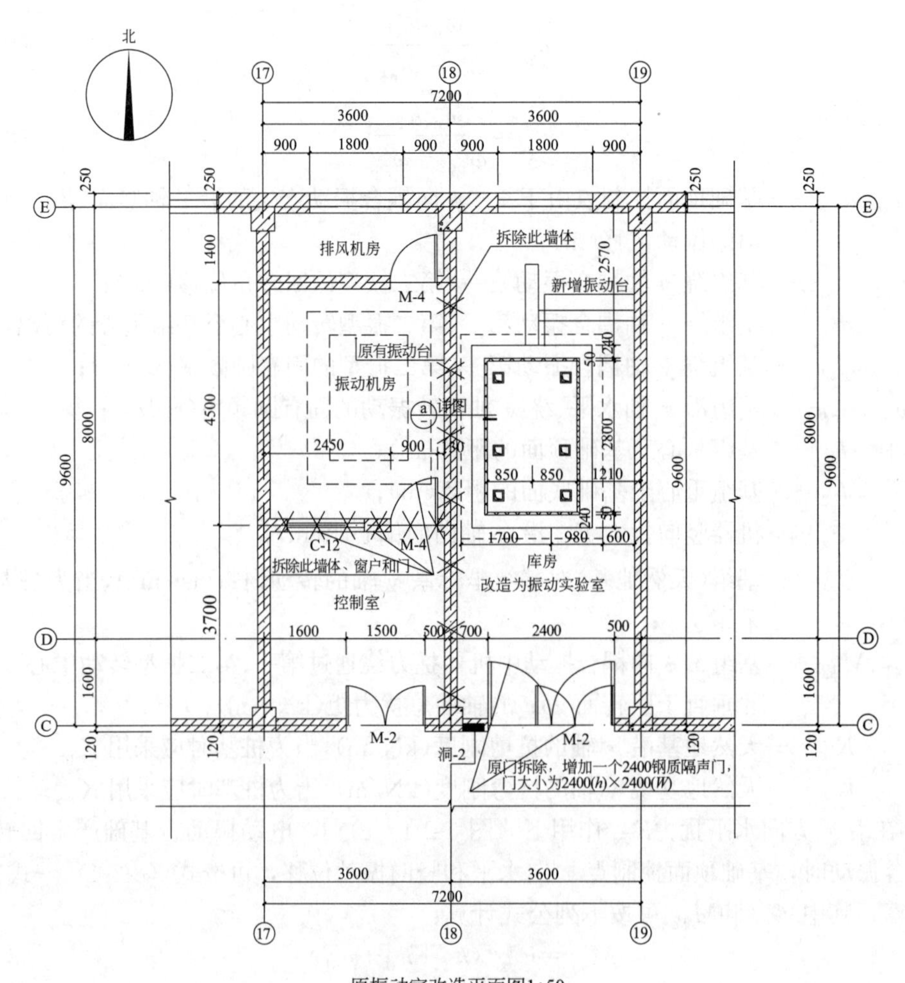

图 8-2-2　实验室平面图

2. 设计依据的国家标准

《工程结构可靠性设计统一标准》GB 50153-2008

《建筑结构可靠性设计统一标准》GB 50068-2018

《建筑结构荷载规范》GB 50009-2012

《混凝土结构设计规范》GB 50010-2010

《建筑地基基础设计规范》GB 50007-2011

《建筑工程容许振动标准》GB 50868-2013

《动力机器基础设计标准》GB 50040-2020

《建筑振动荷载标准》GB/T 51228-2017

3. 静力计算

基础设计如图 8-2-3、图 8-2-4 所示。

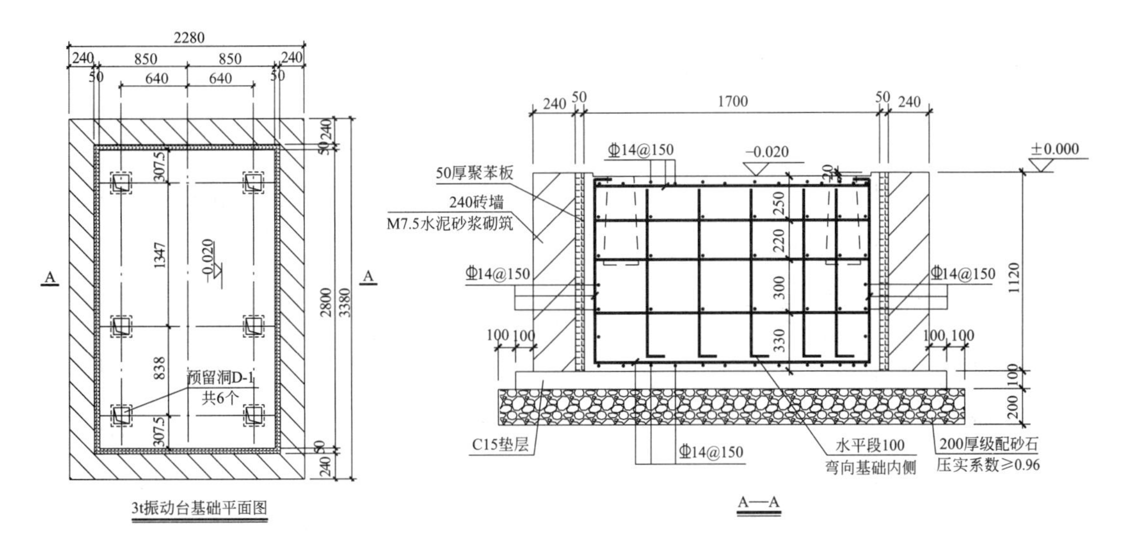

图 8-2-3　振动台基础平面图　　　　图 8-2-4　基础剖面图

基础底面积：$A=2.8\times1.7=4.76\text{m}^2$

基础重量：$W_j=4.76\times1.12\times26=138.6\text{kN}$

铁底板加灌浆重：$W_t=58.6\text{kN}$

设备及试件重量：$W_s=24.7+4.0=28.7\text{kN}$

考虑动力系数为 1.2

设备重力值：$G_s=1.2\times28.7=34.4\text{kN}$

修正后的地基承载力：

$$f_a=f_{ak}+1.5\times18\times(1.12-0.5)=127.6\text{kPa}$$

根据《动力机器基础设计标准》GB 50040 的有关要求，振动设备基础底面地基承载力特征值需要乘以动力折减系数，参考旋转式机器基础，动力折减系数取 0.8，即：

$P_k=(138.6+58.6+34.4)/4.76=231.6/4.76=48.7\text{kN/m}^2<0.8f_a=102.1\text{kPa}$，满足承载力要求。

4. 动力计算

(1) 振动荷载计算原则

电动振动台激振力与其加速度有关，依据牛顿第二定律及振动台的加速度特性可估算激振力大小，加速度曲线如图 8-2-5 所示。

(2) 基本参数

进行振动台基础和实验室设计时，需要的振动试验台参数：

1) 额定正弦激振力：$F_e=30\text{kN}$

2) 振动台频率范围：$f=5\sim2500\text{Hz}$

3) 最大振动位移：$u_{max}=51\text{mm}$

4) 最大振动速度：$v_{max}=2\text{m/s}$

5) 最大振动加速度：$a_{max}=1000\text{m/s}^2$

6) 额定负载：$m_t=400\text{kg}$

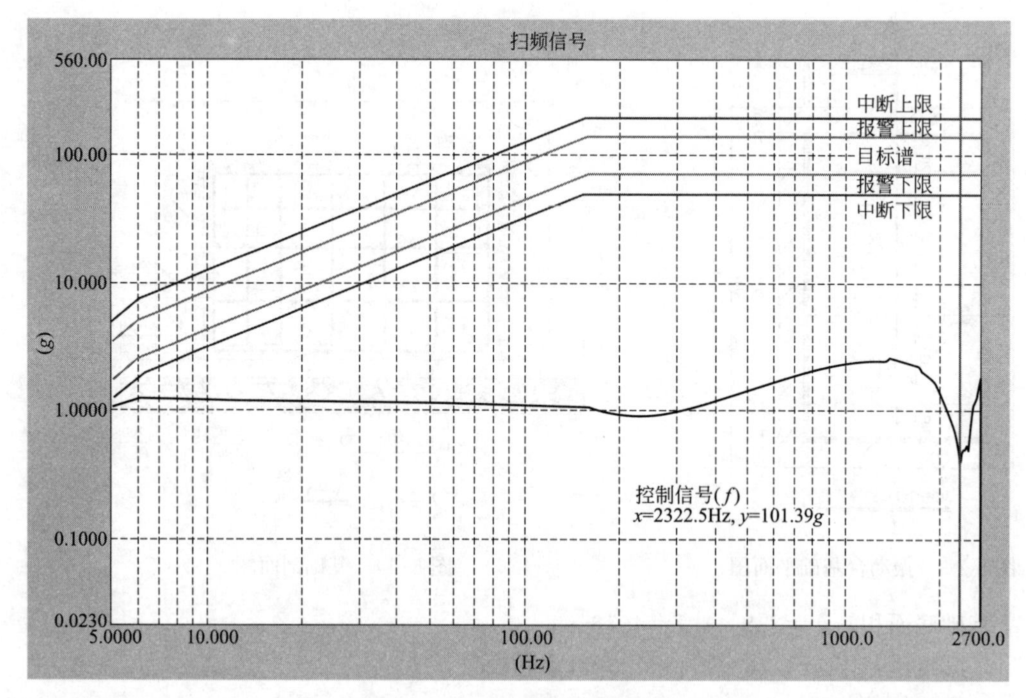

图 8-2-5　振动台加速度特性曲线

(3) 振动台特性

液压振动台可分为三个荷载区间：

1) 低频部分的位移控制区段：$a_1=u_{max}\omega^2$ (频率区段为 $f_0\sim f_1$)；

2) 中频部分的速度控制区段：$a_2=v_{max}\omega$ (频率区段为 $f_1\sim f_2$)；

3) 高频部分的加速度控制区段：$a_3=A_{max}$ (频率区段为 $f_2\sim f_3$)。

考虑作用力与加速度特性的关系，首先对加速度特性进行分析。振动台加速度特性在双对数坐标下可由三段折线表示，即位移控制段、速度控制段和加速度控制段，其加速度特性曲线如图 8-2-6 所示。

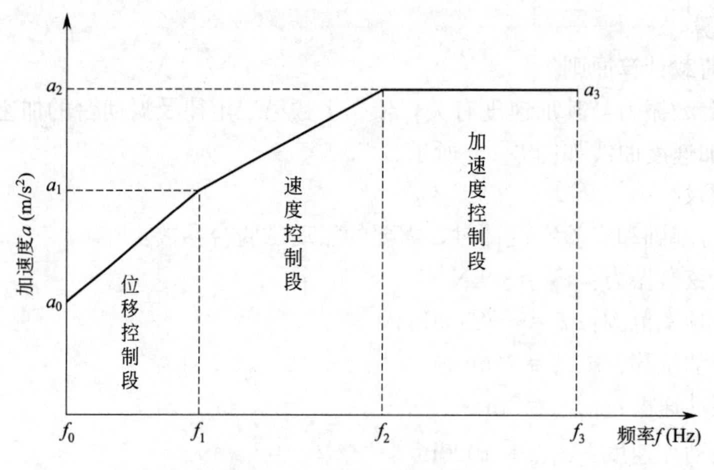

图 8-2-6　加速度曲线分段

三个曲线段的频率控制点及对应的加速度值分别为：

$f_0=5\text{Hz}$

$$f_1=\frac{v_{max}}{2\pi\cdot u_{max}}=\frac{2}{2\pi\times0.051}=6.24\text{Hz}$$

$$f_2=\frac{a_{max}}{2\pi\cdot v_{max}}=\frac{1000}{2\pi\times2}=78.58\text{Hz}$$

$a_0=(2\pi f_0)^2\cdot u_{max}=(2\pi\times5)^2\times0.051=50.33\text{m/s}^2$

$a_1=(2\pi f_1)^2\cdot u_{max}=(2\pi\times6.24)^2\times0.051=78.40\text{m/s}^2$

$a_2=(2\pi f_2)\cdot v_{max}=(2\pi\times78.58)\times2=987.47\text{m/s}^2\approx1000\text{m/s}^2$

加速度控制段为平直段，则 $a_2=a_3=a_{max}=1000\text{m/s}^2$，因此斜率为：

$k_3=0$

$$k_1=\frac{\lg a_0-\lg a_1}{\lg f_0-\lg f_1}=\frac{\lg50.33-\lg78.40}{\lg5-\lg6.24}=2.0$$

$$k_2=\frac{\lg a_1-\lg a_2}{\lg f_1-\lg f_2}=\frac{\lg78.40-\lg1000}{\lg6.24-\lg78.58}=1.0$$

$c_1=\lg a_1-k_1\lg f_1=\lg78.4-2\times\lg6.24=0.30$

$c_2=\lg a_2-k_2\lg f_2=\lg1000-1\times\lg78.58=1.10$

$c_3=\lg a_3-k_3\lg f_3=\lg1000-0\times\lg1000=3$

$$\begin{cases}\lg a(f)=k_1\lg f+c_1=2\lg f+0.30 & (f_0=5\text{Hz}\leqslant f<f_1=6.24\text{Hz})\\ \lg a(f)=k_2\lg f+c_2=\lg f+1.10 & (f_1=6.24\text{Hz}\leqslant f<f_2=78.58\text{Hz})\\ \lg a(f)=k_3\lg f+c_3=3 & (f_2=78.58\text{Hz}\leqslant f<f_3=2800\text{Hz})\end{cases}$$

因此，激振加速度可描述为：

$$a(f)=10^{(k_i\lg f_i+c_i)}=10^{c_i}\cdot f_i^{k_i}\qquad(f_{i-1}\leqslant f<f_i,i=1,2,3)$$

$$a(f)=\begin{cases}(2\pi f)^2d_{max}=(2\pi\text{f})^2\times0.051 & (f_0=5\text{Hz}\leqslant f<f_1=6.24\text{Hz})\\ 2\pi f\cdot v_{max}=2\pi f\times2 & (f_1=6.24\text{Hz}\leqslant f<f_2=78.58\text{Hz})\\ a_{max}=1000\text{m/s}^2 & (f_2=78.58\text{Hz}\leqslant f<f_3=2800\text{Hz})\end{cases}$$

（4）振动荷载

液压振动试验台（图 8-2-7）激振力加载特性与运动部分负载质量及加速度特性有关，不同负载质量的振动台激振力特性不同，最不利工况条件通常为满负荷试验。激振力曲线应按满负荷计算，按如下公式计算：

$$F_s(f)=(m_0+m_t)\cdot a(f)\tag{8-2-18}$$

式中　m_0——振动台运动部分质量；

m_t——振动台试件质量；

$a(f)$——频域振动加速度幅值。

为便于工程应用，可先将加速度特性曲线作归一化处理，然后根据最大激振力得到整个频率范围内的激振力：

$$F(f)=\frac{a(f)}{a_{max}}F_{max}\tag{8-2-19}$$

一般情况下，电动振动试验台制造厂家提供的技术参数是按照空载条件测试的结果，当试件安装完毕后，其特性曲线略有不同。经验表明，按照空载特性设计是偏于安全的。为考虑电动振动试验台极端情况下的最不利状况，将激振力上限乘以2，即：

$$F_{c}(f)=2.0\frac{a(f)}{a_{max}}F_{max} \tag{8-2-20}$$

振动台及基础结构体系如图8-2-8所示，其简化力学模型见图8-2-9。考虑振动台与基础的质量相差较大且振动台振动位移响应远大于基础振动响应，因此，可将振动台空气弹簧隔振器以上部分分离，计算出空气弹簧的振动位移响应及支座反力，并将该空气弹簧隔振器的支座反力作为基础振动输入，分离后的振动台基本力学模型如图8-2-10所示。

图8-2-7　电动振动台

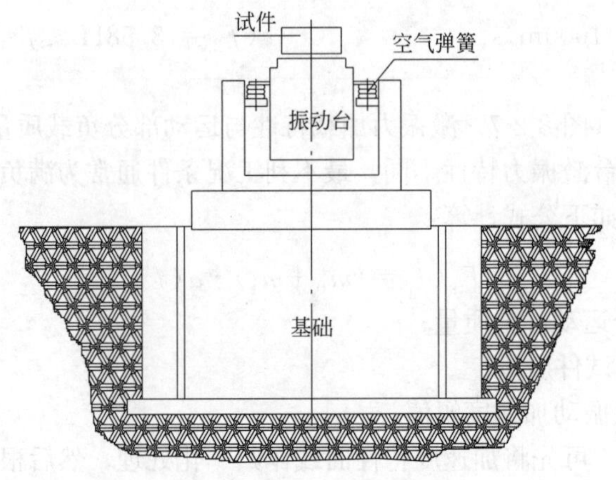

图8-2-8　振动台及基础结构

（5）试验台动力计算

根据基础设计资料和现行国家标准《动力机器基础设计标准》GB 50040 的相关要求，设计基础的几何参数见表 8-2-1，计算地基动力特征参数见表 8-2-2。

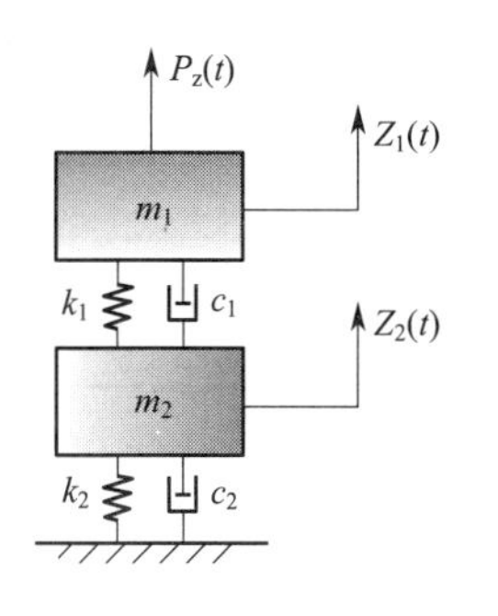

图 8-2-9　简化力学模型

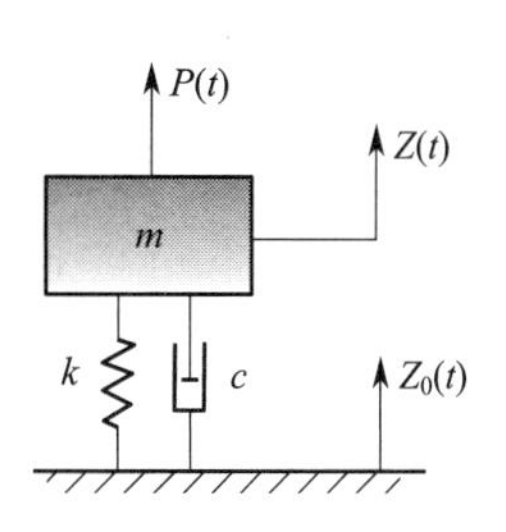

图 8-2-10　振动台力学模型

按照前面章节提供的计算方法，由式（8-2-1）～式（8-2-17）计算可得电动振动试验台基础的振动响应结果，电动振动试验台竖向激振时，基础中点和角点的振动位移、振动速度、振动加速度见图 8-2-11～图 8-2-13。

基础几何参数　　**表 8-2-1**

名称 1	a(m)	b(m)	h(m)	ρ_j(t/m³)	ρ_t(t/m³)	C_z(kN/m³)
数据 1	2.8	1.7	1.3	2.5	1.88	25000
名称 2	A(m²)	J_x(m⁴)	J_y(m⁴)	J_p(m⁴)	m(t)	h_2(m)
数据 2	4.76	1.15	3.11	4.26	15.47	0.65

地基动力特征参数　　**表 8-2-2**

名称 1	k_z(kN/m)	$k_{\phi x}$(kN·m)	$k_{\phi y}$(kN·m)	k_x(kN/m)	k_y(kN/m)	k_ψ(kN·m)
刚度	294466.3	292449.26	793357.153	245011.136	245011.14	530277.55
名称 2	ζ_z	$\zeta_{x\varphi}$	$\zeta_{y\varphi}$	ζ_x	ζ_y	ζ_ψ
阻尼比	0.28685	0.19698	0.19698	0.19698	0.19698	0.19698

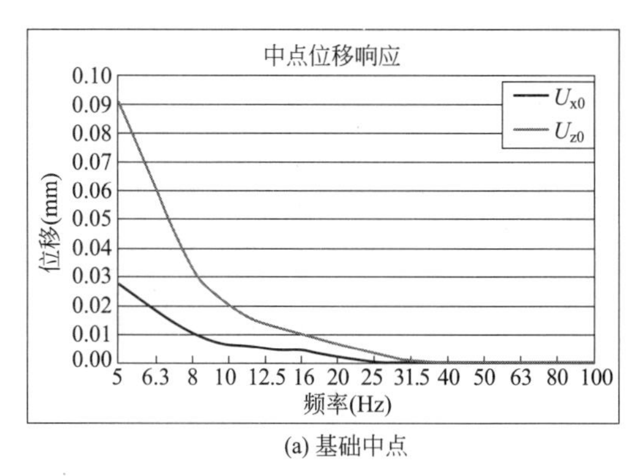

(a) 基础中点

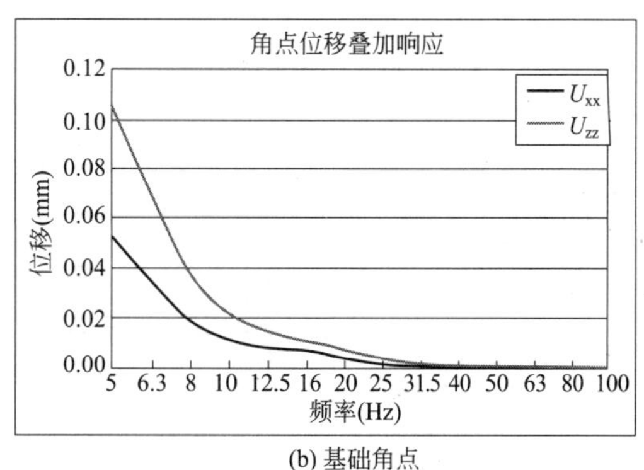

(b) 基础角点

图 8-2-11　基础振动位移

5. 结果比较

振动台基础动力分析采用 SAP2000 结构有限元程序进行分析，数值模型如图 8-2-14 所示。

Z 向、X 向的计算结果如表 8-2-3、表 8-2-4 所示。

Z 向激振结果 **表 8-2-3**

振动响应	GB 50040	SAP2000	位置
$a_z(m/s^2)/(Hz)$	0.1183 / 20	0.1186 / 19	基础角点
$a_x(m/s^2)/(Hz)$	0.0722 / 16	0.0707 / 12	基础角点

X 向激振结果 **表 8-2-4**

振动响应	GB 50040	SAP2000	位置
$a_z(m/s^2)/(Hz)$	0.1245 / 16	0.2125 / 12	基础角点
$a_x(m/s^2)/(Hz)$	0.2951 / 16	0.2617 / 12	基础角点

计算结果表明：电动振动试验台基础角点计算结果较为吻合，基础振动满足相关标准的要求。

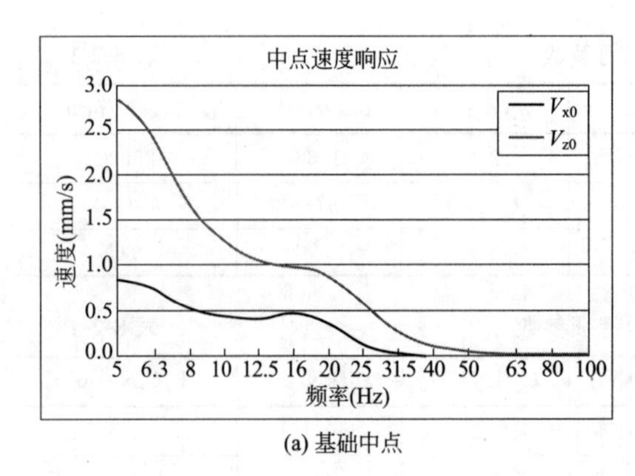

(a) 基础中点

(b) 基础角点

图 8-2-12 基础振动速度

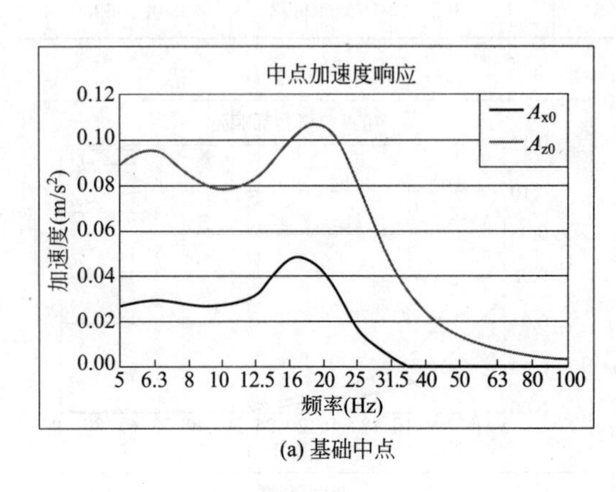

(a) 基础中点

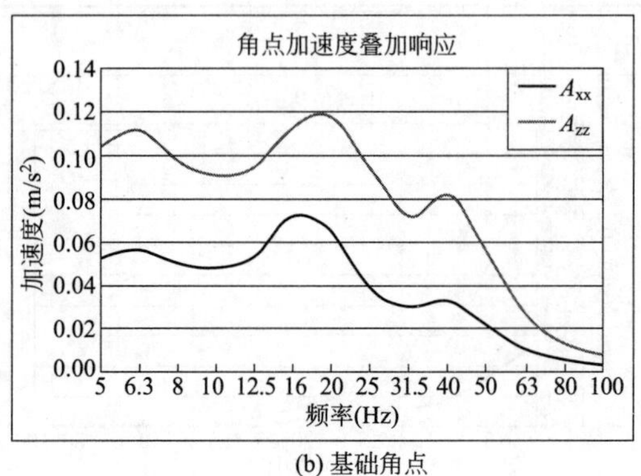

(b) 基础角点

图 8-2-13 基础振动加速度

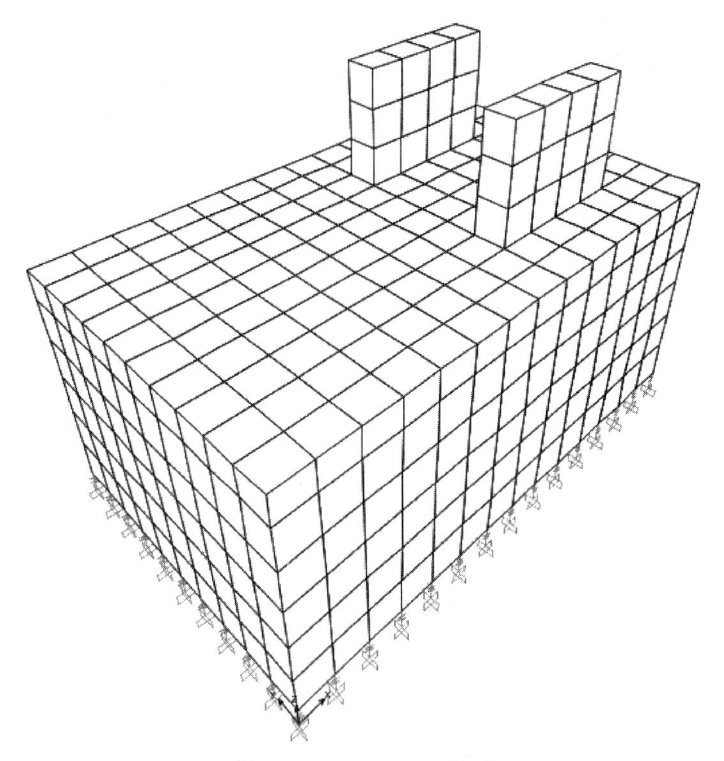

图 8-2-14　SAP2000 模型

第九章　金属切削机床基础

第一节　一般规定

本章适用于金属切削机床和加工中心系列机床基础，且仅用于普通或精密重型及重型以下金属切削机床基础的设计。

一、机床分类

机床可按照用途、工件大小、机床自重等进行分类。

1. 按用途分类。根据机床加工性质和所使用的刀具不同，可分为车床、钻床、镗床、磨床、齿轮加工机床、螺纹加工机床、铣床、刨床、插床及拉床等。

2. 按工件大小和机床自重分类，见表 9-1-1。

机床按工件大小和机床自重分级　　　　**表 9-1-1**

单机重 G(kN)	$G \leqslant 100$	$100 < G \leqslant 300$	$300 < G \leqslant 1000$
机床分级	中小型机床	大型机床	重型机床

注：在生产上由于各类机床的复杂程度及生产条件不同，还需结合机床的规格和尺寸作适当调整。

3. 按机床所加工的精度来分，可分为普通机床、精密机床及高精密机床三种。

二、机床基础的要求

1. 基本要求

机床在加工运转时，各部件的静力和动力将通过机床底座传递至基础，因此，基础设计时需保证机床的正常运转，在满足加工产品质量要求的同时，也尽量避免机件、工具过早磨损而影响机床精度或使用寿命。

机床基础设计时，除应具备基本的设计资料外，当基础倾斜和变形对机床加工精度可能产生影响或需计算基础配筋时，应取得机床及加工件重力的分布情况、机床移动部件或移动加工件的重力及其移动范围等资料，以便于对机床基础进行详细分析与计算。

2. 基础类型及设计要求

机床安装形式应根据机床类型、规格、重量、刚度、稳定性、加工精度、容许振幅等要求，综合确定将机床直接安装在混凝土地面、单独基础或其他类型的基础上。

机床基础的设计应兼顾工艺要求和经济适用原则，对于加工精度要求不高的中小型机床且安装在混凝土地面上就能满足要求的，可直接采用混凝土地面作为基础；混凝土地面通过局部加厚能够满足要求的，可采用增加地面混凝土厚度的办法；对于重型机床、精密机床和复杂加工中心，采用增加地面混凝土厚度仍不能满足要求的，可采用单独基础或桩筏基础等。此外，机床调整垫或楔形调整垫是一种常用的简便机床安装方法，易于工艺变更时机床的布局调整，机床基础设计的具体要求如下：

(1) 普通中小型机床可直接安装在混凝土地面上，混凝土地面应符合现行国家标准

《建筑地面设计规范》GB 50037 的有关规定。

（2）大型机床宜安装在单独基础上或加厚的混凝土地面上；对于生产工艺变动大、机床调整频繁的车间，可适当扩大混凝土地面的加厚范围。

（3）重型机床应安装在单独基础或桩筏基础上。

（4）精密机床应安装在单独基础或桩筏基础上；此外，为防止地面传来的冲击和高频振动等影响，可在基础周围设置与基础深度相同、宽度 100～150mm 的防振沟，沟内可填充碎煤渣等松散材料；当地下水位较高时，防振沟尚需采取防水措施。当存在水平向扰力时，也可在基础四周设置防振缝与地面脱开，防振缝宜采用沥青、麻丝等柔性材料填充，也可将几台精密机床共同安装在设有外围防振沟的联合基础上。

防振沟的设置应注意下列几点：

1）防振沟应设置在精密机床基础的四周或振源附近；

2）应重视设防振沟后基础自振频率的计算与测定工作，应使自振频率与扰力频率错开 30%以上，以避免设沟后个别机床基础振动放大；

3）若机床加工时也产生水平振动，为避免设沟后基础水平振动增大及影响加工精度，此时，宜在沟内填充松散材料，或将机床基础四周设缝与地面分开，缝中填沥青、麻丝等柔性材料；

4）对于高精度精密机床，应根据场地振动实测资料及环境振动等条件，在基础或机床底部采取隔振措施，并应符合现行国家标准《工程隔振设计标准》GB 50463 的有关规定；

5）机床与基础或机床与地面之间宜设置可调整机床水平度的弹性垫、楔形调整垫。

3. 基础平面布置

（1）在厂区总平面布置时，对于加工精度要求较高的机床和精密机床车间，需与外界干扰振源设置一定的防振距离，设置时应考虑周边的振源性质、振动大小、地质情况、机床振动容许值等因素。

（2）在车间平面布置时，加工精度要求较高的机床及重型机床基础应与吊车厂房框架柱基础脱开，以免吊车运行影响机床加工精度。此外，大型、重型机床工作时振动较大，为防止振动对建筑物造成不利影响，机床基础应与厂房柱基础脱开。

（3）在工艺设备布置时，精密机床与振动较大的机床或设备（如粗加工机床、插床、牛头刨等）需保持一定距离，该距离的大小应根据振动性质、地质情况、地面构造及精密机床的精度要求等综合确定，对于一般的精密机床可取 5～8m。

4. 基础的质量和刚度

机床在加工工件时，工件、刀具、动力驱动装置、传动系统、砂轮、花盘及工作台换向时的冲击等，都会使机床产生振动，此类振动经机床本身具备的动平衡系统和动态刚度，能够符合产品加工精度要求，进而传递至基础的不平衡惯性力也远小于机床本身的重量。因此，一般的机床基础设计时无需进行动力计算，而对于精密机床和需要进行振动控制的机床，其基础设计应采用防振、隔振措施，此时的基础设计应进行动力计算。

一般情况下，机床基础采用基础重量来减弱其振动。工程实践表明，绝大部分机床基础重量和机床重量（包括加工件重量在内）的比例关系为：

$$W_j = K_w (W_s + W_g) \tag{9-1-1}$$

式中　W_j——基础重量(N)；

K_w——比例系数，一般机床取 1.1～1.3；重心较高的机床（如立式车床、插床等）取 1.5～1.7；

W_s——机床重量(N)；

W_g——最大加工件重量(N)。

机床基础需具有足够的强度和刚度，其中，对于狭长形的机床设备，则需要由机床与基础共同作用来保证机床的刚度。机床刚度可按机床的床身或底座长度 l 与其断面高度 h 之比进行划分：

(1) 当 $l/h<5$ 时，属于刚度较高的机床。

(2) 当 $5<l/h<8$ 时，属于中等刚度机床。对于加工精度要求较低的机床，l/h 比值可放宽至 10。

(3) 当 $l/h>8\sim10$ 时，属于低刚度机床。

5. 地基要求

机床基础作用于地基土上的竖直静压力为 0.03～0.07MPa，大多数天然地基的承载力均能满足此要求；此外，为避免基础出现不均匀沉降或倾斜，机床基础宜放置于相对均匀的同类土地基上，应避免一台机床放置于两种压缩性差异较大的土层之上；狭长形机床基础要具有足够刚度，基础刚度与地基土的类别密切相关，地基土变形模量越高，对应地基基床系数的 k 值也越大，当基础厚度不变而地基基床系数增大时，基础弯矩及变形将随基床系数增大而减小。

当基础刚度不足或地基土基床系数过低且设计基础厚度与宽度不做改变时，可采取对压缩层范围内的地基土进行加固的方式来增大地基土的基床系数，以尽量减少基础在移动荷载作用下的变形。

机床基础的地基处理，一般采用下列方式：

(1) 机械压（夯）实：如重锤夯实、振动压实。

(2) 换土垫层：将不符合要求的地基土置换成具有良好承载力的土质，垫层材料可采用中砂、粗砂、碎石、灰土、黏性土以及其他性能稳定、无侵蚀性的材料，常用于软弱地基的浅层处理。

(3) 采用振冲碎石桩或碎石夯入土中进行加固。

(4) 重型、精密机床基础置于软弱地基上且主要控制变形时，可采用桩基。

(5) 加工精度要求较高且重量大于 300kN 的重型机床，当基础建造在高压缩性地基或软弱地基上时，宜对地基采取预压加固措施。

地基预压是一种经济有效的地基和基础处理方法，也是机床基础设计时的常用措施。预压的重力可采用机床重力及加工件最大重力之和的 2 倍，并按实际荷载分布情况，分阶段达到预压重力，预压时间可根据地基固结情况确定。

基础预压是当基础混凝土强度达到设计强度后，按机床实际荷载分布情况对基础进行加载，加载的数值应为机床自重和最大加工部件重量之和的 1.2～2.0 倍，当工期紧急时宜采用较大值。预压加载时，需分期、分批进行，预压时间视地基土固结情况而定。预压的最终目的是使基础下沉达到基本稳定。

第二节　振动计算

一、振动荷载计算

1. 振动荷载

不同机床结构具有不同振型和相应的固有频率，在确定金属切削机床振动荷载时，机床制造厂应提供下列资料：

（1）机床型号、转速、规格和外形尺寸。

（2）机床质量、质心位置。

（3）机床运转部件的质量及其分布位置。

（4）机床的传动方式、运动方向和有关尺寸。

金属切削机床振动荷载作用点选取时，宜取机床底面几何中心，不同的金属切削机床对应的振动荷载不同，振动计算时应选取各类型机床对应的振动荷载；车床、铣床、刨床和磨床对应的振动荷载，宜分别按表 9-2-1～表 9-2-4 选用；钻床对应的振动荷载，根据钻床的完好程度、钻件的厚度、钻进速度的快慢等因素，宜取 0.10～0.20kN。此外，加工中心的振动荷载应按相同加工功能的同类机床取值，当多种加工功能振动荷载不相同时，宜取其中的较大值。

车床振动荷载　　**表 9-2-1**

车床型号	CG6125、CM6125	CW6140A、C616、C620	C336K、C630
振动荷载(kN)	0.130～0.260	0.260～0.325	0.325～0.390

注：当加工材料强度低、切削量小、切削速度缓慢时，表中取小值，否则取大值。

铣床振动荷载　　**表 9-2-2**

铣床型号	X60、X8126	X61、X6100、X62W	X63W、X64W、X51K	X32K、X53K
振动荷载(kN)	0.18～0.36	0.36～0.45	0.45～0.54	0.54～0.63

注：当加工材料强度低、切削量小、切削速度缓慢时，表中取小值，否则取大值。

刨床振动荷载　　**表 9-2-3**

刨床型号	B5032、B635	B650、B6050	B690
振动荷载(kN)	0.60～1.00	1.00～1.40	1.40～2.00

注：当加工材料强度低、切削量小、切削速度缓慢时，表中取小值，否则取大值。

磨床振动荷载　　**表 9-2-4**

磨床型号	M1010 MGB1420	M7120A、M7130 M2110、M2120	M1040 M1080	M120W、M130W M131W
振动荷载(kN)	0.16～0.32	0.32～0.40	0.40～0.48	0.48～0.56

注：当加工材料强度低、切削量小、切削速度缓慢时，表中取小值，否则取大值。

2. 振动位移

当动力机器基础为竖向或水平向振动时，距该基础中心点 r 处地面土的竖向或水平向的振动位移，由现场测试确定；当无测试条件时，可按下列公式计算：

$$u_r = u_0\left[\frac{r_0}{r}\zeta_0 + \sqrt{\frac{r_0}{r}}(1-\zeta_0)\right]e^{-f_0\alpha_0(r-r_0)} \tag{9-2-1}$$

$$r_0 = \mu_1\sqrt{\frac{A}{\pi}} \tag{9-2-2}$$

式中 u_r——距基础中心 r 处地面上的振动位移（m）；
u_0——基础的振动位移（m）；
f_0——基础上机器的扰力频率（Hz），对于冲击机器基础，可采用基础的固有频率；
r_0——圆形基础的半径或矩形及方形基础的当量半径（m）；
ζ_0——无量纲系数，根据地基土的性质和动力基础底面积，可按表 9-2-5 采用；
α_0——地基土能量吸收系数（s/m），根据地基土性质，可按表 9-2-6 采用；
μ_1——方形及矩形基础的动力影响系数，可按表 9-2-7 采用；
A——基础底面积（m^2）。

无量纲系数 ζ_0 **表 9-2-5**

土的名称	基础的半径或当量半径 r_0(m)							
	≤0.5	1.9	2.0	3.0	4.0	5.0	6.0	≥7.0
一般黏性土、粉土、砂土	0.70～0.95	0.55	0.45	0.4	0.35	0.25～0.30	0.23～0.30	0.15～0.20
饱和软土	0.70～0.95	0.50～0.55	0.40	0.35～0.40	0.23～0.30	0.22～0.30	0.20～0.25	0.10～0.20
岩石	0.80～0.95	0.70～0.80	0.55～0.70	0.60～0.65	0.55～0.60	0.50～0.55	0.45～0.50	0.25～0.35

注：1. 对于饱和软土，当地下水深 1m 及以下时，ζ_0 取较小值，1～2.5 m 时取较大值，大于 2.5 m 时取一般黏性土的 ζ_0 值；
2. 对于岩石覆盖层在 2.5 m 以内时，ζ_0 取较大值，2.5～6 m 时取较小值，超过 6 m 时，取一般黏性土的 ζ_0 值。

地基土能量吸收系数 α_0 值 **表 9-2-6**

地基土名称及状态		α_0(s/m)
岩石（覆盖层 1.5～2m）	页岩、石灰岩	$(0.385\sim0.485)\times10^{-3}$
	砂岩	$(0.580\sim0.775)\times10^{-3}$
硬塑的黏土		$(0.385\sim0.525)\times10^{-3}$
中密的块石、卵石		$(0.850\sim1.100)\times10^{-3}$
可塑的黏土和中密的粗砂		$(0.965\sim1.200)\times10^{-3}$
软塑的黏土、粉土和稍密的中砂、粗砂		$(1.255\sim1.450)\times10^{-3}$
淤泥质黏土、粉土和饱和细砂		$(1.200\sim1.300)\times10^{-3}$
新近沉积的黏土和非饱和松散砂		$(1.800\sim2.050)\times10^{-3}$

注：1. 同一类地基土上，振动设备大者，α_0 取小值，振动设备小者取较大值；
2. 同等情况下，土壤孔隙比大者，α_0 取偏大值，孔隙比小者，α_0 取偏小值。

动力影响系数 μ_1 **表 9-2-7**

基础底面积 A(m^2)	μ_1
≤10	1.00
12	0.96
14	0.92
16	0.88
≥20	0.80

二、振动容许标准

研究表明，机床对振动速度参数最为敏感。机床的容许振动值是指整体摇晃振动或各组成部件的绝对振动，包括刀具与工件之间发生相对振动的容许值，当地面传来某一外界干扰时，通过机床底座，整个机床系统都受到扰动而振动起来，而各部件的自振频率不一样，反应的振幅也不同，但刀具与工件之间发生的相对振动的大小直接影响加工的质量。

机床的容许振动要求应由机床制造厂家结合各类机床加工精度提出；当无法提出时，

机床的绝对振动容许振动值可按表 9-2-8 采用，刀具与工件之间的相对振动容许值远比绝对振动值小，可不作考虑。

部分机床容许振动值　　　　表 9-2-8

序号	机床名称	容许振动速度(mm/s)	容许振幅(μm)		
			f=10Hz	f=20Hz	f=30Hz
1	0 级丝杠车床及磨床	0.05	0.8	0.4	0.3
2	一级丝杠车床、磨床、螺纹磨床	0.10	1.6	0.8	0.5
3	坐标镗床及光学坐标镗床	0.20	3.2	1.6	1.1
4	精密磨床及车床	0.50	8.0	4.0	2.7
5	普通磨床及车床	0.80	12.8	6.4	4.3
6	铣床、刨床、钻床	1.50	24	12.0	8.0

第三节　构造要求

一、地面基础

机床直接安装在车间混凝土地面上时，可分为普通混凝土地面和加厚混凝土地面。根据调查统计及试验研究，表 9-3-1 给出了中小型普通金属切削机床安装在混凝土地面上的有关要求，其中当地基强度较高或边角采用加强构造措施时，表中混凝土地面板厚可适当减薄。

表 9-3-1 所建议的机床类型和重量综合考虑了以下因素：

1. 表中建议安装在地面上的机床是具有中等或较高刚度的机床。

2. 机床上移动部件的重量（如车床上的溜板，卧式镗床上的工作台等）越大，机床重心位置变化引起的地面倾斜和变形越大，对地面的要求越高；同时，当机床刚度为中等时，表中所列机床的空载移动部件重量与机床重之比应小于 1/10；当机床刚度较高时，该比值应小于 1/5。

普通中小型机床安装在混凝土地面上的界限　　　　表 9-3-1

机床类型及代表型号	机床重量(kN)	混凝土地面厚度(mm)			
		混凝土垫层最低强度等级	地基变形模量 E_0 (N/mm^2)		
			8	20	40
卧式车床 CW6163、转塔六角车床 CQ31125、铲齿车床 C8925、半自动车床 C7625、仿形车床 C7120	<60	C15	16	14	12
摇臂钻床 Z35、立式钻床 Z575、卧式内拉床 L6110	<50				
外圆磨床 M131W、内圆磨床 M250A、平面磨床 M7130、无心磨床 M1080、曲轴磨床 MQ8260	≤60	C20	15	13	11
滚齿机 Y38、刨齿机 Y236、插齿机 Y54、剃齿机 Y4245	<50				
立式铣床 X53T、卧式铣床 X63、万能铣床 X63WT	<60	C18	14	12	10
牛头刨床 B665、插床 B5032	≤30				

注：1. 表中所列机床，其长度不大于 5.5m，卧式镗床 T616 也可安装在表中所列的混凝土地面上。
2. 表列混凝土地面厚度，其施工缝系采用平头缝（邻板相互紧贴无空隙），当地基强度较高（如有灰土等地基加强层）或边角采用加强的构造措施时，板厚可适当减薄。
3. 表中地面厚度包括面层在内。垫层的混凝土强度等级应不低于 C15，面层混凝土强度等级应不低于 C25（30～40mm 厚细石混凝土），垫层兼面层的混凝土强度等级应不低于 C20。
4. E_0 应通过现场试验取得，或见表 9-3-2。
5. 如为填土时，填土的压实系数不应小于 0.9。

压实填土地基的变形模量　　表 9-3-2

填土类型	质量控制指标	变形模量（N/mm^2）	
		土壤湿度正常	土壤过湿
砂土	$N>30$	40	36
	$15<N\leqslant30$	32	28
	$10<N\leqslant15$	24	18
粉土	$5<N\leqslant10$ 且 $I_p\leqslant10$	22	14
黏性土	$15<N_{10}\leqslant25$ 且 $10<I_p\leqslant17$	20	10
	$N_{10}>25$ 且 $I_p>17$	18	8
素填土	$N_{10}\geqslant20$	20	10

注：1. 土过湿系指压实后的填土持力层位于地下水毛细管作用上升的高度范围内，或含水量或液限比值达到 0.55 时的状态。

2. 各类土壤地下毛细水的上升高度一般为：砂土 0.3～0.5m，粉土 0.6m，黏性土 1.3～2.0m。

3. 素填土系指黏性土与粉土组成的压实填土。

4. 表中 N 为标准贯入试验锤击数；N_{10} 为轻便触探试验锤击数；I_p 为土的塑性指标。

3. 各类机床的界限重量原则

（1）机床精度要求愈高，则容许振动愈小；机床刚度愈低，在机床上移动部件重量与机床重量比愈大，则表中该类机床的重量愈小。

（2）机床的精度要求愈高，容许振动较大，而机床的刚度较高，在机床上移动部件重量与机床重量比例较小，则表中该类机床的重量可取较大值。

（3）对于具有较大冲击载荷的机床，如牛头刨、插床等，则表中该类机床重量应更小。

（4）安装在混凝土地面上的精密机床，本身须具有较高刚性的整体底座，其$l/h<2$。

（5）设置弹性垫的机床，一般也可支承在混凝土地面上。

二、独立基础

安装在独立基础上的精密机床和高精度机床类型，如表 9-3-3 所示。

1. 基础尺寸

当机床安装在单独基础上时，其平面尺寸可按机床底座的外轮廓尺寸适当放宽，有利于安装、调整和维修，同时增加了基础横向稳定性，如车床基础每边可比底座宽 100～300mm，刨床基础每边可比底座宽 100～500mm，磨床基础每边可比底座宽 100～700mm。基础平面尺寸不应小于机床支承面的外廓尺寸，并应满足安装、调整和维修要求。

安装在独立基础上的精密机床和高精度机床类型　　表 9-3-3

基础类型	机床类型
独立基础	重型车床、床身较长且刚度不高的车床
	外界干扰振动不大、床身刚度不高的坐标镗床
	床身刚度不高的金刚镗床

2. 基础厚度

机床基础厚度的确定，可参考表 9-3-4。

对于加工精度要求较高、移动荷载与移动加工件重量较大，且不允许产生过大倾斜与变形的机床，宜对地基采取加固措施；当地基土基床系数较大时，亦可结合具体地质情况，适当地减少表中给出的基础厚度。

3. 基础配筋

（1）机床基础厚度确定后，若基础长度小于 6m，则基础内一般可不进行配筋。

（2）当基础长度为6～11m时，宜在基础底面、顶面、四周或断面削弱、变化处，配置直径8～14mm钢筋以及间距150～250mm的构造钢筋网。具体要求如下：

1）基础建造在软弱地基或地质不均匀处，钢筋宜配置在基础顶面和底面；

2）基础受力不均匀或局部受冲击力部位宜配置钢筋网；

3）基础内坑、槽洞口边缘局部需配筋加强，基础断面变化较大需配筋加强；

4）基础顶面支承点较少、集中应力较大的部位宜配置钢筋网，如大型磨床三支点，需在基础顶面配置钢筋网；

5）当基础长度为6～11m时，顶面和底面宜配置钢筋。

金属切削机床混凝土基础厚度 **表9-3-4**

序号	机床名称	基础混凝土厚度(m)
1	卧式车床	$0.3+0.070L$
2	立式车床	$0.5+0.150h$
3	铣床	$0.2+0.150L$
4	龙门铣床	$0.3+0.075L$
5	插床	$0.3+0.150h$
6	龙门刨床	$0.3+0.070L$
7	内圆磨床、无心磨床、平面磨床	$0.3+0.080L$
8	导轨磨床	$0.4+0.080L$
9	螺纹磨床、精密外圆磨床、齿轮磨床	$0.4+0.100L$
10	摇臂钻床	$0.2+0.130h$
11	深孔钻床	$0.3+0.050L$
12	坐标镗床	$0.5+0.150L$
13	卧式镗床、落地镗床	$0.3+0.120L$
14	卧式拉床	$0.3+0.050L$
15	齿轮加工机床	$0.3+0.150L$
16	立式钻床	0.3～0.6
17	牛头刨床	0.6～1.0

注：1. 表中L为机床外形的长度（m），h为其高度（m），均系机床样本和说明书上提供的机床外形尺寸。

2. 表中基础厚度指机床底座下（指垫板或调整垫以下）承重部分的混凝土厚度，当坑、槽深于基础底面时，仅需局部加深。

3. 加工中心系列机床，其基础混凝土厚度可按组合机床的类型，取其精度较高或外形较长者。

（3）当基础长度不小于11m或机床的移动部件、移动加工件的重量较大时，基础配筋按计算确定，一般可按弹性地基上的梁或板计算。基础长度大于11m的狭长形机床（如龙门刨、龙门铣、深孔钻床、重型车床、导轨磨床、卧式镗床等）的床身刚度较差，需要与基础共同工作，以增强机床刚度，保证其加工精度。

参 考 文 献

[1] 中华人民共和国国家标准．动力机器基础设计标准：GB 50040－2020 [S]．北京：中国计划出版社，2020.
[2] 中华人民共和国国家标准．工程隔振设计标准：GB 50463－2019 [S]．北京：中国计划出版社，2019.
[3] 中华人民共和国国家标准．建筑振动荷载标准：GB/T 51228－2017 [S]．北京：中国建筑工业出版社，2018.
[4] 中华人民共和国国家标准．建筑工程容许振动标准：GB 50868－2013 [S]．北京：中国计划出版社，2013.
[5] 中华人民共和国国家标准．工程振动术语和符号标准：GB/T 51306－2018 [S]．北京：中国建筑工业出版社，2018.
[6] 中华人民共和国国家标准．地基动力特性测试规范：GB/T 50269－2015 [S]．北京：中国计划出版社，2015.
[7] 中华人民共和国国家标准．工业建筑振动控制设计标准：GB 50190－2020 [S]．北京：中国计划出版社，2020.
[8] 徐建．工程振动控制技术标准体系．第 2 版．2018.
[9] 徐建．建筑振动工程手册 [M]．2 版．北京：中国建筑工业出版社，2016.
[10] 徐建，尹学军，陈骝．工业工程振动控制关键技术 [M]．北京：中国建筑工业出版社，2016.
[11] 徐建．建筑振动荷载标准理解与应用 [M]．北京：中国建筑工业出版社，2018.
[12] 徐建．建筑工程容许振动荷载标准理解与应用 [M]．北京：中国建筑工业出版社，2013.
[13] 徐建．隔振设计规范理解与应用 [M]．北京：中国建筑工业出版社，2009.
[14] 徐建．工程隔振设计指南 [M]．北京：中国建筑工业出版社，2021.
[15] 徐建．动力机器基础设计理论研究与发展建议．第三届全国建筑振动学术会议论文集 [C]．昆明：云南科技出版社，2000.
[16] 杨先健，徐建，张翠红．土－基础的振动与隔振 [M]．北京：中国建筑工业出版社，2013.
[17] 中国工程建设标准化协会建筑振动专业委员会．首届全国建筑振动学术会议论文集 [C]．无锡，1995.
[18] 中国工程建设标准化协会建筑振动专业委员会．第二届全国建筑振动学术会议论文集 [C]．北京：中国建筑工业出版社，1997.
[19] 中国工程建设标准化协会建筑振动专业委员会．第三届全国建筑振动学术会议论文集 [C]．昆明：云南科技出版社，2000.
[20] 中国工程建设标准化协会建筑振动专业委员会．第四届全国建筑振动学术会议论文集 [C]．南昌：江西科学技术出版社，2004.
[21] 中国工程建设标准化协会建筑振动专业委员会．第五届全国建筑振动学术会议论文集 [C]．防灾减灾工程学报，2008.
[22] 中国工程建设标准化协会建筑振动专业委员会．第六届全国建筑振动学术会议论文集 [C]．桂林理工大学学报，2012.
[23] 中国工程建设标准化协会建筑振动专业委员会．第七届全国建筑振动学术会议论文集 [C]．建筑结构，2015.
[24] 中国工程建设标准化协会建筑振动专业委员会．第八届全国建筑振动学术会议论文集 [C]．厦门，2020.
[25] 张有龄．动力基础的设计原理 [M]．北京：科学出版社，1959.
[26] 张有龄．动力基础设计理论的进展 [R]．北京：建筑工程部建筑科学研究院，1959.
[27] 王贻荪．半无限体表面在竖向集中谐和力作用下表面竖向位移的精确解 [J]．力学学报，1980，(4)：386-391.
[28] 钱鸿缙，张迪民，王杰贤．动力机器基础设计 [M]．北京：中国建筑工业出版社，1980.
[29] 楼梦麟．成层地基上水坝的自振特性 [J]．大连工学院学报，1981，(S2)：88-94.
[30] 楼梦麟，林皋．层状地基对土坝振动模态特性的影响 [J]．大连工学院学报，1985，(4)：59-67.
[31] 廖振鹏，杨柏坡，袁一凡．暂态弹性波分析中人工边界的研究 [J]．地震工程与工程振动，1982，2 (1)：1-11.
[32] 廖振鹏，黄孔亮，杨柏坡，等．暂态波透射边界 [J]．中国科学（A 辑），1984，(6)：556-564.
[33] 赵崇斌，张楚汉，张光斗．用无穷元模拟半无限平面弹性地基 [J]．清华大学学报，1986，(3)：51-65.
[34] 王复明，林皋．层状地基分析的样条半解析法及其应用 [M]．郑州：河南科学技术出版社，1988.
[35] 陈厚群，侯顺载，杨大伟．地震条件下拱坝库水相互作用的试验研究 [J]．水利学报，1989，(7)：29-39.
[36] 栾茂田，林皋．地基动力阻抗的双自由度集总参数模型 [J]．大连理工大学学报，1996，(4)：477-481.
[37] 蔡忠业，王明阳，吴少武，等．动力机器基础的地基动力参数测试 [J]．岩石力学与工程学报，1996，(S1)：

594-598.
[38] 刘晶波，吕彦东. 结构—地基动力相互作用问题分析的一种直接方法 [J]. 土木工程学报，1998，(3)：55-64.
[39] 吕西林，陈跃庆. 结构—地基动力相互作用体系振动台模型试验研究 [J]. 地震工程与工程振动，2000，(4)：20-29.
[40] 陈跃庆，吕西林，李培振，等. 分层土—基础—高层框架结构相互作用体系振动台模型试验研究 [J]. 地震工程与工程振动，2001，(3)：104-112.
[41] 陈龙珠，王国才. 饱和地基上刚性圆板的扭转振动 [J]. 工程力学，2003，(1)：131-135.
[42] 万叶青，杨先健，杨俭. 冲击机器基础动力分析方法的探讨 [J]. 建筑结构，2006，(S1)：843-846.
[43] 刘志久. 动力机器基础设计理论研究 [D]. 长沙：湖南大学学位论文，2012.
[44] D. Barkan. Dynamics of base and foundation [M]. New York：Mcgraw-Hill Book Co.，1962.
[45] H. Lamb. On the propagation of tremors over the surface of an elastic solid [C]. Proceedings of the Royal Society of London，1904.
[46] N. A. Haskell. The dispersion of surface waves on multilayered media [J]. Bulletin of the Seismological Society of America，1953：17-34.
[47] R. N. Arnlld，G. N. Bycroft，G. B. Warburton. Forced vibration of a body on infinite elastic solid [J]. Journal of Applied Mechanics，1955，22，(3)：391-400.
[48] G. N. Bycroft. Forced vibration of a rigid circular plate on a semi-infinite elastic space and on an elastic stratum [J]. Philosophical Transactions of The Royal Society B-Biological Sciences，1956，248 (948)：327-368.
[49] A. O. Awojobi，P. Grootenhuis. Vibration of rigid bodies on semi-infinite elastic media [C]. Proceedings of the Royal Society of London，1965.
[50] J. Lysmer，F. E. Richart. Dynamic response of footings to vertical loading [J]. ASCE Soil Mechanics and Foundation Division Journal，1966，92 (1)：65-91.
[51] V. P. Drnich，J. R. Hall. Transient loading tests on a circular footing [J]. ASCE Soil Mechanics and Foundation Division Journal，1966，92 (6)：153-167.
[52] M. Novak，Y. O. Beredugo. Vertical vibration of embedded footings [J]. ASCE Soil Mechanics and Foundation Division Journal，1972，98 (12)：1291-1311.
[53] E. Kausel，J. M. Roesset，G. Waas. Dynamic analysis of footings on layered media [J]. Journal of the Engineering Mechanics Division，1975，101 (5)：679-693.
[54] Y. O. Beredugo. Modal analysis of coupled motion of horizontally excited embedded footings [J]. Earthquake Engineering & Structural Dynamics，1976，4 (4)：403-410.
[55] Y. Kitamura，S. Sakurai. Dynamic stiffness of rectangular rigid foundmions on a semi-infinite elastic medium [J]. International Journal for Numerical and Analytical Methods in Geomechanics，1979，3 (2)：159-171.
[56] A. P. S. Selvadurai. Rotary oscillations of a rigid disc inclusion embedded in an isotropic elastic infinte space [J]. International Journal of Solids & Structures，1981，17 (5)：493-498.
[57] M. Lguchi，J. E. Luco. Dynamic response of flexible rectangular foundations on an elastic half-space [J]. Earthquake Engineering & Structure Dynamics，1981，9 (3)：239-249.
[58] Z. Hryniewicz. Dynamic response of a rigid strip on an elastic half-space [J]. Computer Methods in Applied Mechanics & Engineering，1981，25 (3)：355-364.
[59] J. L. Tassoulas，E. Kausel. On the effect of the rigid sidewall on the dynamic stiffness of embedded circular footings [J]. Earthquake Engineering & Structural Dynamics，1983，11 (3)：403-414.
[60] M. C. Constantinou，G. Gazetas. Torsional vibration on anisotropic halfspace [J]. Journal of Geotechnical Engineering，1984，110 (11)：1549-1558.
[61] G. Gazetas，R. Dobry，J. L. Tassoulas. Vertical response of arbitrarily shaped embedded foundations [J]. Journal of Geotechnical Engineering，1985，111 (6)：750-771.
[62] R. J. Apsel，J. E. Luco. Impedance functions for foundations embedded in a layered medium：An integral equation approach [J]. Earthquake Engineering & Structural Dynamics，1987，15 (2)：213-231.

[63] G. Gazetas. Formulas and charts for impedances of surface and embedded oundations [J] . Journal of Geotechnical Engineering，1991，117 (9)：1363-1381.

[64] J. W. Meek，J. P. Wolf. Approximate Green's function for surface foundations [J] . Journal of Geotechnical Engineering，1993，119 (10)：1499-1514.

[65] Liou Gin-Show. Dynamic stiffness matrices for two circular foundations [J] . Earthquake Engineering & Structural Dynamics，1994，23 (2)：193-210.

[66] A. J. Deeks，M. F. Randolph. A simple model for inelastic footing response to transient loading [J] . International Journal for Numerical & Analytical Methods in Geomechanics，1995，19 (5)：307-329.

[67] N. Gucunski. Rocking response of flexible circular foundations on layered media [J] . Soil Dynamics and Earthquake Engineering，1996，15 (8)：485-497.

[68] C. Vrettos. Elastic settlement and rotation of rectangular footings on nonhomogeneous soil [J] . Géotechnique，1998，48 (5)：703-707.

[69] K. P. Jaya，A. M. Prasad. Embedded foundation in layered soil under dynamic excitations [J] . Soil Dynamics and Earthquake Engineering，2002，22 (6)：485-498.

[70] I. Anam，J. M. Roesset. Dynamic stiffnesses of surface foundations：An explicit solution [J] . International Journal of Geomechanics，2004，4 (3)：216-223.

[71] D. K. Baidya，A. Rathi. Dynamic response of footing resting on a sand layer of thickness [J] . Journal of Geoteehnical & Geoenvironmental Engineering，2004，130 (6)：651-655.

[72] E. Elebi，S. Firat，I. Ankaya. The effectiveness of wave barrieers on the dynamic stiffness coefficients of foundations using boundary element method [J] . Applied Mathematics & Computation，2006，180 (2)：683-699.

[73] J. Kumar，C. O. Reddy. Dynamic response of footing and machine with spring mounting base [J] . Geotechnical & Geological Engineering，2006，24：15-27.